行家這樣買鑽石

吳舜田｜繆承翰｜湯惠民

鑽石教育永續推廣

　　與承翰兄在 1991 年將平日的教學經驗與鑑定資訊出版了《實用鑽石分級學》後，廣受各界歡迎至今，很榮幸地成為許多業者或教學中心必備的專業參考書籍。在接獲惠民的提議，欲整合專業知識與最新的鑽石市場訊息概念，不論對業者或者認真追求鑽石資訊的愛好者來講，都是一大福音！

　　教學至今鑽石的課程內容不斷地更新，學生及鑑定客人的問題也層出不窮：「為什麼克拉數、成色、淨度皆相同，車工都是 Excellent 也都附有 GIA 證書的鑽石，價格仍有差異？」「淨度經過優化處理的鑽石價格該怎麼算？」「花式切割的比例該如選擇？」「想開始收藏彩鑽，什麼顏色比較好？」……這些並不是不能說的祕密，而是瞭解者必須對鑽石有一定的認識及基礎，再吸收這些更進階的資訊才算完整。而這也是這本《行家這樣買鑽石》從淺而精深的內容編排。

　　珠寶業界每過一段時間就會出現新面孔，世代交替的傳承仍不斷地轉動著，因此追求鑽石新資訊的腳步更不能怠慢，現代人習慣上網找資料，殊不知網路上許多是道聽塗說，以訛傳訛，也冀望能以多方面的管道將教學與鑑定經驗分享出去，期許整個鑽石市場更加健全、完善。

　　本人一場大病之後，身體狀況不如從前，目前也逐漸退到幕後做協助與支援工作，鑑定所及教學中心已交由第二代來經營，看著惠民對推廣鑽石資訊的熱忱，讓我再度對傳承知識湧起動力，在研究上或許腳步頓慢了，因此文章內容缺失在所難免，懇切地希望各界專家給予批評指導。

吳舜田　於高雄

珠寶知識就是財富

當各位讀者願意從茫茫書海中翻開《行家這樣買鑽石》，心中一定抱持許多期待，可能為瞭解珠寶知識或是掌握鑽石投資訊息，抑或是閱讀完畢後，期許自己成為鑽石行家。然而無論如何，在各位讀者閱讀完《行家這樣買鑽石》之後，您應該更加瞭解「珠寶知識，就是財富」這句箴言。

筆者成長於臺灣、香港兩地珠寶世家。1978 年畢業於美國寶石學院（GIA），學成歸國後正式進入家族企業工作，爾後設立承翰寶石及承翰寶石鑑定研習中心，以卓越的眼光與獨到的視野，描繪承翰的企業藍圖。營業據點遍及亞洲各大先進城市臺北、上海、成都、香港、日本東京等地。

2006 年將承翰寶石鑑定研習中心捐贈予國際寶石收藏家聯盟（International GEM Collector Alliance）。IGCA 為非營利機構，旨在提升寶石市場整體素質，分享寶石市場的正確投資訊息，善盡保護消費者責任。另一方面，IGCA 致力培養我國寶石鑑定專才，提供開放式研究平臺，希望打造更完備的寶石學教育，讓更多寶石人才投入相關的研究領域。願大家都能從《行家這樣買鑽石》一書中分享到更多關於鑽石的知識。

繆承翰 於臺北

鑽石是最好的愛的禮物

最早接觸鑽石是在研究生時代。我在臺灣大學地質系擔任鑽石分級班的助教，當時我的老師就是吳照明教授。最初學習時，我的指導老師譚立平教授告誡我多學一些鑽石知識，或許將來有機會發展。時間荏苒，沒想到當時老師一句話真的讓我踏入這個行業。在眾多的珠寶當中，鑽石是最常接觸的，不管是結婚鑽戒，還是珠寶旁的小配鑽。鑽石是這十幾二十年來最不受大環境影響的珠寶，曾有一句廣告名言「鑽石恆久遠，一顆永流傳」，打動了多少待嫁女兒心。90 年代起，臺灣結婚新人從早期的黃金戒指與手鐲，慢慢替換成晶瑩剔透、閃閃動人的鑽戒，代表著一生一世永不改變的承諾；到如今拍婚紗、挑婚鑽、宴客、蜜月旅行，已經成為全世界時下年輕人不可或缺的愛情紀錄。

鑽石被當作愛情的見證，更是薪火相傳的傳家寶。那堅硬的內在，更是代表愛情經得起風雨與時間的考驗，而且歷久彌新。除此之外，火光閃亮、熠熠動人、五彩繽紛的彩鑽，不僅象徵身分地位，更是許多企業老總爭相投資的標誌性物品。在整個珠寶業，除了翡翠之外，已經沒有任何寶石可以和鑽石競相爭輝。根據專家估計，在 1,400 噸的鑽石礦土堆中，才能挑選出 1 克拉的彩鑽原礦。每 1 萬克拉磨好的鑽石裸石中，才有 1 克拉是彩鑽。可想而知，能夠出現在我們眼前的彩鑽是多麼的珍貴與稀少。正因為珍貴，才使它成為貴族與富豪競相爭奪的寶貝。從每一年的蘇富比與佳士得拍賣會就可以得知，近五年來最高成交價幾乎都是粉紅鑽與藍鑽的天下。

市面上鑽石的參考書籍不少，主要是介紹鑽石成因、物理化學性質、產地、切磨過程、銷售管道、真假鑽石鑑定與鑽石 4C 分級。這一年多來，欣見彩鑽投資與收藏的書籍陸續出版，這對整個珠寶業來說都是一件好事。但

是，如何讓更多消費者在第一次購買結婚鑽戒就能得心應手？挑選鑽石應該注意哪些事情，有哪些陷阱？買鑽石一定能保值升值嗎？1克拉鑽石一定不會賠本嗎？鑽石去哪裡賣最值錢？鑽石成品該如何搭配才好看？對這些和我們關係最大、最應該瞭解和關心的事項的鑽石書籍卻寥寥無幾。而這正是我們合寫這本書的初衷：讓所有喜愛鑽石的人士在買鑽石與成品前，對鑽石的各方面了然於胸。相信大家看了這本書，都能對選購鑽石有一定的心得。

這本書能在短時間內付梓，得力於我的學長吳舜田與繆承翰兩位臺灣元老級的老師。他們都有超過三十年以上的教學經驗，將其著作《實用鑽石分級學》無私地奉獻出來。這本書曾創下臺灣鑽石鑑定入門、人手一本的銷售紀錄，幾乎所有學珠寶鑑定的人都曾拜讀此作。有了兩位前輩的加持，相信《行家這樣買鑽石》在理論基礎上會更加紮實，更有可看性。

能與吳舜田及繆承翰兩位老師一起合著這本書，是我個人無限的榮幸。每一位讀者想知道的，都是我們該努力去解答與探尋的。然而所學有限，鑽石的知識卻是無限，有關鑽石的所有問題並不能百分百滿足所有讀者，敬請所有同行與前輩多多給予指導，讓此書能夠不斷地修正到趨近完美，這就是大家的福氣了。

最後祝福所有的夫妻都能永浴愛河，在鑽石的見證下，愛情甜甜蜜蜜，執子之手，與子偕老。

馮惠民　於臺北

| 目錄 Contents

入門篇

1 | 鑽石從開採到銷售的流程圖

　　看過《血鑽石》這部電影的人一定知道鑽石得來不易，駐足珠寶店鑑賞它的閃耀美麗時，也一定不會忘了鑽石從開採到上市如此艱辛的過程，因而才更懂得珍惜大自然給人類的餽贈，珍惜人們寄託於它的愛與永恆的盼望，讓鑽石、希望與和平陪伴我們到天荒地老。

　　鑽石需要先從礦區開採出來，篩選後送到鑽石切割工廠，根據鑽石原石的形狀設計以最優化的形狀來切割，保留最大的重量。

　　切割拋光後，送到世界各大鑽石交易中心買賣，全球各地珠寶商從鑽石批發商手裡買到裸鑽後，經過珠寶設計，鑲嵌製作成各種款式；然後在各地珠寶店、會所、百貨商場、婚博會中銷售。顧客挑選出自己心愛的鑽戒，成為一輩子的幸福紀錄。

1. 分出各種不同結晶形態的鑽石，準備銷售。

2. 安特衛普鑽石交易所。（圖片提供：鑽石小鳥）

3. 鑽石廠商與鑽石切磨技師討論如何切出獲利最大的鑽石。（圖片提供：鑽石小鳥）

4. 利用雷射將鑽石剖開。（圖片提供：六順齋）

5. 用放大鏡檢查切磨好的鑽石。（圖片提供：六順齋）

6. 雷射切割鑽石的儀器。（圖片提供：六順齋）

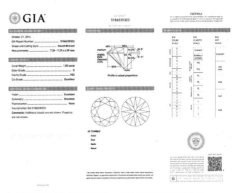

8. 送至 GIA 鑑定鑽石分級。（圖片提供：李兆豐）

7. 各種不同切割形狀、不同顏色的鑽石裸石。（圖片提供：鑽石小鳥）

9. 鑽石花胸針成品效果。（李雪瑩設計師作品）

10. 在婚博會現場選購鑽石裸石。（圖片提供：鑽石小鳥）

11. 將鑽石鑲嵌在戒臺。（圖片提供：王進登）

12. 婚禮當天佩戴上選購的婚戒。（圖片提供：鑽石小鳥）

13. 在生日或者結婚紀念日送給摯愛。（圖片提供：鑽石小鳥）

2 | 鑽石的基本知識

鑽石的歷史

人類使用石器的歷史極為悠久，但何時發現並使用鑽石則無明確歷史記載，就目前資料看來，印度人是第一個發現鑽石的民族，印度也是世界最古老的鑽石產地。

佛教經典中記載，釋迦牟尼的頭冠是用鑽石鑲造的，可推知西元前五～六世紀就已經使用鑽石。

在《舊約聖經》中的〈出埃及記〉第二十八章及第二十九章中，記載著祭司的胸前配飾十二個寶石中，就有鑽石。而〈耶利米書〉也曾記錄：「猶大的罪以鐵筆、金剛石尖端所記著，雕在其心碑與祭壇之角。」所以從《舊約聖經》中可看出人們已知道利用鑽石的高硬度了。

兩千多年來，印度一直是世界主要鑽石的來源。到了十二世紀鑽石的交易仍只限定在東方和地中海的東部。一直到東西方之間戰爭爆發，才使得當時東方奢侈品的交易中心埃及、敘利亞和西方的義大利建立連結，形成歐洲對鑽石的需求。

大約在那時候，歐洲早先的鑽石技師嘗試用較複雜的器具和方法來切磨鑽石，使它閃爍最大的光芒，新的鑽石切磨技術因而風行整個歐洲，也使安特衛普漸漸形成鑽石切割中心。

1600 年初，當時的歐洲貿易中心 —— 倫敦，開始形成鑽石交易中心。東印度公司擊敗了它的對手荷蘭，倫敦和東方之間的貿易打通了。由於當時珊瑚在印度是一種地位的象徵，東印度公司在馬賽、熱那亞和拿坡里收購的珊瑚運往印度，再將賣得的款額在印度購買鑽石出口到倫敦。這種壟斷交易一直持續到

世界名鑽庫利南一號（Cullinan 1），重 530.20 克拉，1905 年在南非發現，是目前已切磨好的鑽石中最大的一顆。它的原石重 3,106 克拉，1907 年獻給英王愛德華七世之後，初分割為九顆主要鑽石，其中最大的別名「偉大的非洲之星」，被切磨成梨形，鑲在英國皇家權杖上直到今日。

庫利南二號（Cullinan 2）重317.40克拉，切磨成枕墊型，鑲在英王的皇冠上。目前這兩件寶物，都陳列於倫敦塔博物院的皇家珠寶收藏室，供人觀賞，許多外地遊客到倫敦都會到倫敦塔一睹其風采。

世界名鑽攝政王鑽石（The Regent）重140.50克拉，有一段迷人的歷史。它在印度被發現，經歷了神祕的旅程到達歐洲，在英國被切磨，以庇特鑽石之名為人所知。1717年，湯瑪士庇特將它售予法國統治者奧爾良公爵菲利浦。重新被命名為攝政王，成為法國皇家珠寶的一分子。在法國大革命和法皇拿破崙一世時期，又經歷了許多事件。最後於1877年逃過皇家珠寶被拍賣的命運，被陳列於羅浮宮博物館，直到今日。

攝政王鑽石鑲嵌在拿破崙的劍柄上。

1600年中期，東印度公司才被迫放寬政策，讓倫敦私人公司和印度交易。1664年英國自印度進口鑽石為免稅。正當印度礦量漸減而威脅到鑽石流通時，恰巧巴西的淘金者發現了新礦，鑽石由這個新礦源到倫敦流通了一百五十年，才逐漸失去重要性，至今印度及巴西仍產有少量鑽石。

十八世紀中，工業革命橫掃全球，由於個人所得增加，使得鑽石需求增長，但價位仍然穩定，因為供需平衡。十九世紀中，由於許多私人濫採巴西地表鑽礦，使得鑽石供應銳減，迫使鑽價上漲。

1866年南非發現鑽石，掀起了鑽石歷史上最大的熱潮。1880年，由於私人開採鑽礦太多，且競相削價求售，產量超過需求，危

十九世紀末的金伯利礦山，正值開採鑽石的鼎盛時期，在礦坑內運送鑽石的小貨車將礦土傾倒入大圓桶內，再運送到工廠去篩選分類。而此礦坑因礦竭於1914年封閉。

及市場穩定性，更因國際經濟不景氣等因素，鑽石市場一片漆黑。由於鑽石的產銷不能配合，造成鑽石業長久的混亂，這種混亂的局勢，經過整合後終於產生了兩股力量：由羅德士（Cecil Rhodes）領導的戴比爾斯礦業公司（De Beers Mining Company）及由班納德（Barney Barnato）控制的金伯利中央礦業公司（Kimberley Central Mining Company）。

1888年在極其激烈的鬥爭後，羅德士終於和班納德達成協議，兩個公司合併成戴比爾斯聯合礦業公司（De Beers Consolidated Mines Limited），羅德士為總裁，班納德為終身理事。

鑽石的主控公司──戴比爾斯聯合礦業公司於是誕生。

鑽石的形成及產地

過去的傳說，認為天上打雷、地下會長鑽石；也有人說只有沙漠才產鑽石。事實上，根據地質學家的研究，鑽石是在地底深處高溫高壓下形成，後來經過火山活動，將含鑽的岩漿帶至地面，熔融狀態的岩漿冷卻後變成管狀礦脈。

並非所有火山都含有鑽石，只有一種叫金伯利岩（Kimberlite）的火山岩中，才有可能找到鑽石。這種火山岩在岩石學上叫「角礫雲母橄欖岩」，屬於一種超基性火成岩，所含鐵、鎂礦物很多。由於外觀呈深藍色，和臺灣墾丁國家公園的青蛙石的顏色極相似，所以俗稱「藍土」，鑽石常在藍土中呈散點狀分

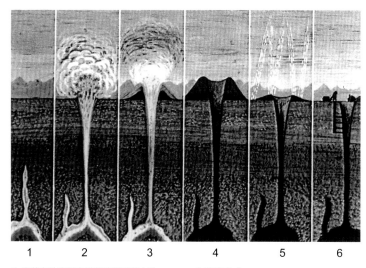

1. 岩漿在地底深處沿著地殼裂縫上升
2. 岩漿上升至地表
3. 形成火山錐
4. 噴發完成
5. 火山經過大自然的營力完全風化
6. 金伯利火山岩脈被發現，採掘鑽石

布。

　　含鑽的藍土露在地表，受風化即變成黃色，一般稱之為黃土。露在地表的鑽石受到風雨等大自然營力的搬運，可能被帶離原生地至河邊或海邊等其他地方堆積成礦，所以原生火山礦以外的地方，也可能發現產量豐富而且品質很好的鑽石礦，這種礦床我們稱之為沖積礦或次生礦。這種沖積礦中發現的鑽石都經過大自然營力的淘選，所以品質及礦藏量反而比原生火山礦脈更好。

　　根據最近南非開普敦大學的地質化學教授古爾萊博士（Dr. John Gurney）研究證據顯示，大約在一億年前金伯利礦脈定位時，最高部分的礦脈受到侵蝕，在南非橘河流域，已有超過 30 億克拉的鑽石自金伯利礦脈被侵蝕，流到大西洋，而在 1980 年以前，已有 7,500 萬克拉的鑽石自西岸回收。

　　世界上有哪幾個國家為主要的鑽石出產國呢？就以產量來說，1988 年第一位為澳大利亞；第二位為剛果民主共和國；第三位為波札那；第四位為俄羅斯；第五位為南非共和國。

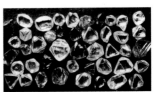

澳大利亞阿蓋爾鑽石礦產的鑽石有很多粉紅色與棕色彩鑽。

1. 澳大利亞

　　澳大利亞雖然在 1884 年就有 20 萬克拉的年產量，但就整個世界鑽石產量而言則微不足道，直到發現阿蓋爾鑽石礦才使它一躍成為世界第一位，以量計阿蓋爾是世界最大的鑽礦。1989 年上半年，該礦處理了 240 萬噸礦石，得到 1,650 萬克拉鑽石，但該礦所產鑽石 55% 是工業用，40% 是近乎寶石級，只有 5% 是寶石級，整體而言品質較差。

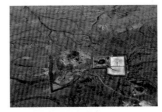

澳大利亞礦區俯瞰圖。

　　工業用和近乎寶石級的鑽石有 25% 透過阿蓋爾鑽石公司於安特衛普銷售，其餘的 75% 及所有寶石級鑽石都經由中央統售機構銷售，每年只留 6,000 克拉寶石級鑽石在 Porta 的切磨廠加工。值得一提的是阿蓋爾鑽石礦產出許多粉紅色及棕色的彩鑽。

不同大小的鑽石原礦。

2. 非洲

　　非洲產鑽石的國家有南非共和國、波札那、納米比亞、安哥拉、剛果民主共和國、坦尚尼亞、中非共和國、迦納、象牙海岸、利比亞、獅子山共和國及幾內亞。

　　在非洲這幾個國家中，南非共和國是最早而且最重要的產鑽國家，Premier、Jagersfontein 及 Koffiefontein 是過去最著名的三個老鑽礦，目前最重要的四個大礦為 Bulfontein、De Beers、Dutoitspan 及 Wesselton。南非所產的鑽石品質都很好，結晶形大都為八面體及十二面體，也就是說以寶石級為主。

❶ 波札那

　　南非產鑽石雖然有名，但產量不是最多。非洲曾經產量最多的是剛果民主共和國及波札那。剛果民主共和國所產的鑽石 80% 為工業用。波札那於 1966年獨立時，是世界兩個最貧窮的國家之一，這個國家三分之二的土地是荒涼的喀拉哈里沙漠，但是沙漠下蘊藏豐富鑽石礦，使波札那躋身非洲最富裕國家之列，該國出口收入有八成來自鑽石。戴比爾斯公司和波札那政府聯營的 Debswana 擁有三個鑽礦，其鑽石產量在 1986 年時比南非總產量多 330 萬克拉。

❷ 安哥拉

　　安哥拉鑽石產量 80% 為寶石級，鑽石也讓該國成為非洲最富有的國家之一，但內戰耗去了數百萬美元。

非洲鑽石礦區。

南非最著名的金伯利火山岩鑽礦，經過不斷地挖掘，直到 1914 年停止採礦，目前形成一個大的人工湖，深 1,097 公尺，寬 463 公尺。

鑽石沖積礦，當地人在河邊採礦作業情形。

❸ 坦尚尼亞

1940 年，坦尚尼亞最著名的鑽石礦 Williamson 由美國著名的地質學家 Williamson 發現，位於距離 Victoria 湖 150 公里處的 Mwodi 山，開採至今；但近年因缺乏資金，營運不理想，產量大減。

❹ 中非共和國

中非共和國的鑽石礦以沖積礦為主，分布在乾燥的地區，但原石形狀及品質都不錯。該國並未進行有系統的開發，目前大約有兩萬多原石挖掘者分布在礦區，其首都也有許多原石買賣經紀商。這幾年的產量也減少，而且走私情形嚴重。

❺ 迦納

迦納境內河流流域有大的沖積礦，25% 為寶石級鑽石，鑽石的開採在該國已有數十年的歷史，這幾年的產量也是減少。

❻ 獅子山共和國

獅子山共和國由於沖積礦床的採掘漸盡，產量也減少許多，走私情形仍然嚴重。

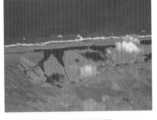

納米比亞海灘沖積礦鳥瞰圖。
（圖片提供：范執中博士）

❼ 象牙海岸

象牙海岸開採的量雖然不多，但一直很穩定。

❽ 利比亞

利比亞產量穩定，但主要為工業鑽，寶石級的品質較差。

❾ 幾內亞

幾內亞產的鑽石 90% 是寶石級，品質非常高。自 1986 年起，該礦鑽石每克拉賣價節節上升，1988 年甚至賣到每克拉 315 美元的高價。

3. 歐亞大陸

❶ 俄羅斯

俄羅斯雖然在 1829 年於烏拉山就發現有少量的鑽石，但一直到 1954 年，兩位女性地質學家於西伯利亞臺地發現了大的金伯利岩脈，才使得俄羅斯搖身一變成為產鑽大國。

西伯利亞臺地據調查有四百五十個金伯利岩脈，但由於當地環境極差，嚴冬最低可達 -70℃ 以下，而短暫的夏天溫度又高達 60℃。工作不易，目前只有少數幾個礦在開採，但俄羅斯鑽石產量已占世界的 20% 左右，鑽石也成為該國重要外匯來源。

俄羅斯是國際上非常重要的鑽石產出國，2006 年至 2010 年俄羅斯天然毛坯鑽石（包括天然寶石級與工業級金剛石）的總產量一直居於世界首位，總產值排列全球第二。顯然，瞭解俄羅斯鑽石及其產業，對瞭解世界鑽石供求關係及國際金伯利進程框架下鑽石產地來源的研究，均有重要意義。

俄羅斯 Alrosa 公司鑽石拼圖。

俄羅斯雅庫茨克聯合礦地表部分鳥瞰圖。

俄羅斯雅庫茨克和平礦地表部分鳥瞰圖。（局部）

俄羅斯雅庫茨克聯合礦地表部分近景。

鑽石礦挖掘機。

（圖片提供：苑執中博士）

❷ 中國

　　中國在 1965 年發現金伯利岩脈鑽石礦，主要礦區在山東省與遼寧省，產量尚無官方統計資料，1977 年 12 月 21 日中國山東省臨沭縣，農業作業隊常林大隊的女作業員魏振芳，在耕作的土中發現了一顆大晶體，將上面的砂土除去後極為亮麗奪目，於是呈獻給上級，經鑑定結果是重 158.786 克拉的中國第一大鑽石，取名為「常林鑽石」。1985 年戴比爾斯聯合礦業公司的地質專家已加入鑽石的探勘行列。

　　據說 1937 年在靠近臨沭縣的郯城縣就曾發現過鑽石，但是金伯利岩脈鑽礦一直到 1965 年才被發現。目前主要的金伯利岩脈鑽礦在山東省和遼寧省。1981 年在山東省郯城縣發現了重 124 克拉的第二大鑽石。

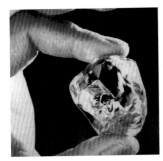

山東出產、重 158.786 克拉的「常林鑽石」。

山東沂蒙鑽石礦區。（圖片提供：于方）

當地人在礦區作業淘選鑽石。（圖片提供：于方）

瓦房店鑽石礦以 X 光分機將鑽石和其他礦石分開。

瓦房店第 50 號鑽礦。

瓦房店鑽礦挖出的 50 克拉、30 克拉等大鑽石。

瓦房店鑽石淘選過程。

最後一道人工淘選工作。

遼寧省瓦房店鑽石礦最早發現於 1972 年，到了 1982 年共發現一百零三個含鑽金伯利岩岩體，其中 42 號岩管規模最大，儲量超過 400 萬克拉。目前正在開採的 50 號岩管儲量超過 350 萬克拉，平均品位 1.5 克拉／立方公尺，寶石級占 60%，其中無色系列的鑽石又占約 50%，品位極高，1991 ～ 1992 年平均售價每克拉 140 ～ 150 美元。該岩管發現的最大鑽石重 65.8 克拉。

其他地區，如湖南省、河北省、河南省及新疆自治區都有鑽石礦的發現，但是產量多寡並無官方統計資料。目前中國的鑽石切磨工業正在迅速發展中，許多外國公司紛紛到此投資設立鑽石加工廠，據報導，中國現有約八十家的切磨廠和四千多名切磨人員。

❸ 印度

印度是世界最古老的鑽石產地，約在西元前五、六世紀就由 Dravida 族探掘鑽石，1725 年巴西發現鑽石之前，印度是世界唯一的鑽石產地。而到目前為止印度所採掘的鑽石都來自沖積礦床的角礫岩或砂石中，尚無金伯利岩脈的發現。所產的鑽石品質、形狀都非常好，但目前產量很少。

❹ 印尼

印尼的婆羅洲是僅次於印度的古老鑽石產地之一，在西元 500 ～ 600 年就有小規模的開採。目前主要在西方的島嶼及東南方沖積礦床中有品質極為優良的鑽石產出，但量不多。

4. 美洲

❶ 巴西

1725 年巴西發現鑽石礦後，就取代印度成為最重要的鑽石產地。巴西的鑽石都來自沖積礦床，其開採並未受戴比爾斯的控制，都是自由開採，目前最重要的鑽石礦是 Minas Gerais 和 Mato Grosso。

世界鑽石中心與產地地圖

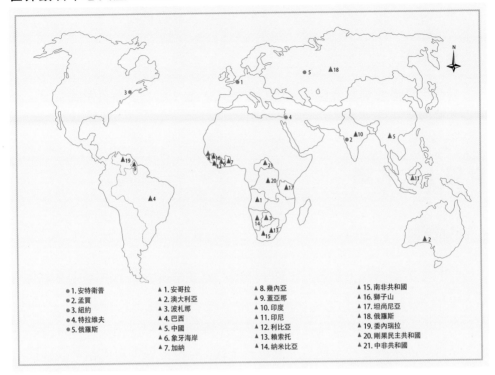

● 1. 安特衛普	▲ 1. 安哥拉	▲ 8. 幾內亞	▲ 15. 南非共和國
● 2. 孟買	▲ 2. 澳大利亞	▲ 9. 蓋亞那	▲ 16. 獅子山
● 3. 紐約	▲ 3. 波札那	▲ 10. 印度	▲ 17. 坦尚尼亞
● 4. 特拉維夫	▲ 4. 巴西	▲ 11. 印尼	▲ 18. 俄羅斯
● 5. 俄羅斯	▲ 5. 中國	▲ 12. 利比亞	▲ 19. 委內瑞拉
	▲ 6. 象牙海岸	▲ 13. 賴索托	▲ 20. 剛果民主共和國
	▲ 7. 加納	▲ 14. 納米比亞	▲ 21. 中非共和國

❷ 委內瑞拉

委內瑞拉於 1910 年開採鑽石至今，被認為是富有潛力的產地，主要的鑽石開採都是由挖掘者自沖積礦床的碎石中挖取，該國政府希望有國外投資者來做有系統而具體的開發。

❸ 美國

美國雖然幅員廣闊，但無大鑽礦發現，僅在內華達山脈的西南方及西方，阿肯色州的 Murfressboro 金伯利岩脈有少數產量，但才幾千克拉，微不足道。美國最大的鑽石重 23.75 克拉，1857 年發現於維吉尼亞州。

❹ 加拿大

加拿大西北地區靠近 Lac de Gras 的地方發現二百個金伯利岩脈，其中

十二個具有經濟價值，Ekati 礦於 1998 年 10 月開始生產，年產量約 300 萬克拉至 400 萬克拉，總值 5 億美元，約占全球產量的 6%。

❺ 蓋亞那

蓋亞那是過去英屬殖民地，雖然有一些老礦，但最近產量不到一半，許多礦工都轉去開採黃金。

世界十大名鑽

1. 非洲之星

非洲之星鑽石為天然鑽石「庫利南」（Cullinan）加工而成。水滴形，重 530.02 克拉，它有七十四個刻面，如今鑲在英國國王的權杖上。「庫利南」於 1905 年 1 月 21 日發現於南非普列米爾礦山，純淨透明，帶有淡藍色調，是最佳品級的寶石金剛石，重量為 3,106 克拉。一直到現在，它還是世界上發現最大的寶石金剛石。由於南非當時是英國的殖民地，鑽石被獻給愛德華七世國王。1908 年英王親自選定荷蘭著名鑽石分割專家將這塊舉世無雙的「庫利南」鑽石分割成三顆大鑽。其中最大的一顆取名為「庫利南一號」，即「非洲之星」，說起鑽石之王，「非洲之星」當之無愧。

2. 光之山

「光之山」是擁有最古老歷史紀錄的鑽石，重 105.6 克拉。原產於印度戈爾康達，七百年來，它就像折射歷史的一面鏡子，引發了無數次血腥屠殺，許多擁有它的君主則難逃厄運。1849 年英國在戰爭中把它奪走，1895 年被獻給英國女王維多利亞，鑽石鑲嵌在英國女王王冠上，保存在倫敦塔。印度有句諺語曾如此警告：「擁有這顆鑽石的男人將擁有全世界，但也會厄運上身，只有上帝或女人戴上它才能平安無事。」2009 年 2 月，印度獨立領導人甘地的曾孫圖沙爾呼籲英國歸還英王冠上的「光之山」鑽石，卻遭到拒絕。

3. 艾克沙修

艾克沙修鑽石是著名的鑽石之一。發現於南非，重達 995.2 克拉，被命名為「高貴無比」。它的品質絕佳，為無色透明的淨水鑽，在日光下由於紫外線照射發出微弱的藍色螢光，故略帶淡藍色。1903 年，由寶石商亨利將「高貴無比」的原石劈開，琢磨成六粒梨形、五粒卵形和十一粒較小的正圓形鑽石，它們的重量由 69.7 克拉至不足 1 克拉，總重量為原石的 37.5%。

4. 大蒙兀兒

1304 年間發現於印度可拉（Kollur）礦山。大蒙兀兒根據泰姬陵的建造者沙賈汗命名。原石重 787 舊克拉，加工成玫瑰花形後重 240 舊克拉（一說 280 克拉）。1665 年法國旅行家塔韋尼埃（Tavernier）在印度王宮服務時曾目睹這顆鑽石，但是，這顆鑽石後來失蹤了，傳說後世的「奧爾洛夫」和「光之山」鑽石都是從大蒙兀兒鑽石分割出來的。

5. 神像之眼

「神像之眼」又稱為「黑色奧洛夫」，扁平的梨形鑽石，大小有如一顆雞蛋，重 70.2 克拉。據說持有這顆黑鑽的人便會被詛咒，三名歷任持有人最後都跳樓自殺。為了破除傳說中的詛咒力量，「神像之眼」被分割成三塊，輾轉被民間收藏家收藏，直到 1990 年才在紐約的拍賣會重新現身。也有傳說認為它是當年拉什塔公主被劫持至土耳其後，印度人所付的贖金。正如它出現時的神祕一樣，「神像之眼」至今不知所蹤。總之，「神像之眼」是一系列傳奇、神祕、幻想的完美結合體，它的故事包含了崇拜、盜竊、掠奪、神祕失蹤等變幻莫測的事蹟。「神像之眼」傳聞雖不可考，其傳奇性仍讓它成為珠寶界中一顆名鑽。

6. 攝政王

一聽名字就知道，又是一顆與皇室貴族關係密切的珍寶。這顆鑽石是

1701 年由在印度戈爾康達礦區工作的印度奴隸發現的，原重 410 克拉。幾經切磨後，重 140.5 克拉，無色，古典形琢刻形狀，現收藏於法國巴黎羅浮宮阿波羅藝術館。攝政王鑽石是一顆美麗、優質的鑽石，以其罕見的純淨和完美切割聞名，當屬世界最美鑽石，無可爭議。

7. 奧爾洛夫

「奧爾洛夫」鑽石是目前世界第三大切割鑽石。十八世紀前於印度發現，並被鑲嵌在印度塞林加姆廟的神像頭上，像半個鴿子蛋，一邊有缺口，重 189.62 克拉。它有著印度最美鑽石的典型純淨度，帶有少許藍綠色光彩。如今，「奧爾洛夫」幾經輾轉被焊進一只雕花純銀座裡，鑲在俄羅斯權杖頂端，可謂俄國名鑽。有著傳奇經歷的鑽飾，權杖更顯威嚴，令人肅然起敬，「奧爾洛夫」成為鑽石庫中最重要的藏品之一。

8. 希望藍鑽

「藍色希望」鑽石（Hope Diamond）是世界上屈指可數的鑽石王之一。原產於印度西南部，重44.53克拉，深藍色，橢圓形琢刻形狀。伴隨「藍色希望」的是奇特而悲慘的故事，每位擁有它的人都難以避開人財兩空的厄運。1958年，「希望」藍鑽被它的最後一個主人——美國珠寶商哈利‧溫斯頓捐贈給華盛頓史密森尼研究院，在該院的珠寶大廳裡，「希望」藍鑽陳列在一個防彈玻璃櫃裡，與各國帝王加冕禮上用過的珠寶媲美。

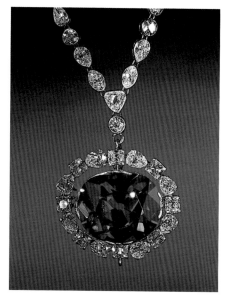

藍色希望。

9. 仙希

「仙希」源自於印度，淺黃色，重達 55 克拉，雙重玫瑰車工的梨形世界名鑽，據說它是被切割成擁有對稱面的第一大鑽石。最初屬於法國勃艮第「大膽的查理斯」公爵，直至今日此鑽石仍在法國政府手中，可在法國羅浮宮博物院見到。

10.泰勒・伯頓

1966年發現於南非的普列米爾礦山，梨形鑽石，未加工前重244克拉，隨後被切成69.42克拉的梨形鑽石。好萊塢傳奇影星理查・伯頓為妻子伊莉莎白・泰勒花110萬美元買下了這顆鑽石，給它重新取名為「泰勒・伯頓」。

鑽石的交易場所

目前，全世界有十四個鑽石交易市場，如倫敦、安特衛普、特拉維夫、阿姆斯特丹、紐約、上海、香港等地區。

1. 倫敦「中央統售組織」

位於倫敦貿易中心 Charterhouse Street 附近的中央統售機構（CSO），是控制全世界鑽石原石的大本營，由戴比爾斯聯合礦業有限公司開辦，世界各地鑽礦所出產的原石，大部分都送到中央統售機構來分選，該機構裡有受過高度訓練的專業人員，將鑽石加以分類並估價，並全部以最新科技電腦化貯藏管理。它不僅控制了全球絕大部分鑽石礦，實際也控制了世界鑽石毛坯的價格，當鑽石供應量太多時，它就減

中央統售機構（右邊建築物）可以說是鑽石業的樞紐，在奧本海默爵士的努力下，數十年來已經成為一個強有力的鑽石行銷機構，每年由這個機構出售的鑽石原石金額在數千億美元以上，控制了全球近 80% 鑽石原石的產銷市場。

（上）特寫鏡頭下尚未分類的鑽石原石
（下）由全世界各地收購而來的鑽石原石，全部送到位於倫敦的中央統售機構，該機構內的專家依原石的大小、形狀、品質及成色將之分為五千多種級別，並將此資料輸入電腦儲存管理。

在中央統售機構裡有一個協助珠寶零售商，它的統一名稱「鑽石諮詢中心」。在世界各重要城市都設有辦公室，負責宣傳教育與推廣的工作。每年都會舉辦各種活動，提升消費者對鑽石的瞭解。本圖是鑽石諮詢中心 1990 年在東南亞推行的結婚鑽戒活動的雜誌廣告之一。

少供貨，以此維持鑽石價格穩定，並每年都有一定程度的增值。

　　中央統售機構是控制整個鑽石市場的龍頭，主要功能在於代表大多數的原石生產者來銷售鑽石，並以雄厚財力貯存任何在市場上無法消化的過多原石，並在適當時機銷售到市面上。

2. 比利時安特衛普交易所

　　安特衛普是比利時最重要的商業中心和港口城市，從十五世紀中葉起就一直是鑽石加工與貿易的中心，素有「鑽石之都」的美稱。目前安特衛普擁有四家鑽石交易所和一千多家鑽石加工與貿易公司，其中一些公司的規模名列世界前列。

　　安特衛普佩利堅街是世界矚目最富有的鑽石街。交易是定期舉行，賣家將鑽石攤開讓買家隨意挑選。買家挑好後，雙方可以討價還價。成交之後，雙方握手為禮，交易就算完成。安特衛普年成交額約為 200 億美元，控制著全球 80% 以上的鑽石原石和一半的拋磨鑽石，並且有嚴格的交易制度，用來維護交易市場的正常秩序。

比利時安特衛普共有四個鑽石交易中心，有的以成品為主，有的以原石為對象，有的則成品與原石皆有。本圖的交易中心名為 Beurs Voor Diamanthandel，成立於 1904 年，是安特衛普最早的交易中心，目前有二千位會員，要加入會員，必須繳年會費 750 美元，並由三位會員推薦，經全體檢查無異議通過後，才能加入，若有重大違規者，不僅取消資格，而且通知全世界交易中心。

安特衛普交易大廳。

安特衛普鑽交所內，猶太人正在進行鑽石交易。

安特衛普鑽交所門外。

　　安特衛普還有各種鑽石有關的博物館和展廳。鑽石博物館介紹鑽石的歷史和原產地說明，以及原石的展示。在這裡可以瞭解從礦石加工成鑽石的過程、參觀世界著名的鑽石製品，還有機會現場觀看工匠加工鑽石。

3. 以色列鑽石交易所

　　以色列鑽石交易所位於特拉維夫，是世界鑽石交易市場的後起之秀，據說已趕上或超過安特衛普，這裡的鑽石交易使鑽石加工成為以色列的主要工業。幾十年來，以色列已逐漸發展為世界最大的鑽石加工國。以色列對世界半數的鑽石毛坯切磨加工，它加工出口的鑽石每年總值超過 5 億美元。

4. 紐約鑽石交易中心

　　紐約第四十七街在第五大道和第六大道之間的這一段是「鑽石區」，為全球最著名的鑽石飾物工廠和飾物交易中心。這裡鑽石成交靠口頭承諾。這裡的商人多是猶太人，做生意時常會與買家討價還價，他們的胸袋裡常裝有用紙包著的鑽石。這裡的商人只做大筆金額的生意，小筆的也做，據說這些「地攤」上的鑽石比正規珠寶店便宜 20% ～ 50%。

5. 上海鑽交所

上海鑽石交易所是中國唯一的鑽石進出口交易平臺。上海鑽交所是世界鑽石交易所聯盟（WFDB）成員，按照國際通行的鑽石交易規則運行，為中外鑽石交易商提供一個公平、公正、安全並實行封閉式管理的交易場所。

中國鑽石交易中心。（圖片提供：徐立）

❶ 上海鑽交所鑽石進口環節稅收狀況

中國全國一般貿易項下的鑽石進出口唯一通道是鑽交所，所有從鑽交所進口到中國的毛坯鑽石和成品鑽石免徵關稅。

納稅人自鑽交所銷往中國市場的鑽石，毛鑽免徵進口環節增值稅，成品鑽石進口環節增值稅原為 17%，現實際稅負為 4%，其餘 13% 的部分由海關實行即徵即退。進 DT 業用鑽，徵收進口關稅和進口環節增值稅。

中國加工、透過鑽交所銷售的成品鑽石，在中國銷售環節免徵增值稅；非透過鑽交所銷售的，在銷售環節按 17% 的稅率徵收增值稅。

中國加工的成品鑽石進入鑽交所，視同出口，不予退稅。自鑽交所再次進入中國市場，其進口環節增值稅實際稅負超過 4% 的，實行即徵即退。

鑽石在鑽交所內交易不徵收增值稅。進口到中國市場的鑽石，其消費稅在零售環節對未鑲嵌的成品鑽和鑽石飾品按 5% 稅率徵收；加工貿易項下鑽石進出口則執行中國政府對加工貿易的相關稅收政策。

項目 ＼ 時間	2002 年 6 月前	2002 年 6 月～ 2006 年 6 月	2006 年 7 月後
關稅	毛坯鑽石 3% 成品鑽石 9%	0%	
進口環節增值稅	17%		毛坯鑽石 0% 成品鑽石 4%

❷ 上海鑽交所會員狀況

截至 2011 年 12 月 31 日，鑽交所會員已從最初的四十一家發展到三百二十六家，其中外資會員二百一十五家，分別來自印度、以色列、比利時、南非、美國、日本、臺灣以及香港等十六個國家和地區，約占會員總數的 65%。在中國鑽石稅收優惠政策的推動下，依託鑽交所這個中國唯一的鑽石進出口交易平臺。

愈來愈多鑽交所會員單位脫穎而出，目前會員中有五十家已成為全國性著名珠寶品牌；有二十五家擁有知名加工企業，目前中國每年鑽石來料加工進出口總額達四十多億美元，其中 80% 是鑽交所會員貢獻的；有些會員企業甚至建立起包含設計、加工及零售等各環節的獨立鑽石產業園區，全方位、多層次提升自身的競爭力，為今後參與國際競爭奠定了基礎。

鑽交所會員構成

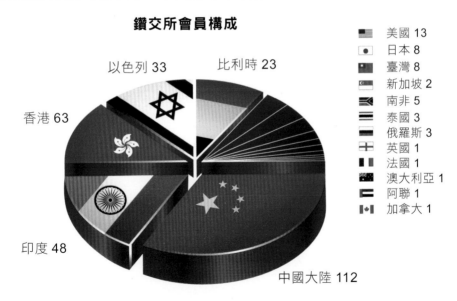

美國 13
日本 8
臺灣 8
新加坡 2
南非 5
泰國 3
俄羅斯 3
英國 1
法國 1
澳大利亞 1
阿聯 1
加拿大 1

以色列 33　比利時 23
香港 63
印度 48
中國大陸 112

❸ 上海鑽交所鑽石交易發展情況

上海鑽石交易所的鑽石交易量在過去十年中以年平均 40% 左右的速度逐年遞增。2010 年更是達到了 28.86 億美元，相比 2009 年增長 91.9%。其中鑽石進口為 13.1 億美元，相比 2009 年同期增長 87.5%。2011 年，鑽交所實現鑽石交易總額 47.07 億美元，相比 2010 年增長 63.1%，其中一般貿易項下

成品鑽進口額為 20.33 億美元,照上年同期增長 56.1%。自 2000 年成立至 2011 年 12 月 31 日,鑽交所累計實現鑽石交易總金額已近 133 億美元。

上海鑽交所歷年鑽石交易情況

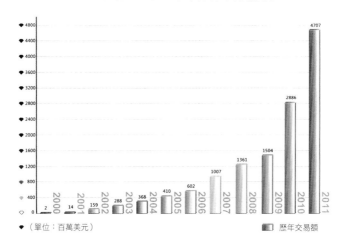

（單位：百萬美元） ■ 歷年交易額

上海鑽交所成品鑽直接進口流程圖

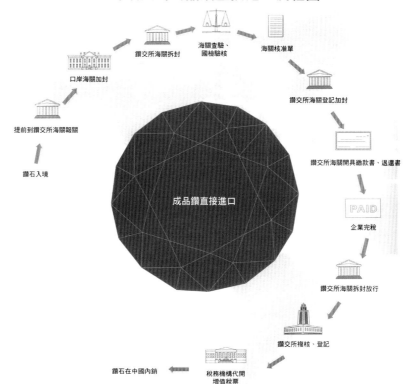

上海鑽交所成品鑽直接出口流程圖

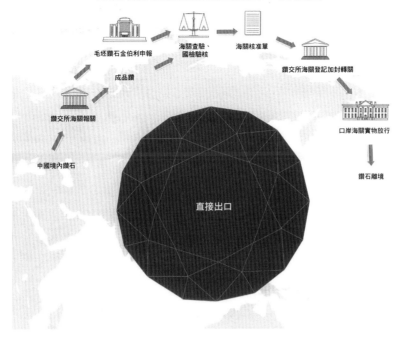

上海鑽交所毛鑽加工為成品鑽內銷流程圖

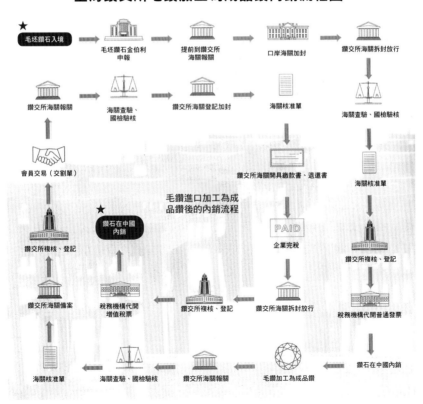

（以上圖片、資訊提供：上海鑽交所）

6. 香港鑽石交易市場

　　香港鑽石交易占有重要地位，由於對鑽石減免稅，其價格低於其他地區。香港鑽石總會致力於鑽石的批發、零售及加工，目前擁有三百五十多名會員。香港還有「鑽石集散地」的美稱，將大量未經琢磨的鑽石毛坯打磨加工後，再銷至東南亞及歐美各國，東南亞的鑽石商人大多也喜歡到香港採購鑽石。

鑽石的特性

　　鑽石在珠寶上一直被認為是代表永恆的信物，而在工業上的用途更是廣泛，一個國家或地區的工業愈發達，鑽石的消耗量愈大。1978 年，臺灣工業鑽的消耗量為 50 萬克拉，到 1989 年則成長為 800 萬克拉。鑽石到底有什麼魅力讓人們對它如此重視呢？主要因為它具備了下列特性：

1. 硬度

　　所謂硬度指的是結晶構造對機械破壞的抵抗力。常用的莫氏硬度是指一種物質可以刮傷另一種物質的能力。事實上，莫氏硬度表只是一種相對硬度表，一般從軟至硬分為一度至十度，鑽石是目前地球上所發現的物質中硬度最高的一種，其所代表的意義是可以對其他等級的礦物造成刮痕，而非其硬度是其他等級礦物的十倍。如果以 Rosival 法測試絕對硬度，可發現鑽石約為水晶的八百倍。

鑽石除了用於做珠寶外，也被用在工業上。利用鑽石硬度極高的特性，做成鑽石鋸片，用以鋸開其他的石頭。（圖片提供：HRD）

鑽石常因這種特性而被做為切削工具或打鑽的材料，甚至在太空梭上做為光窗，以避免外來隕石撞擊而破裂。

礦物硬度比較

硬度標準 礦物名稱	Mohs	Rosival	Knoop	Winchell
滑石	1	1	2	4
石膏	2	0.3	32	46～54
方解石	3	5.6	135	75～120
螢石	4	6.4	163	139～152
磷灰石	5	8.0	360～493	
長石	6	59	490～560	
石英	7	175	710～790	666～902
黃玉	8	194	1250	1,040
剛玉	9	1,000	1,600～2,000	1,700～2,200
鑽石	10	140,000	8,000～8,500	

2.熱傳導率

鑽石的熱傳導率是已知物質中最高的，I型與II型的鑽石其值又有不同：20℃時，I型為9Watts/degree/cm，II型為26Watts/degree/cm。

熱傳導率極高的代表物質為銅，傳導率為4Watts/degree/cm，與之相比，鑽石高出數倍。鑽石因為這種特性被用來區別模仿品。而今科技進步，已可利用低壓合成鑽石，積體電路因為單位面積內電子零件數目多會產生高熱量，將此技術合成之鑽石薄膜應用於其上，可避免影響到正常運作或損壞。

3.壓縮強度

鑽石的壓縮強度最大。壓縮率值極小的鎢鋼，其壓縮係數為 $3.3 \times 10^{-7} cm^2 / kg$，而鑽石更小，為 $1.7 \times 10^{-7} cm^2 / kg$。在鑽石高壓砧中，利用鑽石這種特性做為製造超高壓力的環境，並配合這種高壓設備，以進行高溫高壓的材料研究。

4. 熱膨脹率

鑽石的線熱膨脹係數

-100℃：0.4±0.1×10⁻⁶

20℃：0.8±0.1×10⁻⁶

100℃～900℃：1.5±4.8×10⁻⁶

可見鑽石熱膨脹率很低，溫度的變化對它體積大小的變化影響很小，不會因溫度驟變便破裂。

5. 化學物品反應

許多珠寶商教導客人，清洗鑽石時不可用酸也不能用太強的清潔劑，事實上，鑽石在化學上性質極為穩定，任何強酸或其他化學藥品都無法對它起作用。唯一例外是在高溫成為酸化劑的藥品，在一般壓力下，1,000℃以內即可侵蝕鑽石。

6. 石墨化

研磨鑽石時，經常會發現鑽石表面有如霧狀的疤痕，而且洗刷不掉，這是鑽石因遇高溫石墨化所造成。鑽石表面這種石墨化，一般稱為燒傷，它是怎麼形成的呢？形成燒傷的原因很多，簡單地說，如果燒傷範圍很大的話，可能是鑽石內部排列發生錯位，一般稱為晶結，研磨方向不同而造成燒傷。如果燒傷範圍非常小，限定在一刻面的某部位，則可能是鑽石夾具上有鑽石粉，由於研磨時速度快，高頻率的振動使得夾具變成超音波錐子，因而磨損鑽石，甚至造成燒傷。

一般而言，鑽石在空氣中約 690℃～875℃ 時即石墨化，真空中約 1,200℃～1,900℃，而十二面體鑽石較八面體鑽石容易石墨化。

7. 電氣性質

I 型和大多數 IIa 型鑽石都是絕緣體，其電阻係數為（20℃)10¹⁶ohm/

cm，而含微量不純物硼的 Ⅱ b 型，則為半導體，其電阻係數為（20℃）
10 ～ 10^3ohm/cm，目前許多研究單位已在努力開發 Ⅱ b 型鑽石薄膜的應用。

8. 表面特性

鑽石具親油性，所以在篩選原石時可以利用這種特性，將鑽石原石和其
他礦石加以區分。

鑽石的切磨過程

前面已經介紹過，鑽石是當今世上最硬的礦物，其主要的組成元素是碳
原子，鑽石中的碳原子呈面心立方緊密排列，其基本結晶體為立方體、八面
體和十二面體，在結晶學上屬於等軸晶系，而一般寶石級鑽石均呈八面體或
十二面體結晶。

鑽石晶體的硬度並非均質一致的，平行於八面體晶面方向的硬度最高，
而平行於十二面體晶面方向的硬度最低，由於鑽石晶體的特性及其方向硬度
的差異，所以它的切磨和其他寶石或人造模仿品大不相同。

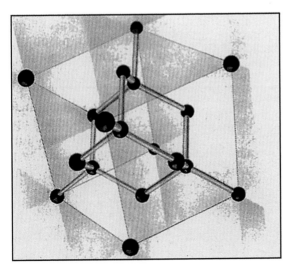

鑽石中的碳原子呈面心立方緊密排
列。

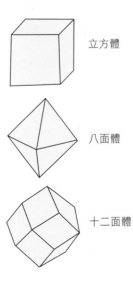

立方體

八面體

十二面體

鑽石的基本結晶體為立方體、八面體
與十二面體。

鑽石的切磨過程簡單可分為畫線、鋸開、打圓及研磨四大步驟，在鑽石切磨前，分選者依其形狀、顏色、瑕疵和大小加以分類。在形狀上，首先要分出不可鋸的（bolle）和可鋸的（sawnstones），畫線者用紅筆在不可鋸的鑽石預定當桌面的地方做記號後，送到研磨部門，研磨者根據其所做記號先磨出桌面，再送到打圓部門及研磨部門，依次研磨各刻面。

鑽石原石的結晶

十二面體　　菱形十二面體　　菱形八面體　　菱形八面體

菱形十二面體　　雙晶　　十二面體

1. 畫線

可鋸的鑽石，畫線者用尖筆沾印地安墨水（Indian ink）畫線，畫線前先研究其形狀，繼而觀察其瑕疵的性質。如果是一張力破裂，則應避開；如果是結晶包體，則依其特性設計畫線。同時考慮其位置所在，不可將瑕疵留在尖底，以免造成反射而降低其品質等級。畫線者更應常用莫氏量尺（Moe gauge）找出鑽石最大直徑，以獲得最大重量，所以畫線者在下判斷前必須考

慮許多因素，因其對未來每顆鑽石成品的大小、形狀和品質負有很大的責任。

莫氏量尺。

至於解理發達的鑽石，為了避免鋸開時造成破碎，可用一薄鐵板自解理面以鐵槌輕敲鐵板，讓鑽石自解理面劈開，稱之為劈理（cleaving）。

2. 鋸開

畫線後的鑽石送到鋸部，鋸部根據所畫的線鋸開鑽石，因為除了鑽石本身外沒有其他物質可以鋸開鑽石，所以用鑽石粉加橄欖油塗在薄如毛髮的磷青銅鋸片上，以此塗有鑽石粉的銅鋸片來鋸開鑽石，通常一位鋸部專家大約需要二小時十五分來鋸開一顆 1 克拉重的鑽石，當然這和鋸臺的轉速、鑽石本身的性質及所用鋸片的厚度有密切關係。

3. 打圓

鋸開後的鑽石變成兩個金字塔形的樣子，它們的底部有四個尖角，於是送到打圓部用另一顆鑽石將這鑽石的四個尖角磨圓，使之成為一陀螺狀，打圓後則送到研磨部。

鑽石的研磨

研磨鑽石時，將鑽石固定在一磨具（tang）上，所用磨盤是鋼製圓盤，上面塗以鑽石粉，用這些鑽石粉來研磨並拋光鑽石。

鑽石因各方向硬度不一致，如八面體晶面方向硬度最高，最不易研磨，所以在研磨時要把握鑽石的石紋，即生長紋理，才能研磨。同時研磨者也應當知道這顆鑽石是以哪一個方向為桌面，一般研磨者將鑽石分為四尖（four point）、三尖（three point）及兩尖（two point）三大類；所謂四尖鑽石是指以立方體（001）晶面為桌面的鑽石，也就是將一顆八面體鑽石鋸成兩個

金字塔狀後，以金字塔底部為桌面，因為它有四個尖點，所以稱為四尖。三尖是指以八面體（111）晶面為桌面的鑽石，因為有三個尖點，所以稱為三尖，兩尖是以十二面體（110）晶面為桌面的鑽石。

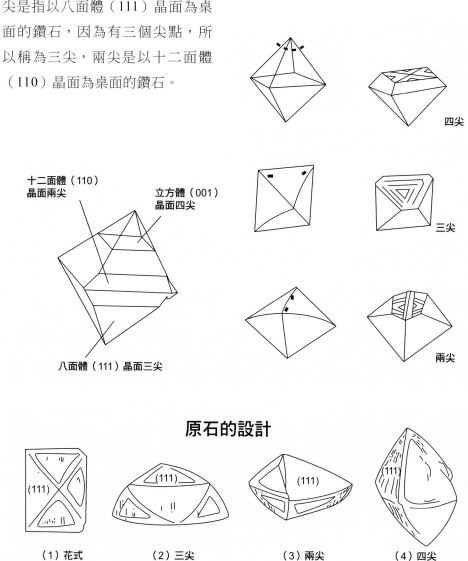

十二面體（110）
晶面兩尖

立方體（001）
晶面四尖

八面體（111）晶面三尖

四尖

三尖

兩尖

原石的設計

（1）花式   （2）三尖   （3）兩尖   （4）四尖

同一顆鑽石可依不同方向做不同的設計：
（1）設計為花式切割，鋸開可做成兩顆祖母綠切割形鑽石。
（2）以（111）為桌面，可以做成一顆成品。
（3）兩尖鑽石是以八面體稜線為桌面，做成一顆成品。
（4）四尖鑽石，鋸開後，可做成兩顆成品。

用電腦自動對中心，並做三度空間設計。

一原石在電腦上計算出加工之切割方式及重量等。

1. 標準型圓鑽切割（round brilliant cut）

研磨的過程中，首先底層做八大面，繼而做十六個刻面，這樣底層一共有二十四個刻面，連尖底則有二十五個刻面，而在做十六小面之前先由打圓部門做細圓的工作，細圓是將腰部做得更圓，並消除一些由解理所造成如鬚般的毛邊現象。

接著冠部做八大面和桌面，並由此延伸做出三角小面、風箏面及上腰面等各刻面，冠部完成時，一共有三十三個刻面，這樣一顆鑽石完成時連尖底共有五十八個刻面，這種切磨式的鑽石被稱為標準型圓鑽。這是目前市面上最普遍的一種切磨方式。

2. 花式切割（fancy cut）

有些形狀較不規則的鑽石，為了保留最大重量，便根據原來結晶的形狀做出其他切割形狀的鑽石，如梨形、橢圓形和祖母綠切割形等，統稱花式切割。

3. 鑽石切磨原則及過程展示

　　鑽石由於其結晶特性、價值高昂，所以切磨過程較一般寶石複雜，研磨之前更要瞭解其結晶特徵，加以設計，在整個切磨過程中注意三大原則：保留最大重量、除去瑕疵及得到最佳切磨形狀，以獲得最大利益。

　　隨著科技的進步，許多新的技術應用在鑽石的切磨上，一些不易鋸開的鑽石，已可雷射鋸開，而且更加精確。打圓技術方面，則有自動打圓機，可將預定打圓後的直徑輸入電腦，然後由機器自動打圓至預先設定的大小並停止，整個打圓過程可直接從螢幕監視，一個人可控制四～五部自動打圓機。研磨方面已發展由自動研磨機來處理，而且它的磨盤是較耐用的鑽石磨盤，對於有晶結的鑽石一樣可研磨，只要設定好，機器就會自動研磨，一臺機器可以同時磨數顆鑽石，而四～五臺機器只要一個人監視控制即可。

　　這些自動機器的發展，主要目的在於減少對人力的依賴，同時使鑽石切磨更加精確、迅速。在先進的國家，自動化機器已漸漸取代傳統機器，但整個切磨過程還是無法完全自動化，鑽石的切磨仍是世上技術性最高的藝術工作之一。對於鑽石切磨的詳細流程，可參考展示的說明圖片及表格，有助於對本章做進一步的瞭解。

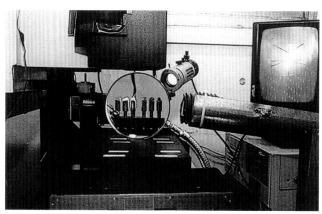

雷射切割鑽石。

（以上圖片提供：以色列鑽石研究所）

自動打圓機結合電腦科技，可使鑽石打磨得更圓，並消除毛邊等不良現象。

自動研磨機可一次研磨數顆鑽石，節省人力。

鑽石切磨過程展示

1. 鑽石原石首先依其形狀、品質、顏色、大小分選。

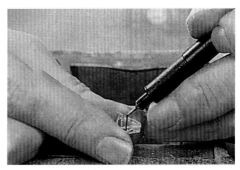

2. 研究鑽石特性後加以畫線。

3. 有解理裂紋的鑽石將之劈理。

4. 依據設計師畫線鋸開鑽石。

5. 用一顆鑽石去將另一顆鑽石的尖角磨掉,稱之為打圓。

6. 在鋼製圓盤上塗鑽石粉來研磨鑽石的刻面,一般標準型圓鑽共磨了五十八個刻面。

（以上圖片提供：HRD）

鑽石切磨過程

形狀 shape　品質 clarity　顏色 color　大小 size

分　　選	sorting
割　　線	marking
切　　鋸	sawing
粗　　圓	bruting
底層八大面	blocking
細　　圓	rondist
底層十六面	bottom lap
冠部八大面	8-side
桌　　面	table
星面（三角小面）	star
風箏面及上腰面	top halp
鑑定分級	grading

carat	cut	clarity	color
克拉	切割	品質	顏色

鑽石切割的形狀

1. 圓明亮形（round）

　　圓形鑽石是目前最流行、最普遍也是發展最悠久的形態，占銷售鑽石的 75% 以上。一百年來，鑽石切工師嘗試了許多工藝來促使鑽石的火彩和光度達到最佳。在選擇鑽石時，圓形鑽石在平衡切工、顏色和淨度方面也有更多靈活性。圓形明亮式切割（brilliant）反射最大部分光線，亦被稱為最閃耀、最具火彩的切割方式。明亮式切割圓形鑽石具有五十八個刻面。選圓明亮形鑽石的人最多，市場流通也最多，多數人第一個鑽石都是圓明亮形。

2. 公主方形（princess）

　　公主方形鑽石是最受歡迎的非圓形鑽。它的美麗光彩及獨特切工成為求婚戒指的最佳選擇。公主方形鑽石採用明亮式切割，並留有鋒利的未雕琢尖角，此種切割方法採用垂直方向的冠部和亭部（pavilion），代替階梯型水準刻面。形狀通常是正方形的，也有一些是矩形的。可以透過比較公主方形鑽石的長寬比來選擇和訂婚戒指最相配的鑽石，例如選擇正方形的公主方形切割鑽石，長寬比應在 1 ～ 1.05 之間；若選擇矩形的公主方形切割鑽石，長寬比應當大於 1.1。

3. 祖母綠形（emerald）

祖母綠形切工是典型階梯型切工（step）。所有切面均平行或垂直於鑽石的方形外腰圍。外形呈矩形，之所以與眾不同，是因為亭部被切磨成直角的切面，從而創造出獨特的外表。亭部和冠部較扁，底尖收成線狀。鑑於它一般形狀較大，這種切割需要鑽石有很高的淨度。典型的祖母綠形，其長寬比例在 1.3 和 1.4 之間。因常用於寶石祖母綠的車工，所以才稱為此名。

4. 上丁方形（asscher）

這種美麗的形狀接近於祖母綠形，但它是方形的。上丁方形鑽和祖母綠形鑽一樣有著獨特的亭部，其被切磨成直角的切面從而創造出獨特亮光。同祖母綠鑽，這種上丁方形也特別強調鑽石的淨度。

所有的上丁方形鑽石均接近正方形，長寬比例在 1 ～ 1.05 較為合適。

5. 橢圓形（oval）

橢圓形鑽石有著與圓鑽一樣美麗的光輝、色彩，因其長度更能突出女士手指的纖細，所以也是一種極受大眾喜愛的鑽形。

橢圓形明亮式切割鑽石外形輪廓要肩部對稱，避免「領結效應」。切工主要考慮長寬比的要求，長度和寬度之比在 1.33：1 ～ 1.66：1 的比例普遍被認為是最合意的形狀。

6. 梨形（pear）

　　梨形明亮式切工主要考慮長寬比的要求，長度和寬度之比應在 1.5：1 ～ 1.75：1 之間，這普遍被認為是最適合的形狀。梨形鑽石的長度和寬度比要避免小於 1.5：1，不然形狀會太胖。

7. 橄欖形／馬眼形（marquise）

　　橄欖形明亮式切割鑽石又稱馬眼鑽，切工主要考慮長寬比的要求，一般長寬比在 1.75：1 ～ 2.25：1 之間為最好，這種切工的原石留存率較低，其特色在兩端尖角處，此處的包裹體能夠被較好地遮掩，並且尖角處的閃亮度極高。

8. 心形（heart）

　　心形鑽石是完全的愛的象徵符號。心形鑽石的車工是最難切磨的一種形狀，它上面的凹形必須有特殊挖槽的工具及難度極高的技術才能做好。心形鑽石最好的外形長寬比是 1：1，左右要對稱，兩肩要圓潤，下端的尖形須呈削尖狀，尖底的位置應在近三角外形的幾何中心，檯面大小應稍小，冠底角應接近圓鑽 Excellent 車工，整個鑽石的光彩應均勻、閃爍。現實中，有很多人都是心形控。圖中這顆心形鑽石的每一部分都達到理想，是可遇不可求的車工。

（以上圖片提供：鑽石小鳥）

9. 雷地恩形（radiant）

雷地恩形類似於四個角被磨平的正方形，採取兩種不同混合式切割法：冠部採取八邊形截角的祖母綠階梯式切割法，亭部採取圓鑽明亮式切割法。這種獨一無二的切割方式使鑽石擁有絕佳冠角、亭角與亭深，各項完美的反射角度，使鑽石擁有無與倫比的光彩。雷地恩形切割的鑽石火光（dispersion）最好，多數人買彩鑽選擇雷地恩形切割，也是會損耗很多重量。

方形的雷地恩形鑽石，長寬比例在 1 ～ 1.05 之間。若選擇矩形的雷地恩形鑽石，長寬比應當大於 1.1。

中英切割形狀對照表

英文	中文	英文	中文
round	圓鑽形	old miner	老礦工切割
pear	梨形	cushion(all)	墊型
princess	公主形	cushion brilliant	墊型明亮式
marquise	橄欖形	cushion modified	墊型變型
emerald	祖母綠形	baguette	長方形
asscher&Sq.Emerald	方形祖母綠	tapered baguette	圓錐狀長方形
Sq.Emerald	方形祖母綠	kite	風箏形
asscher	上丁方形	star	星形
oval	橢圓形	half moon	半月形
radiant	輻射形	trapezoid	梯形
Sq.Radiant	方形輻射形	bullets	子彈形
trilliant	三角形切割	hexagonal	六角形
heart	心形	lozenge	菱形
European cut	歐洲切工（雙玫瑰形）	rose	玫瑰形

英文	中文	英文	中文
shield	盾形	briolette	水滴形
square	方形	octagonal	八邊形
triangular	三角形	tapered Bullent	圓錐形

鑽石鑲嵌款式

鑽石鑲嵌是一種精密工藝，它融入了美學，也是一種藝術工藝，至於工法也有數種，不僅賦予每顆鑽石生命，並且把鑽石的光芒都完整呈現出來，也表達出工藝師們從設計到製作過程的用心，並可看出工藝師們精湛的技術、修養、品德以及內涵。

鑽石鑲嵌方式有夾鑲、爪鑲、中式包鑲、歐式包鑲、義大利爪鑲、密釘鑲、起釘鑲、微鑲、隱祕式鑲嵌等。

1. 夾鑲

以金屬兩側相互夾住鑽石達到鑲嵌效果。

工法：一般先在鑲嵌處金屬內側，使用飛碟工具，車出單點槽或排狀槽等兩種形溝槽，放入鑽石並夾住鑽石。

四爪鑲圓明亮白鑽戒指。
（圖片提供：Enzo 珠寶公司）

六爪鑲圓明亮白鑽戒指。
（圖片提供：鑽石小鳥）

2. 爪鑲

爪鑲有分單爪、雙爪、三爪、八爪不等，依鑽石形狀、大小，判斷使用爪數，進行鑲嵌爪，托住鑽石。

工法：車工面鑽石以四爪鑲嵌為例，先測量鑽石高度之後，在適當長度爪子內側，以鋸弓鋸出 7 型，再放入鑽石，用四支爪子夾緊，爪子往內下壓、扣緊；鑲嵌蛋面鑽石以底座為基準，爪子不能過短，多餘剪除及爪子頂端面洗圓完成。

3. 中式包鑲

依主石的大小來取材金屬，以長寬高包圍鑲嵌鑽石。

工法：金屬分內外兩層，依鑽石形狀取材塑型，內層是鑽石實際大小做為底座，外層依附鑽石形狀比內層高度高（以鑽石形狀大小而定），再把內外兩層焊接一起成為臺座，就可以鑲嵌鑽石。

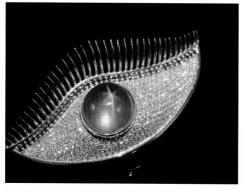

主石中式包鑲，小鑽密釘微鑲。（圖片提供：王進登老師金工教室）

中式包鑲圓鑽戒指。（圖片提供：侯桂輝）

4. 歐式包鑲

　　歐式包鑲簡稱歐洲鑲，K金座比鑽石大一些的鑲嵌方式。

　　工法：K金座比鑽石大一些，在K金座的上緣起向下0.3～0.4公釐車出內溝，以鑽石腰圍處一邊放入內溝後，使用夾子下壓另一邊鑽石桌面鑲入溝槽內。

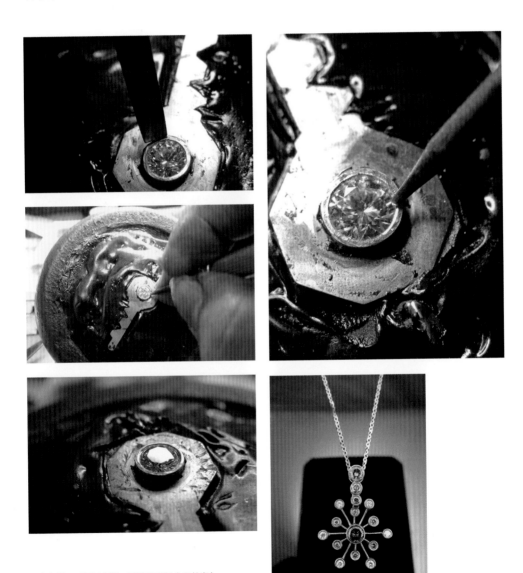

歐式包鑲。（圖片提供：王進登老師金工教室）

5. 義大利爪鑲

K金座比鑽石大一些並以邊緣金屬起爪，爪粗如針、細如髮絲的鑲嵌方式。

工法：K金座尺寸比鑽石稍大一些，鑽孔直徑也比鑽石稍大些，並以鑽石面上邊緣金屬起爪抓住鑽石，爪子有粗如針、細如髮絲狀，以不影響鑽石並可鑲住為原則的大小即可。

義大利爪鑲。（圖片提供：王進登老師金工教室）

6. 密釘鑲

密釘鑲是以小鑽為主排列方式組合鑲嵌。

工法：依外形而定，基本以小鑽石鑲配為主，用排列組合起爪釘，大小尺寸均可配置。

密釘鑲復古鑽戒。（圖片提供：匡時拍賣公司）

密釘鑲。（圖片提供：王進登老師金工教室）　　　　密釘鑲鑽石手鍊。（圖片提供：侯桂輝）

7. 起釘鑲

　　起釘鑲（簡稱釘鑲）大多數以長條形態出現，常見於共用爪或四爪鑲嵌。

　　工法：小鑽數量多並直線排列，在鑽石面邊緣金屬運用兩顆共用一爪鑲嵌或四爪鑲嵌，再修斜邊並加上滾珠狀修飾完成。

起釘鑲小鑽。（圖片提供：王進登老師金工教室）

起釘鑲。（圖片提供：王進登老師金工教室）

8. 微鑲

　　所謂微鑲是使用顯微鏡在鏡下進行鑲嵌動作，大多數鑲嵌法都可以使用微鑲作業，目前還是以密釘微鑲、城堡微鑲為主。現今市場大多已用顯微鏡鑲嵌取代傳統鑲嵌，製造出金屬面少、鑽石面大且更精緻細密的視覺效果。

密釘微鑲與城堡微鑲。（圖片提供：王進登老師金工教室）

小鑽密釘微鑲。（圖片提供：王進登老師金工教室）

小鑽城堡微鑲。（圖片提供：王進登老師金工教室）

9. 隱密式鑲嵌

　　法國品牌梵克雅寶在上個世紀初發明並推廣這種鑲嵌法，也成為梵克雅寶品牌最有標誌性的傑出作品。隱密式鑲嵌對寶石色彩搭配有很嚴格的尺寸要求和切工要求，工藝繁瑣。所以它的鑲嵌費用會比普通的鑲嵌貴幾倍。隱

密式鑲嵌是工業時代無法取代的純手工藝珠寶製作，奇妙的過程、美妙的結果，每個隱密式鑲嵌就像一朵不敗的花。

注意事項：

1. 選石注意顏色的深淺且必須同一色系；石頭尺寸一定要相同，才可以對齊；一定選擇標準公主方切工的寶石，而且寶石不可以過厚。

2. 車坑需要注意坑的深淺，高低都要一致。

3. 鑲嵌注意緊密，不能見金，排石要整齊，如果有細微不合適，鑲石的師傅隨時需要稍微車掉一些邊上的石頭。

將寶石夾進框架裡。

隱密式鑲嵌紅藍寶花朵形戒指。

隱密式鑲嵌鑽石戒指。

（圖片提供：Jasmine 馮）

3 | 簡單鑑別鑽石及其仿冒品的方法

　　1937 年德國礦物學家在變晶錯石中發現天然等軸結晶二氧化鈷，這種物質熔點非常高（純二氧化鋯熔點達 2,750℃），合成不易。1969 年法國科學家已可製成大於 15 公釐的二氧化鋯晶體；1973 年蘇聯國家科學院 Lebedev 物理研究所中的四位科學家改良後，以所謂的 Skull Melting 法製成了 2.5 公分的大結晶，被稱為蘇聯鑽，可以大量生產，供應市場。由於它的亮光（brilliance）、七彩和硬度等特性酷似鑽石，且品質較其他鑽石模仿品優，所以在 1976 年初推出成為鑽石模仿品後，需求量就不斷增加，獨霸市場三十年。

　　1998 年 6 月美國 C3 公司推出一種新的鑽石模仿品——碳矽石（又叫莫桑石或摩星石），它的各種特性比蘇聯鑽更接近鑽石，折射率、色散都比蘇聯鑽強，硬度更高達 9.5；導熱性亦佳，若使用常用的導熱探針來測驗，其反應和鑽石一樣，許多業者因此受騙。

　　下面介紹幾個簡單的方法和步驟，區別鑽石和其模仿品。

鑽石及其模仿品特性對照表

寶石名稱	俗稱	化學成分	折射率值	色散	比重	莫氏硬度
Diamond	鑽石	C	2.417	0.044	3.52	10
Cubic Zirconia	蘇聯鑽	ZrO_2	2.150	0.060	5.40	8.5
Strontium Titanate	瑞士鑽	$SrTiO_3$	2.410	0.200	5.13	5.5
Yttrium Aluminum Aluminum Garnet	美國鑽	$Y_3Al_5O_{12}$	1.834	0.028	4.57	8
Rock Crystal	水晶	SiO_2	1.544~1.553	0.013	2.65	7
Moissanite	碳矽石	SiC	2.65~2.69	0.104	3.22	9.5

外觀判別

　　上表所列是臺灣市場可見的鑽石模仿品及特性的比較，這些模仿品具備

如鑽石一樣的美，而鑽石的美來自它對光產生的特殊效果，這種效應就是常稱的亮光、火光和閃光（scintillation）。

亮光就是由鑽石內部向外射出的白光，它和寶石的折射率有關，寶石的折射率愈高則亮光愈強，由表中可見鑽石、「蘇聯鑽」、「瑞士鑽」和「碳矽石」的折射率值都相當，所以亮光也差不多，「美國鑽」和「水晶」折射率較小，所以亮光較差。「碳矽石」比鑽石略高，所以亮光會比鑽石強。

火光又稱彩虹光，也就是光學上所稱的色散，即白光分散各色的能力，由表中可見，鑽石和蘇聯鑽的色散相當，美國鑽較差，而瑞士鑽約為鑽石的五倍，所以極為豔麗，很容易和鑽石區分出來。碳矽石是鑽石的二‧六倍，所以火光比鑽石好。閃光則主要來自寶石刻面的反射光，刻面愈多，閃光也愈多，因為模仿品的刻面數和鑽石一樣，所以閃光大致相當。

綜上所述，可知美國鑽和水晶的亮光、火光都遠不如鑽石，所以外觀上比較沒有光彩，很容易區別。蘇聯鑽由於亮光及火光和鑽石相當，所以不像其他模仿品那麼容易區別。碳矽石的物理特性和鑽石相當，要從外觀上判別更困難。

可看透性

這是一般業者常用的方法，就是將裸石桌面朝下、尖底朝上放置紙上，如果很明顯可以見到紙上的字，必是模仿品，相反，如果從底部看不透，則可能是真鑽。

因為折射率高的寶石，所有射入寶石內的光必會折射上來，折射率低的寶石，光進入寶石後會自冠部漏出而見到底下的字。

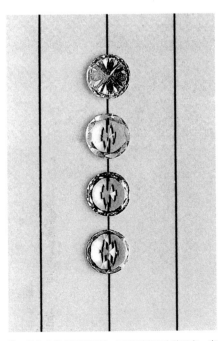

鑽石模仿品常具可看透性，可見到底下直線下方，真鑽則不具可看透性（圖中上方第一顆為真鑽）。另一點要注意的是，鑽石如果沾到液體如水、酒精等，便具有可看透性。

鑽石、碳矽石和瑞士鑽因折射率高，所以都不具可看透性，蘇聯鑽折射率較差一點，略具可看透性，美國鑽和水晶折射率低，可以很明顯見到底下的字。

此方法主要用於圓鑽，其他切割形狀則不適用，而圓鑽如果切割比率有所差異的話，也可能略具可看透性。

水中七彩光比較法

將寶石置入透明杯中，尖底朝上，加水蓋過寶石，並以筆燈垂直照射，將可見到碳矽石七彩光極強，而鑽石、蘇聯鑽因為色散較低，所以只能見到白色光芒。

鑽石的色散值為 0.044，將其置入有水的燒杯中，用筆燈照射即可見到鑽石的七彩光。色散值愈高，七彩光則愈強。

碳矽石（摩星石）的色散值比鑽石高，因此七彩光比較強。

直徑與高度計算公式

由於一般鑽石的切割比率都比有色寶石標準，所以可用公式算出重量，模仿品則因為比重較大，所以算出來的重量會實際重量相差很大，若相差 20% 以上便可能是模仿品。

圓鑽重量＝平均直徑^2× 高度 ×0.0061

橢圓鑽重量＝平均直徑^2× 高度 ×0.0062

心形鑽重量＝長 × 寬 × 高 ×0.0059

長／寬比

祖母綠形重量＝長 × 寬 × 高 ×0.0080（1：1）

$\qquad$ 0.0092（1.5：1）

$\qquad$ 0.0100（2：1）

$\qquad$ 0.0106（2.5：1）

馬眼形重量＝長 × 寬 × 高 ×0.00565（1.5：1）

$\qquad$ 0.00580（2：1）

$\qquad$ 0.00585（2.5：1）

$\qquad$ 0.00595（3：1）

梨形重量＝長 × 寬 × 高 ×0.00615（1.25：1）

$\qquad$ 0.00600（1.5：1）

$\qquad$ 0.00590（1.66：1）

$\qquad$ 0.00575（2：1）

圓鑽直徑與重量對照表

大多數模仿品的比重都較鑽石重，同樣尺寸的模仿品將比鑽石重很多，比方說 6.5 公釐的真鑽約為 1 克拉，而蘇聯鑽則為 1.5 克拉左右。

碳矽石的比重因為和鑽石相當，所以用直徑與高度計算公式或直徑與重量對照表無法分辨兩者。

標準圓鑽重量與直徑對照

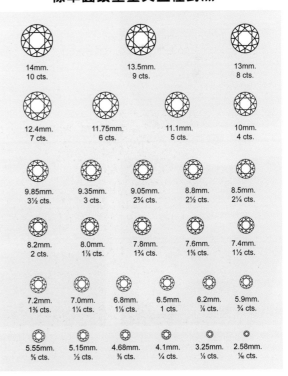

14mm. 10 cts.　13.5mm. 9 cts.　13mm. 8 cts.

12.4mm. 7 cts.　11.75mm. 6 cts.　11.1mm. 5 cts.　10mm. 4 cts.

9.85mm. 3½ cts.　9.35mm. 3 cts.　9.05mm. 2¾ cts.　8.8mm. 2½ cts.　8.5mm. 2¼ cts.

8.2mm. 2 cts.　8.0mm. 1⅞ cts.　7.8mm. 1¾ cts.　7.6mm. 1⅝ cts.　7.4mm. 1½ cts.

7.2mm. 1⅜ cts.　7.0mm. 1¼ cts.　6.8mm. 1⅛ cts.　6.5mm. 1 cts.　6.2mm. ⅞ cts.　5.9mm. ¾ cts.

5.55mm. ⅝ cts.　5.15mm. ½ cts.　4.68mm. ⅜ cts.　4.1mm. ¼ cts.　3.25mm. ⅛ cts.　2.58mm. ¹⁄₁₆ cts.

人造模仿品刻面稜線接點較圓鈍。

矽石複影。

刻面腰部（美國車工）。

放大觀察特徵

　　鑽石由於硬度較高，在研磨後刻面將極為光滑，而且刻面與刻面之間的稜線接點非常銳利。一般模仿品則因為硬度低，刻面沒有那麼光滑，而且稜線接點也較圓鈍，甚至會有許多碰傷缺口。碳矽石的硬度雖高達9.5，但還是遠不如鑽石，所以刻面稜線仍然不及鑽石那麼銳利。

　　鑽石和蘇聯鑽都是單折射，而碳矽石為雙折射，且兩個值相差很大，因此會產生複影，即刻面稜線會產生兩個影像。但碳矽石在切割方面常把沒有複影的方向（即光軸方向）垂直桌面，所以必須傾斜一個角度或由側面觀察才能看出複影現象。

　　區別鑽石與模仿品的另一個特徵是腰部，一般鑽石在打圓後呈毛玻璃狀，如果腰打得太粗，可能會用滾圓機再滾成玻璃狀，有的則更精細地磨成刻面。

鑽石模仿品腰部範圍內常可見斜紋。

真鑽腰部常可見毛邊。

模仿品也可經處理成和鑽石一樣的特徵，但因為目前模仿品便宜，所以大多未經特別處理，以至於腰部呈粗糙毛玻璃狀，有的在腰部範圍內有斜紋，所以如果在腰部範圍內有斜紋則是模仿品。

　　鑽石的腰部會有哪些特徵呢？鑽石在打圓過程中，如果施加壓力過大，會使腰部形成如髮狀的小裂紋，這是模仿品所沒有的，所以如果腰部見到如毛髮狀的毛邊（bearded），必是真鑽。

　　鑽石在切磨過程中，為保留重量，在腰部下方經常可見到一些鑽石原來的結晶面，簡稱原晶面（natural），包括有八面體上的三角凹痕（trigons）及十二面體的平行槽痕（parallel grooves）。

　　鑽石內常含有角狀礦物或有裂紋等特徵，碳矽石則常含類似針狀物的特徵，而其他模仿品內部則可能含有圓形氣泡。

表面反射度測試儀

　　這是利用寶石的外部對光反射強弱來區別，和寶石表面拋光好壞有關，所以可能會產生誤差，而且對於鑲在戒臺上的小鑽無法區別，因此漸漸被導熱性探針取代。

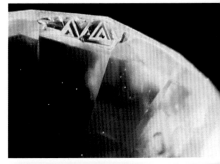

真鑽在腰部下方常保留原來的結晶面，簡稱原晶面，可為鑑別真偽之證據。

碳矽石內常含有針狀物。

人造模仿品中有時會有氣泡。

表面反射度測試儀。

導熱性探針

　　鑽石的熱傳導是各種物質中最好的，遠優於金、銅等金屬。利用此特性可以用儀器來區分，不僅正確而且迅速。鑽石不論大小，原石或是成品，都可用此探針來鑑別。

　　但由於碳矽石和鑽石的導熱一樣好，所以此儀器無法分辨鑽石或碳矽石，必須再用碳矽石導熱性探針來加以分辨。然而並不是所有儀器都能精確測出鑽石和模仿品，有時人為操作不當便有所誤差，所以儀器資料也只能參考，辨別真假得仰賴有經驗的工作者。

傳統導熱性探針無法測出碳矽石。

碳矽石導熱性探針是目前最普遍的一種鑑定儀器。

近紫外光的鑑別

C3 公司除了銷售碳矽石，也發明可區分鑽石和碳矽石的 590 型檢測儀。該儀器測出的是近紫外光區的相對透明度。對近紫外光，近無色的鑽石是透明的，而碳矽石則吸收；但鑽石內若含包體太多，則因光無法穿透鑽石而發生誤差。

比重液

二碘甲烷比重液比重為 3.32，鑽石為 3.52，因此鑽石在此比重液中會沉下去，碳矽石為 3.22，會浮起來，所以如果通過導熱探針測定為鑽石，檢測之後應再以比重液測試，則可確信為鑽石。

螢光燈

在螢光燈長波照射下，蘇聯鑽呈橘黃色反應，而鑽石的反應則不一，或紫藍色、或黃綠色，甚至沒有反應，對於整批的鑽石，可以用螢光燈照射看看，若混有蘇聯鑽，則可迅速分辨出來。

螢光燈對鑑別大批小鑽可作為參考。

火燒法

以打火機燒寶石，碳矽石會立即變黃，但退火後又恢復原狀，蘇聯鑽則變棕色，退火後仍是棕色，而鑽石火燒後顏色不會改變。注意玻璃填充的鑽石火燒後可能因為膠流出來而現出裂紋。除非萬不得已，一般不要嘗試這個方法，以免產生糾紛。

4 │鑽石的處理方法

吳舜田／文

　　從 1999 年底開始，不斷有媒體報導鑽石優化處理的消息。許多業者、消費者紛紛來電或以電子郵件詢問有關鑽石處理的問題。綜合這些問題，一般人想知道的是鑽石的處理有幾種方法？為什麼要處理？有無簡易的判別法？選購鑽石時應注意哪些事項？

淨度處理

1. 雷射穿洞

　　鑽石是天然礦石，內部常含深色礦物包裹體或碳點，這些瑕疵對淨度分級影響很大時，可用雷射穿入將之去除，但會造成穿孔現象。雷射穿洞算是鑽石的內部特徵之一，一般而言，此種特徵很容易用顯微鏡觀察出來。

2. 玻璃充填

　　1980 年，以色列研發出一種技術，可將表面的裂縫以高折射率的玻璃填充，使裂縫不易察覺，而改善其淨度等級。此種玻璃填充鑽石推出市場時，曾一度造成恐慌，但經詳細研究發現，要填充必須有裂縫，因此此種鑽石常有裂縫延伸至表面，以顯微鏡觀察，輕微轉動鑽石，從暗背景到較明亮背景時，可見到裂縫處會產生從橘黃的干涉色變為閃光般的藍色、綠色或粉紅色等，稱之為「閃光效應」，再仔細檢查填充物中可能會形成氣泡、或類似指紋狀物或龜裂等的構造。

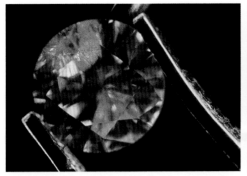

未充填處理前，可見明顯裂紋延伸至表面。（圖片提供： Mr. Daniel Koss）

玻璃充填後，裂紋消失。（圖片提供：Mr. Daniel Koss）

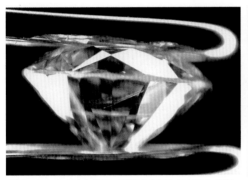

從側面觀察玻璃填充鑽石，裂縫處會產生粉紅色的「閃光效應」。

雷射穿洞的鑽石。

成色處理

1. 藍墨水染色

　　早期曾有人在鑽石腰部或底層塗上藍墨水之類的液體，使整個顏色反射到鑽石，改善鑽石外表的顏色。但這種染色處理用酒精或清潔液，甚至清水即可除去而現出原形。

2. 真空鍍膜

　　1988 年此種真空鍍膜鑽石曾在日本行騙過一陣子，造成轟動，筆者鑑定所曾碰到此種鑽石幾次。這種處理，據報導是用薄膜形成材料，在真空狀態

下，使其蒸發、附著在鑽石表面，其目的在於掩蓋原來的黃色，使成色級數提高，價格也能相對提升好幾成。這種鍍膜用酒精或清潔液無法去除，但用一種含三氧化二鋁微粒子的磨光布可去除，或用王水也可以洗淨，甚至用刀子可刮傷而察覺。以顯微鏡反射光觀察，可察覺出其表面有如斑點狀的特徵。

3. 放射性處理

完美鑽石的內部碳原子鍵結極為強勁，可見光沒有足夠的能量來影響它們，因此鑽石不吸收光，呈現透明無色。有些鑽石之所以會有顏色，是因為含不純物如氮、硼等，或內部原子排列有缺陷，這些缺陷或不純物會吸收部分光，而讓其他色光通過，乃形成鑽石的顏色。若要改善鑽石的顏色，只有設法造成鑽石內部結晶的缺陷，而要達到此目的，必須用高能量放射線去處理。商業上常用來改變鑽石顏色的方法有兩種：

一、在核子反應爐中產生快速中子撞擊鑽石中碳原子，使碳原子被迫移位，而在結晶格子中形成空位，使鑽石變成綠色。

二、由高壓電子加速器的高能量電子予以放射處理，這些電子都是電價粒子，它們有小的穿透深度，可造成空位產生顏色，由電子放射處理的鑽石呈藍綠色或藍色。

這些經放射性處理的鑽石顏色，可經由熱處理再改變。熱處理時，由放射性處理所造成的空位將重新組合，形成新的顏色，而其新顏色的變化乃決

放射性處理的彩鑽最常見到藍、黃、黃綠、橘黃、棕黃、綠，而且顏色都非常好。粉紅、紫紅、棕紅則少見。

定於鑽石的類型，如 I a 或 I b 等。經放射性處理的鑽石，其顏色通常極深且不自然，以顯微鏡觀察則常有色斑或雨傘般的色域，也可以分光儀來觀察其吸收線。

最常見的顏色為非常好的藍色、金黃色、綠色。粉紅、棕紅則比較少見。

4. 高溫高壓改色處理

❶ 棕色轉變為白色

1999 年 3 月麗澤鑽石公司（Lazare Kaplan）宣布該公司將在市場推出一種由奇異公司（GE）以高溫高壓方式處理、將棕色轉為白色的鑽石，市場簡稱為 GE POL 鑽石。

此種鑽石屬 II a 棕色鑽石，內部不含氮或含極微的氮，儀器不易測，其

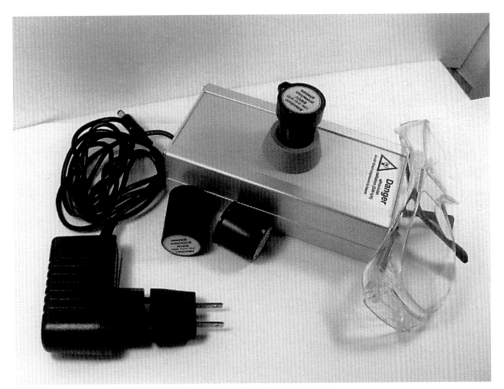

SSEF II2 Diamond Spotter 專門測試 HPHT 鑽石。

棕色成因乃是鑽石結構塑性變形造成。此種棕色鑽石產量極少，約只占鑽石產量的百分之一。此 IIb 鑽石特性之一即是可被短波紫外線 250 公釐穿透，SSEF 利用此特性製造了一簡單型的漂白鑽石偵測器（SSEF II2 Diamond Spotter），此探測器只有一小孔，將鑽石置於小孔上，並以短波螢光照射，如果光可穿過鑽石，則會在其背後產生一綠點，而鑽石則可能是經過高溫高壓處理的漂白鑽石，可做為初步鑑定的依據。

❷ 棕色轉變為黃綠色鑽石

1999 年 12 月猶他州的 Nova Tech 公司宣布，可將棕色鑽石以高溫高壓方式處理成黃綠色。而根據報導，此種技術早在 1990 年奇異公司就已研究出來，經過多年的研發，最後成功研究出使顏色達到最佳穩定狀態的方式。

這些由奇異公司處理的黃綠色鑽石有一種令人感興趣的特性，就是在高溫處理作用下會產生顏色的變化，這些處理鑽石加熱至 550℃ ～ 650℃ 時，會由黃綠色轉變成祖母綠般的綠色，但如果把鑽石降溫至常溫，這種綠色的外觀將持續十～十五分鐘後，又回復成原來顏色。

這種將鑽石處理為黃綠色的公司，除了上述的 Nova Tech 和奇異公司，據報導，瑞典也有一家公司從事相關的處理工作。

自然界黃綠色或會變色的鑽石是非常稀有的，而這些處理的鑽石在顯微鏡下常可見到明顯的色帶和棕色到黃綠色的八面體生長紋；長波紫外線下顯現極強綠色螢光，短波下則較弱。分光儀下可見到 503 奈米、986 奈米和弱的 637 奈米吸收線。

業者、消費者雖然不須深入研究處理的鑽石，但應該知道這些處理的訊息以及簡單的判別法，以免吃虧上當。如 1988 年碳矽石上市，許多當鋪就因為缺乏這方面的資訊而被騙。一般消費者選購時則應注意下列幾點：一、不買來路不明的鑽石；二、找信譽良好有口碑的珠寶公司；三、選購的鑽石要附有鑑定公司開立之鑑定報告書。如此才能買得安心、愉快。

鑽石類型及其顏色變化

一般根據鑽石結晶的缺陷，將它們分為幾個類型：

1. I 型

此型鑽石為內部含有氮不純物，又可分為下列兩種：

I a 型

大多數寶石級鑽石屬於此型態。此類鑽石晶體內的碳原子被較多氮原子不純物取代，且氮原子呈聚合狀，因此這些鑽石會呈現一般我們說的黃色系列（cape series），其色濃度由極白到彩黃色。此類鑽石最常用來放射處理，使其黃色特性消失，變成藍色或綠色，如再經加熱則變成深黃或橘色。

I b 型

幾乎全部的合成鑽石及少部分的天然鑽石都是此一型態。此類鑽石其不純物為單獨的氮原子。當鑽石形成時，所有鑽石包含的氮原子都是這種類型，氮原子在鑽石的結晶格子中以不規則方式存在，而大部分天然鑽石埋藏於地底深處，在極高溫高壓的環境下，使得氮原子形成聚合狀，由 I b 型轉變為 I a 型。

相反，合成鑽石在形成後立即由反應爐中取出，氮原子沒有足夠的時間來形成聚合，所以合成鑽石還是保留在原來的 I b 型。

此型鑽石依氮原子的集中狀態，可形成棕色、深黃色、橘黃色和強橘棕色。但如經放射性處理將變成藍色至綠色，再熱處理則變為粉紅至紫色。

2. II 型

此型為不含氮原子的鑽石，又可分為下列兩種：

II a 型

此類鑽石不含氮原子，但因為碳原子由它正常的位置錯移而造成缺陷，形成粉紅色或棕色，此類鑽石經放射性處理後，將變成藍色至綠色，但再以熱處理則回復至原來顏色。

IIb 型

這類鑽石含極少量的硼，而使鑽石形成鐵藍色。一般鑽石是絕緣體，但此型鑽石為半導體，可以導電。將此型鑽石放射性處理後，將變成藍色至綠色，再加熱處理則又回到原來顏色。

由於紅色、粉紅色、藍色等彩鑽價值較高，所以如果將價值較低的黃鑽以放射性或高溫高壓處理等方式改變其顏色，變成高價值的彩鑽，將可獲暴利。但這些處理過的彩鑽與天然彩鑽由於所屬類型不同，形成彩鑽的因素不一樣，所以可依其吸收光譜來區別，這種鑑別法因為較複雜，一般業者與消費者不易瞭解，這也可能是彩鑽較不流行的原因之一。

在鑽石的處理方法中，可以看到許多新科技投入寶石處理，卻也帶來困擾。對於業者來說，要不斷接收新資訊、小心採購，以免吃虧上當、商譽受

鑽石類型及其顏色變化

類型	含氮情形	顏色	放射處理	放射處理後加熱
Ia	碳原子被氮取代，氮在鑽石中呈聚合狀不純物	無色到深黃色（一般天然鑽石黃色系列比屬此）	形成藍色到綠色	深黃色到橘色
Ib	碳原子被氮取代，但氮在鑽石中呈單獨的不純物存在	無色到棕色、黃色（全部合成鑽石及少數天然鑽石屬此）	形成藍色到綠色	粉紅色到黑色
IIa	不含氮，但碳原子因位置錯移造成缺陷	無色到棕色、粉紅色（極稀少）	形成藍色到綠色	回到原來顏色
IIb	含少量硼	藍色（極稀少）	形成藍色到綠色	回到原來顏色

損。對消費者而言，則要意識到售後服務的重要性，在國內買到有問題的珠寶尚可要求賣主更換，到國外選購高價珠寶，一旦買到處理品或贗品，則只有自嘆倒楣了。

HPHT 改色總結

自然界 95% ～ 98% 都屬於 I 型，主要是含有中度到高度的氮，外觀顏色為黃色或黃褐色。從黃色變成濃黃色、綠色、橘色（橙）等。

在自然界裡也有 2% ～ 5% 的鑽石屬於 II 型，其中氮含量稀少，主要顏色為不同深淺咖啡或棕色與淺橘色調。II 型經過高溫高壓改色加溫到 2,700℃ 左右，大概十五～二十分鐘，通常會由棕色或咖啡色變成價值極高的無色，近無色（E ～ H 色居多）。若是再經過輻照處理（irradiation）就可以變成粉紅色與藍色鑽石。

HPHT 改色鑽石售價

通常鑽石的售價在大盤商都是透過 Rapaport 報價，打折扣七折到九折不等。網路零售可以八折到加一成左右，品牌珠寶店就要加三成到七成。經過 HPHT 處理成的白鑽通常零售價約 Rapaport 報價三折到七折，愈小顆折扣愈大，顏色愈白 E ～ F 折扣愈少。

5 | 人造鑽石（合成鑽石）的生長原理及對未來市場的影響

苑執中／文

人造鑽石的定義

市場上鑽石的分類如下：

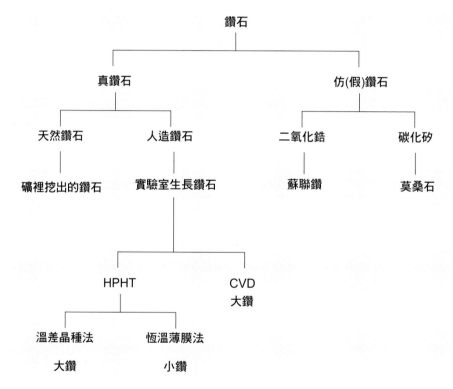

此篇文章中的「人造鑽石」就是通常意義上的「合成鑽石」。

天然鑽石的生成及未來

　　天然鑽石在地球內部約 200 公里深的地方，必須同時有著特定的溫度、特定的壓力、一定含量及比率的鐵族金屬、石墨或碳，才會生成鑽石，再加

上剛好有火山爆發，才能將鑽石帶到地表。地球的四十億年歷史中，絕大多數的火山爆發沒有帶鑽石上來，最後一次帶有鑽石的火山爆發發生在四千萬年前。隨著人類科技的進步，全地球陸地上的鑽石礦幾乎都被找到，海底地層因為地殼太薄，不會生成鑽石。

地球上鑽石的總儲藏量約為 25 億克拉，其中五分之一左右為寶石級，現在每年的開採量約 1 億克拉，所以再過幾十年，天然鑽石將開採殆盡。

人造鑽石生長原理

人造鑽石的生長分為高溫高壓 HPHT 法及化學氣相沉積 CVD 法。

1. 高溫高壓 HPHT 法

高溫高壓生長單晶金剛石的方法有歐美壓帶法、俄羅斯分裂球法、中國六面頂法三種，經過數十年的競爭、交流、改進，中國的六面頂法成為最後贏家，六面頂法生產的低端及中高端的工業鑽砂占了全世界 99% 以上的產量，溫差晶種法生長的大鑽也可做到 10 公釐的尺寸，另外恆溫薄膜法長出 3 公釐以下的單晶是另兩種方法沒有做到的。

高溫高壓生長單晶金剛石是仿照天然鑽石在地下約 200 公里深處的溫度、壓力，將石墨在鐵族金屬觸媒的作用下轉化成鑽石，它使用的溫度約為 1,300℃ ～ 1,500℃，壓力約為 40,000 ～ 60,000 個大氣壓力。其晶形與天然鑽石極為類似，主要是八面體、六面體、六八面體聚形，另在低壓下，可生成菱形十二面體。

2. 化學氣相沉積 CVD 生長金剛石原理

碳氫化合物如甲烷在氣態條件下和同時存在的氫氣受等離子體的高能解離，生成碳原子層級的離子，沉積在加熱的固態基體表面，進而製得多晶或單晶鑽石的工藝技術，稱為化學氣相沉積法合成鑽石。

等離子體來源：微波、直流電弧噴射、熱絲或射頻。

晶種基板：多晶鑽石可在矽、鉬或鎢板上生長，單晶鑽石可在天然、HPHT 或 CVD 合成金剛石切成平行於（100）晶面的薄片上生長。

氣體：H_2、CH_4、O_2 或 N_2

溫度：700℃ ～ 1,000℃

真空度：1/10 大氣壓力

生長效率：1 ～ 50 微米／小時

用微波 CVD 在（100）面的單晶鑽石片基底上生長單晶鑽石，再經 HPHT 或 LPHT 處理，將其顏色改為近無色，再切磨成首飾鑽石。摻硼生長可得藍色彩鑽，摻氮可得黃色彩鑽。另經輻照處理及熱處理，可得綠、藍、粉紅、紫紅、紅等顏色彩鑽。

人造鑽石證書

人造鑽石在市場已銷售多年，需要鑑定證書的評級以制定價格，故各國際鑑定公司均有人造鑽石鑑定並簽發證書的業務。人造鑽石在國際鑽石界被稱為實驗室生長鑽石（Laboratory Grown Diamond），美國珠寶學院 GIA 及其他知名鑑定單位簽發的人造鑽石證書上，所用的名稱正是如此。

人造鑽石的未來市場

高溫高壓 HPHT 法生長金剛石從 1954 年由美國 GE 公司研發成功至今，幾經改進，多年以來市場上有黃色及各種彩色 HPHT 人造鑽石銷售，因是彩色，市場接受度不高，1998 年俄羅斯生長成功無色人造鑽石，但淨度不好且價格高，難以銷售。高溫高壓法生長的無色小鑽於 2014 年中上市，品質及價格符合市場需求。

化學氣相沉積 CVD 法生長多晶金剛石膜，在 20 世紀 80 年代中期問世，單晶 CVD 金剛石在 20 世紀 90 年代末開始有人研發，至 21 世紀初成功，

以微波等離子體化學氣相沉積法生長出無色高品質的首飾鑽石，在 2012

年初由新加坡的 IIa 公司商品化，從小鑽到克拉級皆有，其售價為同級天然鑽石的三分之二～二分之一，引起了天然鑽石市場的震動。

市場上需要且可見到的無色／近無色 HPHT 以溫差晶種法生長的大鑽、恆溫薄膜法生長的小鑽及 CVD 法生長的大鑽，透過下表比較特質及未來展望：

	HPHT 溫差晶種法生長大鑽	HPHT 恆溫薄法膜生長小鑽	CVD 法生長大鑽
鑽石顏色	無色／近無色	無色／近無色	無色／近無色
淨度	較差	較差	好
成本較天然鑽石	高	稍低	低很多
未來展望	不好	可接受	好

綜上所述，天然鑽石的開採會破壞地球環境、耗費大量資源，存在「血鑽」的道德問題，且價格高昂。人造鑽石在實驗室生長是綠色作業，不會破壞生態，使用能源有限，沒有「血鑽」問題，且價格低廉── CVD 鑽石未來售價只有天然鑽石的幾分之一。高溫高壓恆溫薄膜法生長的無色小鑽將以低於天然小鑽的價格大量供應市場。

未來天然鑽石的稀缺，使得天然鑽石價格高昂；鑑別儀器、技術的普及使得天然／人造的大、小鑽石都容易鑑別，往後就會有許多人造鑽石的專賣店打著「實驗室生長的真鑽石」的名號，大量占有鑽石市場，終將超過天然鑽石市場的規模。

（誠摯感謝苑執中博士分享〈人造鑽石分析成果〉文字。）

苑執中

中山大學地球科學系博士，中國地質大學（武漢）珠寶學院教授，獲得美國寶石學院（GIA）的研究寶石學家（G.G.）學位，獲得英國皇家寶石學會（Gem-A）鑽石會員 DGA 學位。2009 年 7 月創辦台鑽科技（鄭州）有限公司迄今。網址：http://www.taidiam.com

6 | 合成鑽石的鑑別

吳舜田／文

　　早在十八世紀之前就有科學家發展各種設備，試圖合成鑽石，一直到 1954 年才由 Hall.H.T. 成功地合成第一顆鑽石。1970 年美國奇異公司合成寶石級鑽石，接著日本的住友電子公司和鑽石的主控者戴比爾斯公司相繼合成寶石級鑽石，但是合成的目的都在於工業上的應用，而非著眼於珠寶飾品市場。

　　1992 年美國的恰丹（Chatham）公司宣布他們和蘇聯的公司合作合成寶石級鑽石，並以恰丹創造的鑽石（Chatham Created Diamond）為名行銷全球。恰丹公司宣稱它們將以天然鑽石十分之一的價格供應市場，引起全球鑽石市場的注目，大家紛紛探究鑑定合成鑽石的方法，戴比爾斯公司也投入大量研究經費，成功地研發出兩種鑑定儀器 Diamond Sure 和 Diamond View，可以準確而快速地鑑別合成鑽石。

合成鑽石的鑑別

1. 顏色

　　雖然合成鑽石可以製造出無色、黃色及藍色的鑽石，但目前主要合成的皆為棕黃色。因為在合成的過程中，空氣中的氮容易進入鑽石中形成黃色，而且顏色分布常不均勻或有一定的圖形。

2. 生長構造

　　天然鑽石八面體上常有三角凹痕的溶蝕生長構造，合成鑽石則常形成珊瑚狀或樹枝狀構造。

3. 螢光反應

在長波螢光下，天然鑽石有些會有反應，有些則沒有，而且以藍色最常見。合成鑽石則剛好相反，在長波下沒有反應，而短波則為強至弱的反應，且呈現黃綠色，分布也不均勻。

4. 光譜儀

大多數天然鑽石為 Ia 型，而合成鑽石為 Ib 型，對於這兩種類型可用紅外線光譜儀來區分，如果是 Ia 型則必為天然鑽石。而天然鑽石在可見光譜下常可見到黃色系列的吸收線（即 415 奈米、423 奈米、435 奈米、452 奈米、465 奈米、478 奈米），其中以 415 奈米吸收線最明顯。合成鑽石沒有 415 奈米吸收線，但如果置入高溫高壓中（2,350℃、85Kbars），可能會產生 415 奈米，然而經過這種處理的鑽石會產生裂紋，所以依目前的技術仍無法得到 415 奈米而不影響其淨度的，也就是說，在可見光譜中能見到 415 奈米吸收線必為天然鑽石。

5. 比重

天然鑽石比重約 3.52，合成鑽石約 3.5 ～ 3.51，但其內部若含金屬較多，則比重較重。

6. 導電性

天然鑽石中除了 IIb 型的藍色鑽石，其他都不具導電性；合成的鑽石因加入硼或其他助熔劑如鎳，因此部分會導電。

7. 磁性

天然鑽石不具磁性；合成鑽石為了降低熔點等因素常加入鐵、鎳等合金而具有磁性，但磁性不強，用強力磁棒如漠納門磁力棒（Hanneman）才能吸附，對於磁性較弱的合成鑽石，用不具磁性的繩子吊起或置於 3.52 的比重液中比較，才能看出效果。

8. 偏光效應

交叉偏振光下，天然鑽石常呈現全暗或波狀消光的偽多折射效應，而合成鑽石則可能出現類似風扇葉的黑十字。

9. 放大檢查

天然與合成鑽石的形成環境是不同的。天然鑽石形成的環境較複雜，因此內部特徵也不同，可以由內含物的差異來區分。

一、金屬助熔劑：合成鑽石中常含鈷、鎳等助熔劑，有些形如助熔法合成紅寶中的粒狀助熔劑，有些則無一定的形狀。

二、數量繁多的小白點：合成鑽石中常含許多小白點和天然鑽石中的雲狀物極相似，有些順著生長線排列，因為天然鑽石中也有相同特徵，所以無法成為判別的依據。

三、掃帚狀物：晶種和合成鑽石之間，垂直晶種的方向，有時會有掃帚狀物的出現。

四、色帶：平行十二面體的方向有時會有一無色脈狀的區域，這種色帶是天然鑽石中沒有的。

五、生長紋：合成鑽石外部生長線常呈類似「鐵十字勳章」的構造，內部生長線則呈沙漏狀的圖形。

合成鑽石鑑別儀器

天然鑽石與合成鑽石雖然有上述各自不同的特性，但若非有經驗的寶石學家也不容易區分，因此針對天然及合成鑽石的光譜及生長結構的不同，戴比爾斯公司於 1996 年推出兩種簡單鑑別儀器：Diamond Sure 及 Diamond View。Diamond Sure 用來鑑別天然鑽石的 415 奈米吸收線。因為大多數的天然鑽石為 I a 型，具 415 奈米吸收線，合成鑽石則無。儘管有些天然粉紅色及黃色彩鑽可能沒有 415 奈米吸收線，因此無法百分之百確定測試鑽石是否天然。但儀器操作容易，適合一般業界做初步測試。

Diamond View 則較能精確鑑別出天然或合成鑽石，但其原理和操作則較複雜。鑽石晶體在生長過程中受到溫度、壓力、助熔劑等影響，會產生不同晶形：溫度愈高愈易形成八面體，溫度低則以立方體為主。合成鑽石是加鐵鎳合金為助熔劑，不用像天然那麼高溫即可形成鑽石，形成的晶體便與天然不同，而加入的助熔劑也會影響合成的結晶特性，採用鎳做觸媒的合成鑽石相圖，若改用其他金屬則可能產生十二面體或偏方面體（113）。若使用鈷做觸媒，則會造成大量氮的存在，為了減少氮含量常加入硼，但會造成偏方面體（115）的出現。又合成鑽石在不同生長區雜質含量不相同，比方說（111）生長區中氮的含量是（100）區的兩倍。從第 83 頁合成鑽石的橫縱刻面圖，可以見到不同區的顏色不同。

Diamond View 乃利用低於 230 奈米的紫外線照射鑽石以激發鑽石內部能量的間隙而產生螢光，由於上述天然與合成鑽石成長機制的不同所產生的螢光圖形亦不相同，可以正確地區分。

目前合成鑽石在市場上仍不普遍，而且價位高於一般天然鑽石，但恰丹公司宣稱未來可以用天然鑽石十分之一的價位供應市場，因此業者不能不注意其在市場上的發展。而唯有瞭解其特性才能正確地鑑別出天然與合成鑽石，不致造成市場上的恐慌。我們也相信戴比爾斯公司為了維護其自身的利益，將會不遺餘力地進行這方面的研究，以避免合成鑽石對市場造成的衝擊。

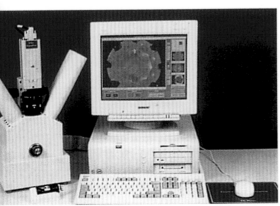

Diamond View。

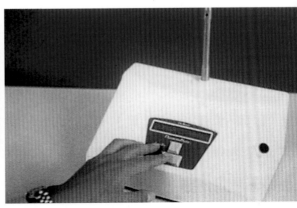

Diamond Sure。

人造合成鑽石比較常見的是棕色和橘金黃色，深粉紅色和暗藍色比較少見。

金屬助熔劑和 TV 螢幕狀之包體。

人造合成鑽石的生長紋理。

合成鑽石的晶形及合成溫度、壓力的關係圖

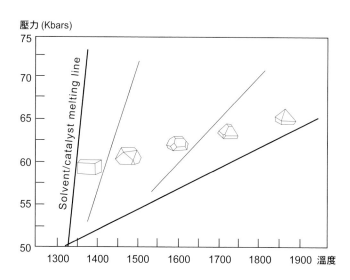

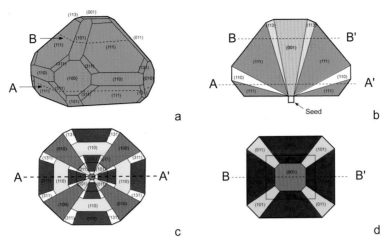

合成鑽石的原石示意圖，其中 b 圖為縱剖面圖，c、d 為橫剖面圖。

小顆粒合成鑽石的福音

近幾年合成鑽石在市場上大量出現，給消費者和廠商帶來很大的損失，尤其是幾分～小幾十分合成鑽石的出現，由於鑑定儀器的匱乏，大大地影響消費者購買的熱情。

如今，小顆粒鑽石自動排查儀器（AMS）面世了，這讓小顆粒合成鑽石無所遁形。什麼是小顆粒鑽石自動排查儀器呢？ AMS 以光譜儀系統為基礎，自動排查可能是合成或仿製品，用於篩選和排查大包的小顆粒鑽石。

AMS 由安裝有專利軟體系統的電腦控制，鑽石通過進料斗送入儀器內，然後被自動放置於連接了兩臺光譜分析儀的光纖探頭上讀取光譜資料。根據不同的檢測結果，鑽石將會被分配至五個不同的盒子中。

AMS 能夠排查介於 1 分至 20 分的、無色或接近無色的、圓形明亮式切割的鑽石；還可以檢測出所有的合成和鑽石仿製品，天然鑽石的通過比例是大於 98%，不宜用來篩選加工處理過的天然鑽石。

目前，包括香港在內的所有企業及個人客戶，都可以直接將鑽石貨品送至中國國家珠寶玉石品質監督檢驗中心位於上海、深圳和香港的實驗室，進行排查檢測。

（關於 AMS 的介紹，可參考《中國寶石》99 期孫曉輝報導。）

7 | 鑽石的 4C 分級

鑽石的成色／顏色（color）

寶石的色彩是人們最直接感受其美的焦點，也是其成為寶石的原因，所以顏色是寶石最重要的特徵之一。寶石為什麼會有顏色呢？

白光是由紅、橙、黃、綠、藍、靛、紫七種有色光組成，當白光照到寶石，由於寶石內部原子的不同排列及其化學成分的差異，尤其所謂微量元素，如鐵、銅、鉻和鎳等的影響，造成寶石對這些有色光的吸收程度不同。寶石吸收了某些有色光，而其他未被吸收的光通過後組合起來，照射到眼睛，給予的感受就是這顆寶石的顏色。比方說紅色寶石就是因為除了紅色光外，其他有色光均被吸收了，所以這顆寶石看起來就是紅色的。

鑽石有許多顏色，最稀有的顏色是紅色，依次為綠色、藍色、紫色和棕色。這些有色的鑽石在交易上都稱彩色（fancy colors）鑽石，因為非常稀少，所以價值也比較高，尤其當顏色色調非常高時，價值更高。

鑽石是由碳原子組成，碳原子序數為 6，而氮原子序數為 7，因為與碳原子的大小相近，氮原子很容易取代碳原子而存在於鑽石中，也因此大多數的天然鑽石都會因含有氮而多少帶點黃色色調，這些微黃色的鑽石就構成了所謂的黃色系列，而完全無色的鑽石其價值是最高的。

最早的鑽石顏色分級是用南非礦場的名字來命名，比方說亞哥（Jager）是指南非 Jagersfontein 礦所產的藍白鑽，實際上這種鑽石並非藍色，只是具有螢光性，在日光中的紫外線照射下會顯現藍色螢光。而「開普」則指南非 Cape 礦所產顏色較黃的鑽石。雖然世界各地的鑽石或珠寶組織也有各自的鑽石顏色分級用語，但今天幾乎全球都使用美國寶石學院 GIA 的分法，即以英文字母 D 為最高等級，往下依次為 E、F……Z。D 級至 F 級指的是完全無色的；G 級到 J 級指的是近無色的：在這個等級範圍內的鑽石，從桌面觀察無色，

不同鑽石成色等級國家鑑定機構比較對照表

香港 H.K.	美國寶石學院 GIA	美國寶石協會 AGS	國際珠寶聯盟 CIBJO / 鑽石高階議會 HRD	北歐 SCAN. D.N. 50分以上	北歐 SCAN. D.N. 50分以下	英國 UNITED KINGDOM	舊名詞 "OLD TERMS"
100	D	0	Exceptional White	River	Rarest White	"Blue White"	Jager
99	E	0	Exceptional White	River	Rarest White	Finest White	River
98	F	1	Rare White	Top Wesselton	White	Finest White	Top Wesselton
97	G	2	Rare White	Top Wesselton	White	Finest White	Top Wesselton
96	H	3	White	Wesselton	White	White	Wesselton
95	I	4	Slightly Tinted White	Top Crystal	Tinted White	Commercial White	Top Crystal
94	J	5	Slightly Tinted White	Crystal	Tinted White	Top Silver Cape	Crystal
93	K	6	Tinted White	Top Cape	Tinted White	Silver Cape	Top Cape
92	L	6	Tinted White	Top Cape	Tinted White	Light Cape	Top Cape
91	M	7	Tinted	Cape	Yellowish	Cape	Cape
90	N	7	Tinted	Cape	Yellowish	Cape	Low Cape
89	O	8	Described by color: Yellowish to Yellow or Brownish to Brown	Light Yellow	Yellowish	Dark Cape	Very Light Yellow
88	P	8		Light Yellow	Yellowish	Dark Cape	Very Light Yellow
87	Q	8		Light Yellow	Yellowish	Dark Cape	Very Light Yellow
86	R	9			Yellowish	Dark Cape	
85	S	9			Yellowish	Dark Cape	
84	T	9		Yellow	Yellowish	Dark Cape	Continues To Fancy Yellow
83	U	10		Yellow	Yellow	Dark Cape	Continues To Fancy Yellow
82	V	10		Yellow	Yellow	Dark Cape	Continues To Fancy Yellow
81	W	10		Yellow	Yellow	Dark Cape	Continues To Fancy Yellow

由側面看會略帶黃色；K 級到 M 級為極微黃色，屬此等級的，由正面看略帶黃色，側面看明顯帶黃色；N 級至 Z 級的鑽石鑲好後，即使外行人也可看出其黃色色調。超過 Z 級的則是屬彩色鑽石，其等級分法不能按此黃色系列來分，價格也不同。

臺灣也有一些銀樓是採用香港的阿拉伯數字分法，最高的 100 色相當於 D 級，99 色則相當於 E 級；98 色為 F 級的；依此類推。完整對照請參考上方表格。

GIA 與中國鑽石研究顏色分級系統對照表

美國寶石研究院（GIA）		中國			說明
無色 Colorless	D	D	100	極白	純淨無色，非常透明，稍微見極淡的藍色
	E	E	99		純淨無色，極透明
	F	F	98		任何角度觀察都是無色透明的
接近無色 Near Colorless	G	G	97	優白	1克拉以下鑽石從冠部、亭部觀察都無色透明；1克拉以上從亭部觀察可看到若有若無的黃褐色或灰色色調
	H	H	96	白	1克拉以下鑽石從冠部觀察看不出任何色調，從亭部觀察，可見似有似無褐色或灰色色調
	I	I	95	微黃白	1克拉以下鑽石從冠部觀察無色，亭部觀察呈微黃褐色或灰色色調
	J	J	94		1克拉以下鑽石從冠部觀察近無色，亭部觀察呈微黃褐色或灰色色調
極微黃色 Faint Yellow	K	K	93	淺黃白	冠部觀察呈淺黃白色，亭部觀察呈現很輕的黃褐色或灰白色
	L	L	92		冠部觀察呈淺黃色，亭部觀察呈淺的黃褐色或灰色色調
	M	M	91	淺黃	冠部觀察呈淺黃色，亭部觀察帶有明顯的淺黃色或褐色或灰褐色色調
微黃色 Very Light Yellow	N	N	90		從任何角度觀察都能看出明顯的黃褐色或灰色色調
	O	<N	<90	黃	普通人都可看出具有明顯的黃色、褐色或灰色色調
	P				
	Q				
	R				
淺黃色 Light Yellow	S～Z				
彩黃色 Fancy Yellow	Z+			彩黃	肉眼可以很明顯看到黃色色調

1. 分級條件

鑽石的顏色分級，主要是在黃色系列中根據它們所含的黃色色調之多寡加以分級，而進行顏色分級必須具備下列條件：標準的燈源、標準顏色基石、良好的環境、受過訓練的分級師。

❶ 標準的燈源

根據傳統的方法，顏色分級必須在來自北方的日光下進行；南半球的話則以南方來的日光為準。將鑽石放在折成 V 字形的白紙上，觀察桌面，腰部上部或尖底上部，以此來和白紙比較顏色。但這種光源不是穩定的，因為日光從早到晚、甚至隨著季節都有變化，空氣中的灰塵和煙霧等也會造成影響。基於這些理由，需要人造燈源來代替日光。

人造燈源必須接近「北方日光」且不可太強，現在一般都採用色溫在絕對溫度 5,000K～5,500K 的日光燈，同時無紫外線波長，以免激發鑽石螢光，掩蓋了其黃色色調。大約 50% 的鑽石在紫外線照射下都會激發螢光，主要為紫藍色，少數會呈現淺綠色、黃色或紅色螢光，甚至有些由於日光中紫外線的照射，也會顯現出螢光。螢光會掩蓋本身的黃色色調，會激發螢光的鑽石在日光燈下看起來顏色總是比較好，所以一顆 J 級的鑽石如果螢光很強，在日光照射下可能會跳兩級到 H 級，因此比色一定要用標

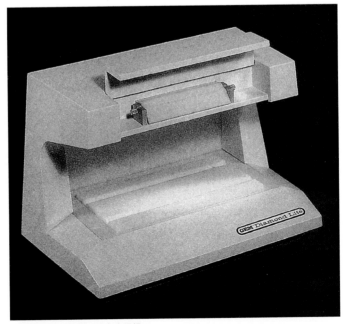

接近北方日光的鑽石比色專用燈。

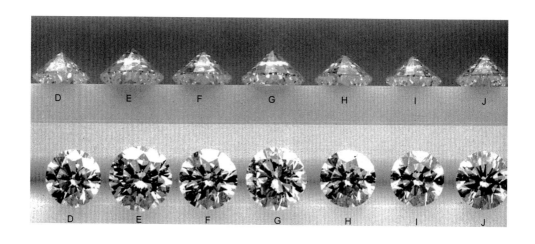

準燈源。螢光太強的鑽石,看起來會有混濁油狀感覺,所以有的稱作「火油鑽」,這只是鑽石的特性之一,但有些人偏好這種鑽石。

❷ 標準顏色基石(master diamond set)

比色的方法是拿鑽石和一組標準顏色基石來比,而這組標準顏色基石必須具備下列條件:

重量	最少要在 0.25 克拉以上,一般為 0.3 ~ 0.4 克拉左右,而一組基石大小要大致相同。
品質	至少要 SI 以上,透明度好,而且內部不含有色包體。
切割比例	底層約 41% ~ 45%,冠高約 12% ~ 16%,而且腰部不可太厚。切割太深的鑽石顏色看起來較暗,反之看起來會較淺。
數量	從 D ~ Z 全套的最好,如果無法收集到全套,至少要五~六顆,顏色為 F、H、J、L、N 或 E、G、I、K、M 五顆再加上 Z 一顆。
限制	基石不可有螢光反應,除了黃色色調外,不可含其他體色。

因為比色是根據美國寶石學院的顏色系統來分級，所以標準色基石也最好以經該學院鑑定並附有證書。

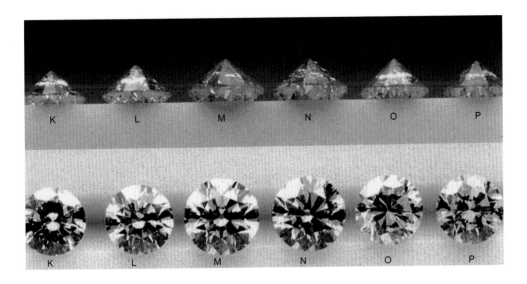

❸ 良好的環境

比色是比鑽石中所含黃色色調的多寡。一般鑽石所含黃色色調極微，不容易比色，而分級者的衣服顏色、房間內牆壁、窗簾的色彩都有可能影響到鑽石的顏色，所以比色的理想環境要避免強烈的色彩，盡量以白色、灰色或黑色為主，不要讓陽光射入，理想的情況是在暗室中進行。

❹ 受過訓練的分級師

比色雖然不必是專家，但至少要受過訓練、有相當經驗，有經驗的分級師甚至不用標準顏色基石，也可大致分出鑽石的顏色。

2. 比色步驟

一、將鑽石清洗乾淨。

二、先做品質分級，檢查鑽石內外部瑕疵，並記下其特徵，以便於辨認。

三、用白色、無螢光且不反射的背景。

四、以白色紙折成 V 字形，基石桌面朝下，各相距約 1 公分左右，由左
　　至右顏色等級依次降低。

五、冷靜觀察基石幾分鐘，以熟悉各基石之間顏色差異。

六、被比色的鑽石由右至左依次和各基石相比，如有疑問則列入較低等
　　級。

七、應從垂直鑽石底層或平行於鑽石腰部的方向觀察比色。

八、比較尖底和腰部兩旁顏色集中的地方，兩顆鑽石比色時應比同樣的
　　地方。

九、移動折紙和燈源之間的距離，以消除某些反射光。

十、如果反射光太強，可以對鑽石呵氣，以消除反射光。

十一、檢查螢光反應，並記下反應強度。

十二、比色後重新檢查鑽石特徵，以免換錯。

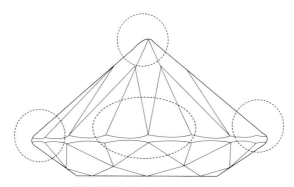

鑽石的顏色常集中在虛線標示的部位。

3. 比色法

　　以 G 級顏色為例，G 級代表一個顏色範圍，而基石則為這範圍內的最高
等級，也就是最淺的顏色。從這一顆基石到下一顆基石之間的範圍，都屬於
這基石顏色等級；而屬同一等級的鑽石，色調上可能會有些微的差異。如下
圖，鑽石甲為 E 級，乙、丙為 F 級，丁為 H 級。

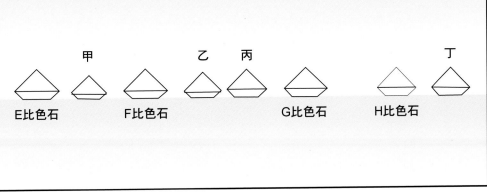

鑽石與比色石對比圖。

4. 比色注意事項

一、比色時間避免過長。如果一顆鑽石的比色一時難以下判斷,可過一段時間再比色,以免影響其正確度。

二、比色不是一種絕對的結果,而是相對的判斷,所以和比色者的心理狀態有很大的關係,比色者如果熬夜或心情不佳,都會影響其判斷,因此比色者在比色之前應有心理準備,要保持最佳狀態。

三、不同大小的鑽石的比色結果容易有誤差,大鑽石色調集中、明顯,沒有經驗的比色者常會將之列為較低等級。在這情形之下,應比較底層上部三分之一的地方。

四、一般是以斜角方向比色為準。其他切割形狀的鑽石,如橢圓形、心形、馬眼形、祖母綠形等,長方向的顏色看起來較短方向的更深,應多比幾個方向。

五、其他有色的鑽石,如綠色和棕色等,應「忽視」它的綠色和棕色,只比較其黃色色調。

5. 電腦比色

　　市場上有些珠寶公司聲稱有電腦比色儀,可以精確地做鑽石比色,這種所謂的電腦比色儀是由日本 Okuda 公司所製,一臺才數萬元,大多數的珠寶店應該都負擔得起,為何不普及呢?主要是不準度太大,所以少有人用。

到底有沒有電腦比色儀呢？歐洲鑽石高層議會（HRD）除了以比色石來比色外，也發展出分光光度計（Spectrophotometer）比色，但這種儀器造價昂貴，一臺數十萬元，而且限制及誤差仍多，因此尚在研究改良中，全球各地鑽石的交易及鑑定分級仍以比色石比色。

日本 Okuda 製造的電腦比色儀，不準度太大，少有人用。

HRD 以分光光度計做鑽石的成色分級。

鑽石的淨度（clarity）

GIA 標準與中國標準淨度對照表

GIA 美國寶石研究標準		中國國家標準		淨度說明
FL （Flawless）	無瑕	LC（loupe clean）	無瑕	用十倍放大鏡觀察時，鑽石內部及外部均無瑕疵。
IF （Internally Flawless）	內部無瑕			鑽石在十倍放大下不含內部瑕疵，僅有不明顯的外部瑕疵，這些小外部瑕疵可經輕微的拋光處理去除。
VVS1 （Very Very Slightly Included 1）	極輕微瑕 1	VVS1	極微瑕	以十倍放大觀察仍不容易看到鑽石內所含極微內含物，VVS1 級者非常困難看到，VVS2 級者則很難看到。
VVS2 （Very Very Slightly Included 2）	極輕微瑕 2	VVS2		

VS1 （Very Slightly Included 1）	輕微瑕 1	VS1	輕微瑕	含有微小瑕疵，以十倍放大觀察分為稍難看到（VS1）或可看到（VS2）。
VS2 （Very Slightly Included 2）	輕微瑕 2	VS2		
SI1 （Slightly Included 1）	微瑕 1	SI1	微瑕	SI 等級含有較明顯的內含物，分為容易（SI1）或很容易（SI2）在十倍放大鏡下看到。
SI2 （Slightly Included 2）	微瑕 2	SI2		
I1 （Imperfect 1）	有瑕 1	P1（pique，小花）	重瑕	瑕疵非常明顯，通常經由正面用肉眼仔細觀察可以看見，而此等級的瑕疵也可能影響鑽石的耐久性，有些則因瑕疵太多而影響鑽石的透明度及亮度。
I2 （Imperfect 2）	有瑕 2	P2（pique，中花）		
I3 （Imperfect 3）	有瑕 3	P3（pique，大花）		

（此表格參考連國焰著《鑽石投資購買指南》一書。）

　　鑽石在地球內部的成長並非均勻一致，而是陸續經過幾個成長階段，由於不同時期的溫度、壓力不均衡地變化，產生了內部的特徵，包括雲狀物、結晶包體和針狀物等，這些內部的種種，統稱為內部特徵（inceusions）。

　　內部特徵的存在為鑽石提供了不少有價值的資訊。地質學家可由鑽石中所包含的礦物瞭解其生成環境，這類研究有助於尋找新的鑽石礦源，也可以幫助原石設計師瞭解其內部結構，加以設計切磨，以獲得最好的效果。

　　這些特徵對於珠寶商而言，有的被視為瑕疵，避而遠之，但事實上如果能善用這些特徵，也可用於說明、促銷。它的存在可以證明其為天然鑽石，

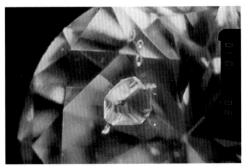

鑽石內含紅色石榴石及較小的橄欖石。

鑽石內含綠色礦物及較小的橄欖石。

有別於人造模仿品，更可用於和其他天然鑽石的區分——每顆鑽石內部的特徵都是獨有的，沒有完全一樣的兩顆鑽石。珠寶商如果能以高倍雙眼顯微鏡，讓顧客欣賞鑽石內部神奇、美妙的世界，並對其稀少性及意義加以解說，則更能引起顧客的興趣而易於銷售。

1.「黑點」與「白花」

過去人們對這些天然特徵沒有深入研究，所有深色特徵都叫「黑點」，淺色則稱為「白花」。深入研究後發現，許多內部特徵實際上是光學現象。

因為某些特徵的折射率較低，所以光會在這些特徵和鑽石之間產生全反射，以至於這些特徵從某個方向看起來是黑的，甚至於破裂面也會產生相同的現象。

鑽石中所包含的礦物晶體，經研究大概有三十餘種，最普遍的為紅色石榴石（garnet）、棕色尖晶石（spinel）、綠色頑火輝石（enstatite）和透輝石（diopside）、暗棕色到黑色的鈦鐵礦（ilmenite）和磁鐵礦（magnetite）、黑色石墨和無色的鑽石及橄欖石。

2. 淨度分級的來源與命名的決定

二十世紀之初，當時的交易中心——巴黎才開始從交易的觀點，觀察鑽石的內部特徵。為了區分那些較稀有的「乾淨」鑽石和大多數內含特徵的鑽石，開始有了兩個名詞做為分野：「純淨」（pure）指乾淨的鑽石，「瑕疵」（pique）指內部有黑點的鑽石。二十世紀末，美國寶石學院（GIA）才將品質分級做詳細的區分，它們將所見到特徵的數目和大小做為分級的依據，同時建立以十倍放大鏡下觀察為基準的制度，目前這種分級制度已普遍被認為是一種國際的標準分法。

❶ 無瑕級（FL）

以放大十倍觀察，鑽石內部與外部都無特徵。若屬下列情形仍算是無瑕級。市面上相當難看到 FL 等級的 GIA 證書，符合這種條件的鑽石相當稀少。

一、額外刻面在底層，由頂部無法觀察到。

二、原晶面在腰部最大寬度內，不破壞腰部的對稱，且由頂部無法觀察到。

三、內部生長線既不反射、呈白色或顯現其他顏色，也不明顯影響透明度。

❷ 內部無瑕級（IF）

以放大十倍觀察，鑽石內部無特徵，外部雖有極小的特徵，但可經重研磨除去。表面生長線如果無法由重磨消除仍可列為內無瑕。它和下一級VVS1的差別，在於後者內外部有極微特徵，而前者只有外部有極微特徵。

❸ 極微瑕級（VVS）

極微的特徵以十倍放大觀察，極難察覺，其主要特徵為：

一、小點

二、微雲狀物

三、髮狀小裂紋

四、碎傷

五、內部生長線

❹ 微瑕級（VS）

微小特徵以十倍放大不易觀察，主要特徵為：

一、微小結晶包體

二、小雲狀物

三、小羽狀裂紋

❺ 瑕疵級（SI）

以十倍放大，極易觀察到明顯的特徵，但肉眼無法觀察得到，其特徵為：

一、結晶包體

二、雲狀物

三、羽狀裂紋

❻ 重瑕級

明顯特徵以十倍放大，一眼即可見，而且自頂部用肉眼亦可見到。再根據其特徵的可見度，對鑽石透明度、亮光及耐用性的影響加以分級如下：

一、以十倍放大顯而易見，用肉眼自頂部觀察有點困難，內部特徵並不影響其亮光。

二、內部特徵大而多，用肉眼可見，並影響到亮光。

三、大的內部特徵不僅肉眼可見，而且會削減鑽石的透明度與亮光，也可能影響其耐用性，接近工業用鑽。

對於一些大鑽石或祖母綠切割形的鑽石，因為它們的刻面較大，易於觀察到內部特徵，所以雖然用肉眼可見到內部特徵，但若這些特徵靠近腰部或不影響其美感，仍可列為 SI 級。

3. 內部和外部特徵

鑽石的品質分級以下列其內外部的特徵為依據，說明如下：

❶ 外部特徵（blemishs）

大多數的外部特徵可在不損失很多重量的情況下，經重切磨除去。它們可能是在切磨時或佩戴時疏忽而造成的。

一、磨損（abrasion）

鑽石的刻面稜線或尖底如果和其他鑽石摩擦，受損則呈現白霧狀或噴砂狀，而不是原來的銳利直線。

二、額外刻面（extra facets）

除了應有的對稱刻面外，所多出來的刻面稱為額外刻面。這是為了消除表面小的特徵，如原晶面，所磨出來的刻面。

額外刻面。

三、原晶面（natural）

切磨者為了保留更多的重量，經常在腰部或靠近腰部的地方，保留一些鑽石原來的結晶面，在這些結晶面上常可見到鑽石的一些生長結構，如三角凹痕。原晶面的存在不僅可以證明為天然鑽石，一顆鑽石如果要重切磨的話，由三角凹痕的存在，即可決定研磨的方向。

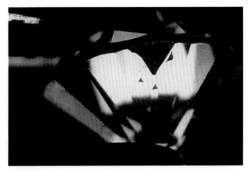

原晶面。

四、傷痕（nick）

在鑽石腰部或刻面稜線上的撞傷。

五、小白點（pit）

在鑽石表面極小的缺口，在十倍放大下，看起來像一極小的白點。

鑽石刻面有磨損及磨痕。

六、磨痕（polish lines）

研磨時所形成的痕跡，都限定在一定刻面上呈平行線。

七、燒傷（mark）

鑽石刻面上呈模糊狀的疤痕，清洗不掉，猶如糨糊黏在玻璃上乾掉。此情況可能是研磨時，因鑽石夾具上沾有鑽石粉，研磨速度快，高頻率振動使得夾具變成超音波錐子，因而形成類似燒傷的疤痕。

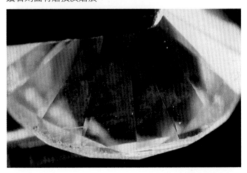

燒傷。

八、粗糙腰圍（rough girdle）

腰部表面成為很粗糙的糖粒狀，這是因為打圓時處理不當所致。

粗糙腰圍及毛邊。

九、刮傷（scratch）

鑽石表面呈現一條很細的彎曲或直線，這是因為被另一顆鑽石刮到所形成。

十、外部生長線（surface graining）

在反射光下，鑽石刻面上有時可見到一些很細的白色直線，或呈鋸齒狀。這是鑽石結晶，內部原子排列不規則所形成的一種現象，這些外部生長線會隨著刻面改變方向。

外部生長線。

❷ 內部特徵（inclusions）

一、毛邊（bearding/ feathering）

腰部有鬚狀裂紋深入鑽石內，這是打圓過程中所形成的。如果腰部未磨成刻面則稱此鬚狀裂紋腰部為 bearding，如果腰部磨成刻面則稱為 feathering。

二、碎傷（bruise）

鑽石表面因受到尖銳物撞擊而造成碰傷，如另一顆鑽石之尖底，且碎傷呈根狀伸入鑽石內。

毛邊及缺口。

三、破洞（cavity）

大而深的破口。

四、缺口（chip）

在腰部邊緣破掉的小口。

破洞。

鑽石中的雲狀物可能由許多小點組成。　　　　　　羽狀裂痕。

五、雲狀物（cloud）

鑽石中看起來有點朦朧或乳狀的包體，可能是由極微小的晶體組成，也可能是一種空洞。

六、羽狀裂痕（feather）

鑽石內由於解理或張力所造成的裂口，因看似羽毛狀物而得名。

七、雙晶中心（grain center）

結晶構造發生錯動的中心點，常伴隨著小點。

八、結晶包體（included crystal）

包含在鑽石內部的任何礦物晶體，可能為無色、紅色、棕色、黃色、綠色或黑色。

九、內凹原晶面（indented natural）

凹入鑽石內的原晶面。

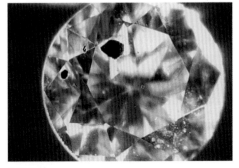

雙晶中心。　　　　　　　　　　　　　　黑色包體。

內部生長線。

雷射穿洞。

雙晶絲網狀物。

十、內部生長線（internal graining）

鑽石內部因原子排列不規則所形成的一種現象，常呈一條很細的白線，或有顏色或反射光。由於在鑽石內所以不隨鑽石之刻面而彎曲，為一直線。

十一、晶瘤（knot）

指延伸至鑽石表面的鑽石晶體，常造成鑽石表面形成很大的羽狀裂紋或有磨痕。

十二、雷射穿洞（laser drill hole）

有些鑽石因內部含許多深色結晶包體，或這些結晶包體位於靠近尖底之處形成反射，從桌面看起來這些特徵極為明顯而不易銷售。這種鑽石可用雷射穿入，並灌入化學藥劑如氟化氫等以溶去這些深色包體，使它看起來較不明顯，再灌入高折射率的液體，並用蠟自表面封閉。

處理過的穿洞，自正面不易觀察，但從旁邊看好像一個漏斗，沿著穿洞常形成很多張力裂紋伸入穿洞，形成一冰柱狀。穿洞洞口凹陷之處，用針頭可感覺出來。

十三、針狀物（needle）

長而細的結晶包體，如小型桿狀物。

十四、小點（pinpoint）

極小的結晶體，在十倍下看起來

像一小白點。

十五、雙晶絲網狀物（twinning wisp）

雙晶中常可見到如絲綢狀的東西，可能是因為結晶錯動所形成的特殊包體。

鑽石淨度的圖示標記與縮寫

外部特徵

Extra Facet		(EF)	額外刻面
Natural	⌢	(N)	原晶面

內部特徵

Bruise	×	(Br)	碎傷
Cavity	⬯	(Cv)	破洞
Chip(small)	⌃	(Ch)	缺口（小）
Chip(large)	⬬		缺口（大）
Cloud	⋯	(Cld)	雲狀物
Feather	⌒	(Ftr)	羽狀裂紋
Included Crystal	⬠	(Xtl)	結晶包體
Indented Natural	△ ⌇	(IndN)	內凹原晶體
Internal Graining	----	(IntGr)	內部生長線
Knot	◍ (K)		晶瘤
Laser Drill Hole	◎	(LDH)	雷射穿洞
Pinpoint	·	(Pp)	小點
Twinning Wisp	〰	(W)	雙晶絲網狀物

較少用的內部特徵

Cleavage	⟋	(Clv)	解理
Dark Included Crystal	⬟	(DXtl)	深色結晶包體
Feather	⌒	(Ftr)	羽狀裂紋
Grain Center	⤫	(GrCnt)	雙晶中心
Needle	⟋	(Ndl)	針狀物

雙記號特徵

Bearded Cirdle		(BG)	鬢妝裂紋腰
Polish Mark		(PM)	磨傷疤
Rough Girdle		(RG)	粗糙腰圍

切磨專用外部特徵

Abrasion	⟋⟋	(Abr)	磨損
Nick	⌄	(Nk)	傷痕
Pit	·	(Pit)	小白點
Polish Lines	/////	(PL)	磨痕
Scratch	⟋	(S)	刮傷
Surface Graining		(SGr)	外部生長線

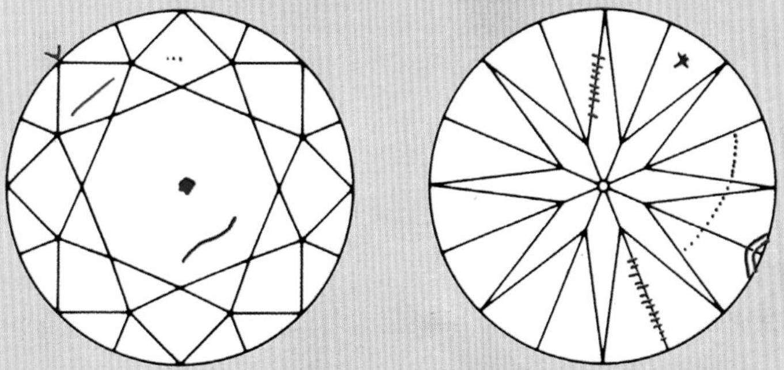

IF

　雖然在底層有兩額外刻面，此鑽石內部無任何特徵，仍列為 IF。

VVS1

　在底層面有一小點，此鑽石為標準 VVS1。

VVS1

　在風箏面有一小點，下腰面有小雲狀物，這些特徵都極小，所以列為 VVS1。

VVS1

　下腰面和底層雖有許多小點，但極微小，十倍下不易觀察，所以為 VVS1。

VVS2

　表面及星面有小點，底層面有雲狀物，腰部下方並有額外刻面。

VVS2

　上腰面有小羽狀裂紋及小點，底層面有小點，下腰面有小羽狀裂紋及毛邊。

VVS2

　上腰面有小點及雲狀物，風箏面也有小點，底層面有刮傷。

VVS2

冠部雖有內部生長線,橫跨好幾個面,
星面也有小點,下腰底層面稜線有磨損,但
生長線並不是很明顯,所以為 VVS2。

- -

VS1

桌面、風箏面及星面都有小點,星面有雲
狀物,上腰面及風箏面有小羽狀裂紋。

VS1

雖然風箏面及上腰面有許多小點,下腰
面也有許多小點,但因都極小,所以為 VS1,
請和下面 VS2 比較。

- -

VS2

雖然桌面只有一結晶包體,上腰面也只
有一點,但因結晶包體較明顯可見,所以為
VS2。

VS2

桌面有結晶包體及小點,較易觀察,且
下腰面有羽狀裂紋及毛邊。

- -

SI1

桌面有結晶包體及羽狀裂紋明顯可見,
為 SI1。

SI1

桌面有結晶包體明顯可見，所以為
SI1。

SI2

冠部羽狀裂紋極多，但肉眼下可見，所
以為 SI2。

SI2

桌面稜線有羽狀裂紋，且造成反射乃影
響等級，此圖所示內部特徵不多，但實際鑽
石因羽狀裂紋反射乃降低等級。

- -

I1

桌面有結晶包體及羽狀裂紋，肉眼可見。

I1

桌面上有大的結晶包體及羽狀裂紋，肉
眼可見。

I2

冠部極多裂紋，雙晶絲網狀物影響到鑽
石的亮光。

I3

極大的裂紋在冠部，且反射至對角，影
響到耐用性及亮光美感，已經近工業用鑽。

4. 判斷鑽石特徵注意事項

鑽石分級時除了要瞭解各種特徵的特性，避免和灰塵或表面汙物弄混之外，更要考慮這些特徵的大小、數目、顏色、所在位置及特性。

❶ 大小、數目和顏色

特徵愈是顯而易見、愈大、愈多，則鑽石等級愈低，同樣大小的特徵，透明無色的不僅較不明顯，對鑽石亮光的影響也比深色特徵小。

❷ 位置

特徵在這些鑽石內部的位置非常重要。在桌面的正中央則一眼可見；在底層則容易被刻面邊緣或單一刻面反射光的黑白強烈對比掩蓋；在腰部的話，更不易察覺，但是接近刻面邊緣的特徵經常會反射於數個刻面上，看起來顯得很多特徵，以致降低等級。所以同樣的特徵，因所在的位置不同，可造成不同的等級。

❸ 特性

外部壓力如鑲嵌時所施加的壓力或溫度變化，可能會使解理或張力裂紋擴大，影響鑽石的耐用性，所以腰部有大裂口的鑽石，等級通常比含結晶包體的鑽石等級低。

相同的羽狀裂紋，如果一個從桌面看呈一直線，另一個呈一羽狀平面，則後者因看起來較大、較明顯而等級較低。

分級者必須考慮上面幾個因素，同時以下列問題協助判斷：

- 這些特徵是否很微小而且極難察覺？（VVS）
- 這些特徵是否小而且少？（VS）
- 這些特徵是否顯而易見？（SI）
- 這些特徵是否肉眼可見？是否影響到耐用性？（I）

國際上對於鑽石內外部特徵已有共同的定義和描述，但是何種特徵及其

大小、數目的多寡應歸於哪一等級，則無明確規定，以上所述是一個通則，交易上以這一通則來進行，大都可以得到共識。

由於鑽石是天然產物，世上沒有一模一樣的兩顆鑽石，所以某些鑽石在實際分級上可能會有跨越兩種等級的情況發生，即使是經驗豐富的專家，有時也難免見解分歧。

市面上雖然有所謂掃描顯微鏡（scanning microscope），但也只能記錄其特徵的大小和數目，而無法測量其他重要因素以判斷分級，所以這種儀器現在也少人採用。而在品質分級上，主要還是靠人類的眼睛去觀察判斷，實際的經驗愈豐富，判斷愈正確。

因鑲嵌壓力或外物碰撞，造成解理或張力裂紋擴大，像這種腰部呈一裂口的情形，會大大影響其等級。

圖中羽狀裂紋呈平面狀，顯而易見；而有些羽狀紋會呈一直線。在等級評定上，前者要比後者低。

掃描顯微鏡。

5. 淨度分級的工具

❶ 放大鏡

放大鏡是寶石學家和鑽石交易時不可或缺的基本工具。放大鏡的放大倍數是以十除以其焦距，而焦距是以英寸為單位，一個十倍放大鏡焦距為一英寸。因為放大鏡的工作範圍大致相當於其焦距，因此倍數愈大，焦距愈短，工作範圍也愈小，這種高倍放大鏡對於初學者而言是極不習慣的。

「簡單的放大鏡總會發生球面像差，國際所公認的標準十倍放大鏡，必須做過色像差和球面差的修正。」色像差（chromatic aberration）是由於白

色光中各個波長的色光速度不同，以至於它們投射的焦距略有差異，所以在放大鏡中的影像會有色環的現象。球面像差（spherical aberration）是因為放大鏡曲度的關係，鏡緣光的焦距比鏡軸光的焦距更接近鏡片，這種焦距的差異乃形成一模糊的外圈。

　　用不同曲度的鏡片組合，可以使所有不同波長的光聚在一焦點，以消除這些像差。

　　一個標準的放大鏡是由三片玻璃組成的。中間是一片無鉛、低折射率的雙凸透鏡，上下則是兩片含鉛、高折射率，低色散的凹透鏡，這種由三片透鏡組成的放大鏡稱「三片放大鏡」（triplet）。

　　至於放大鏡的視野範圍並無一定的規範，但是視野愈大愈方便。由於鏡片容易刮傷，所以使用後一定要關好。

十倍放大鏡（三夾層）。

❷ 顯微鏡

　　鑽石品質分級須用雙眼顯微鏡。雙眼顯微鏡不僅提供舒適的工作條件，使工作者在連續數小時的工作下不致感到疲憊，而且其高倍解像力可在有疑問的情況下提供輔助，所有的寶石鑑定所或實驗室都有顯微鏡的設備。

　　寶石用顯微鏡和一般生物顯微鏡最大的不同在於有暗視野的裝置，易於觀察寶石內部的特徵，其底部不僅有固定燈源，旁邊也有可移動的反射燈，寶石更可用寶石夾固定住。而顯微鏡放大倍數可由十倍至數百倍。根據實驗，鑽石內部特徵

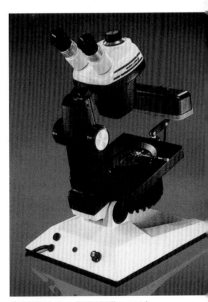

珠寶用顯微鏡。（圖片提供：GIA）

如果小於 5 微米（百萬分之一公尺），以十倍放大鏡觀察，任何人都無法看出來，但如果大於 8 微米則每個人都可以辨認，這是指正常的情況，實際上可能會因分級者當時的心理狀態，如太疲倦或燈光的情況等因素而導致差異。

❸ 鑷子

一般寶石用鑷子約 16 ～ 18 公釐長，以不鏽鋼製成，較大的鑷子適用於大鑽石，小且頭尖細的適用於小鑽石，有些還有伸縮扣鈕，可以緊緊夾住鑽石，非常方便。目前有些頭部夾鑽石的地方是用鑽石粉黏製，這些鑽石粉可能會擦傷鑽石，較不適用。

鑷子和鑽石擦布。

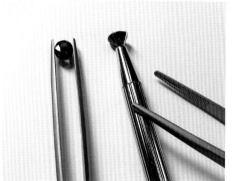

最左為專業人士使用；中為中國的鑷子，可以用四爪抓緊，防止鑽石掉落，適合供消費者觀察鑽石；最右可以看到溝槽，防止鑽石掉落。選購時要特別注意功能的不同。

鑽石鑑定師專用工具包，可以收納不同功能的鑷子、放大鏡、擦布以及分辨鑽石顏色的卡紙。

❹ 日光燈

鑽石的品質分級雖然沒有嚴格限定使用何種燈源，但是一般都用日光燈，因為燈泡是一種點燈源，易於反射，同時較熾熱，不適合長時間使用。

6. 十倍手持放大鏡使用方法

　　鑽石的瑕疵分級須考慮鑽石內部瑕疵的種類、明顯度和位置、大小、數量，並以這些條件為主要的分級標準。每一個級數間的微小差距通常均以十倍放大鏡目測的感覺為主。以下是使用十倍手持放大鏡的五個標準手法：

第一步

　　瑕疵分級以冠部正面朝上為主。左手拿夾子，夾鑽石時，以鑽石桌面面對自己的眼睛；右手拿十倍手用放大鏡，食指扣住放大鏡，中指與大拇指夾住放大鏡，再把夾住鑽石的夾子放在中指與無名指之間。切記鑽石面與放大鏡的面應平行，而肉眼應該在與鑽石面及放大鏡面成90°的方向觀測。鑽石與放大鏡鏡片的距離剛好就是中指的厚度。其實焦距之間的明顯度差不多就是鏡片的厚度，也差不多就是中指的厚度。

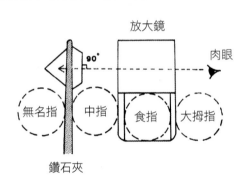
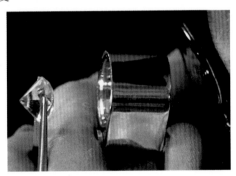

第二步

　　與第一個動作是同樣的方法，只是反轉鑽石，觀測鑽石的底部。

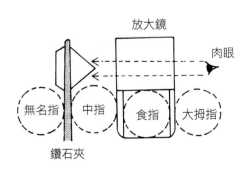

第三步

觀測鑽石的上腰及下腰部分，尤其正腰部如有任何瑕疵（圖一所示觀測法無法明顯看到腰部瑕疵），這時候瑕疵會很明顯地暴露出來。

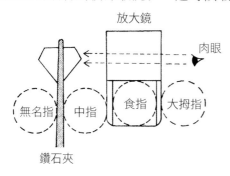

第四步

專門觀察鑽石的上腰小面、三角小面與風箏面，是否有瑕疵隱藏在這些小刻面之間。

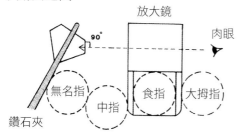

第五步

又回到第一個動作的複檢。注意肉眼永遠和所看之面成 90°角，以減少反射光，更容易看入界體。

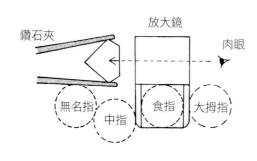

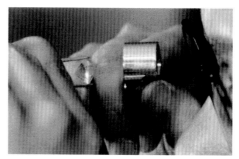

（以上動作示範：繆承翰教授）

注意事項：

1. 光線來源方向對瑕疵觀察的明顯度有很大的影響。最佳光源是從鑽石的側面延伸進入鑽石之內，在這種情況下，瑕疵可以明顯呈現。

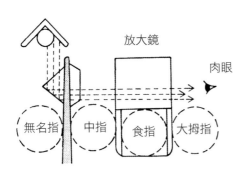

湯惠民老師在河南鄭州鑽石切磨廠用顯微鏡觀察切磨中的鑽石。（圖片提供：六順齋）

2. 肉眼永遠和所看到的面呈 90°，在這種情況下，比較容易透視入鑽石的界體之內。如非呈 90°，則鑽石的每一個刻面都很容易造成反光或閃爍光，這樣會降低瑕疵的明顯度。

3. 下圖的動作，亦可直接觀察鑽石的腰部、上腰小面和下腰小面部分的瑕疵。只要稍微上下移動放大鏡的角度或持夾子的手，使欲觀察的部位與視點成 90°即可。但此動作的缺點是容易造成尖底的破裂及桌面的刮痕，所以除非特別小心或是專業人員，否則不建議使用此動作。

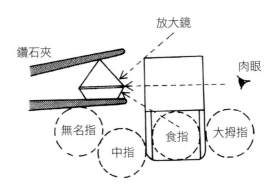

7. 鑽石淨度分級步驟

　　在分級之前，首先要將鑽石清洗乾淨，去除表面汙物，以免誤認為表面特徵。在鑽石廠中，當整批的鑽石成品送到鑑定分級部門時，必須先用鹽酸混加硫酸的強酸液煮沸清洗，以去除所有表面的汙物，然後再用清水清洗。由於這種強酸液非常危險，所以一般鑑定所比較少用。

　　用清潔粉去搓揉也可去除表面黏附之汙物，再用清潔液或酒精即可清洗乾淨。目前普遍使用的蒸汽清洗機或超音波洗潔器雖然也可去除表面汙物，但無法去除頑劣汙穢，如果鑽石表面不髒，用特製的清潔布擦拭即可，要注意的是因為鑽石易吸附油脂，所以清洗後絕對不可用手去碰鑽石，而要用鑷子夾起。

　　以放大鏡觀察鑽石時，放大鏡要盡量靠近眼睛，其使用法如下右圖，要特別注意的是不看放大鏡的另一隻眼睛不要閉上，以免使用眼疲勞。鑽石應靠近燈緣下，讓光自底層射入，這樣才容易觀察內部的特徵；如果光自尖底射入，則光直射眼睛而不易觀察，至於表面特徵，可用反射光來觀察。

　　應注意不要將鑷子的反射誤以為鑽石內部特徵，同時為了避免部分特徵被鑷子遮住，鑷子應轉換180°方向夾鑽石，再次觀察。如果要檢查腰部，可用指甲轉動鑽石，讓鑽石由桌面轉為腰部。也可用鑷子夾住桌面和尖底來觀察腰部，這些動作要常練習才會熟練。

使用顯微鏡檢查時，準備一支小毛筆，另一端裝支針，可以挑去未清洗掉的汙點，以免誤判為瑕疵。

用手持放大鏡檢查，不要閉一隻眼，避免看久了會疲倦。

鑽石的切工（cut）

俗語說：「玉不琢，不成器。」鑽石也是一樣，未經切磨的鑽石常被其他的顏色掩蓋，而不能顯現出其特殊的美感，唯有經切磨後，透過高折射率和強火花等光學現象，才能展示出它的美。鑽石的美有三個要素，即亮光、火光、閃光。

1. 亮光

白色光自寶石內部和外部反射出桌面的能力，稱之為亮光。所有的寶石中，鑽石是最具亮光度的。而一顆寶石亮光的強弱取決於下列四因素：

❶ 折射率

當一束光照射到鑽石表面時，將分成兩部分，一部分折射入鑽石內，另一部分則自鑽石表面反射；寶石表面的反射光稱之為該寶石的光澤，而鑽石的光澤非常高，被稱為金剛鑽般的光澤。鑽石表面反射光將按照反射定律行之，也就是反射角等於入射角。反射光的多寡主要和入射光的角度有關，當入射角將近 90°，也就是光以接近水平的角度照射寶石表面時，此時光澤超過內部亮光，同時發生色散；而入射角愈小，反射光也愈小。但是入射角等於零，也就是光垂直射向寶石表面時，反射光並不等於零，而有一定值 R，R 稱為光澤強度。光澤強度和寶石折射率 RI 有關。

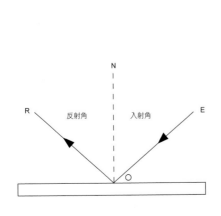

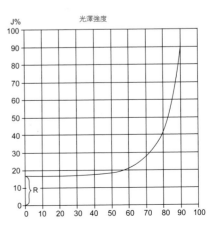

❷ 切割比例

　　內部全反射在鑽石切割比例上，扮演著決定性的角色，尤其底層角度關係著光線在鑽石中的正確路徑，它們必須安排得恰好，致使所有由冠部進來的光在內部發生全反射而自桌面出來。要達到這種效應，只有當光折射到底層刻面時，其角度大於臨界角，否則所有的光將自底層「漏掉」。

　　下圖即顯示當一束光進入兩切割比例相同的寶石內的情形，一顆是鑽石；另一顆是石英。光由冠部射入底層至 A，並全反射至 B，在石英中因是在臨界角之內，所以光自底層折射出去，在鑽石中，由於臨界角較小，所以在 B 又發生第二次全反射至 C，這時光在臨界角內而由桌面折射出去。

鑽石內光全反射之情形

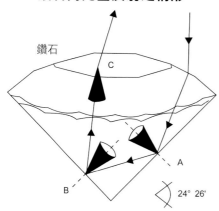

石英內光的折射與全反射

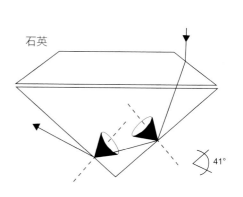

❸ 拋光

　　當一顆鑽石拋光不良時，表面不光滑，則所有反射光將會因亂射而發生減弱的現象，光澤減少，亮光也差。

光線在光滑面上造成的平行反射

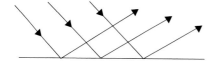

光線在粗糙面上造成亂射，光澤減少

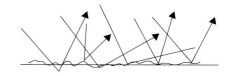

❹ 透明度

透明度是寶石讓光通過的能力。鑽石的透明度極高，意即吸收的光少。而透光能力強，亮光也強。

2. 火光

火光又稱色散，即寶石將白色光分離成各色光的能力。因為白光是由各種有色光組成，色光的波長愈短，折射愈強，偏離的程度也愈大，紫色光的波長最短，所以偏離最大。白色光通過一三稜鏡則分離成其組成的彩虹光。如下圖。

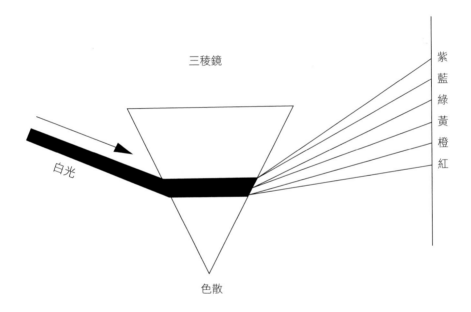

紅色光和紫色光的折射率值之差即是火光值 D，例如鑽石的火光值 D = N 紫 — N 紅 = 2.451 — 2.407 = 0.044。白色光分離為有色光的程度主要是根據入射光自物體表面射入空氣中的角度而定，如果入射角剛好在臨界角內，則色散最大，如第 116 頁上圖。在一圓鑽中，如果光由內部射到冠部刻面，其入射角必須小於 24°26'，才能折射出鑽石，而入射角愈接近臨界角，火光愈強。如果入射角大於臨界角則發生全反射又入鑽石內。

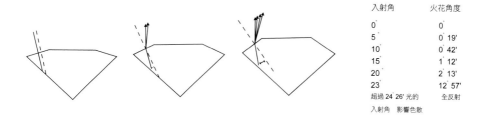

入射角	火花角度
0°	0°
5°	0° 19'
10°	0° 42'
15°	1° 12'
20°	2° 13'
23°	12° 57'
超過 24° 26' 光的	全反射

入射角　影響色散

　　一些老式切磨的圓鑽，桌面小、冠角高、冠部刻面陡、火光強，但是因為桌面小，所以亮光也少，如下圖 A，而圖 B 和 C 則因冠部淺桌面大，所以亮光多而火光弱。

冠部刻面大小會影響色散

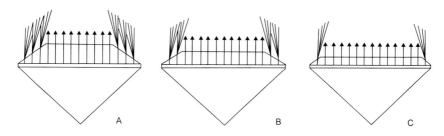

3. 閃光

　　寶石各刻面的反射光由於寶石、光源或觀察者的移動所呈現的變化，稱之為閃光。乃取決於下列因素：

　　一、寶石的刻面數：寶石的刻面愈多，在轉動之下閃光愈多。但是一分的小鑽石，如果刻面太多，反而呈現一片白花花的樣子，所以這些小鑽常磨成單切（singlecut），即十六個刻面，這樣就不會因刻面太多而看起來混亂。

　　二、拋光：每一個刻面的拋光做得愈好，閃光愈強。

　　三、切割比例：安排各刻面的角度，使得觀察者能觀察到大多數的反射光。

　　由以上討論，可以知道鑽石的亮光、火光和閃光等光性受到鑽石切磨的影響，鑽石的美可以說是取決於切割比例，但是何種切割比例最能顯現鑽石的美呢？這是一個很難答覆的問題，因為美無法量化表示，而且像鑽石這種

高價的寶石，其價格以重量為單價，切磨者總是保留最大的重量，以獲取更多利潤，所以很難定出一個標準的切割比例。

但從另一個角度來看，一顆桌面很大、冠部很淺的鑽石，一顆底層切割得很深的鑽石和一顆切割比率適當的鑽石，是否具有同樣價值？鑽石切磨的好壞又如何評估？為了定出一個鑽石切割比例的評估標準，GIA 以托考夫斯基切割比率（Tolkowsky's cut）為基準，並命名為美國理想式切割比率（American ideal cut）。

理想式切工的角度與比例圖

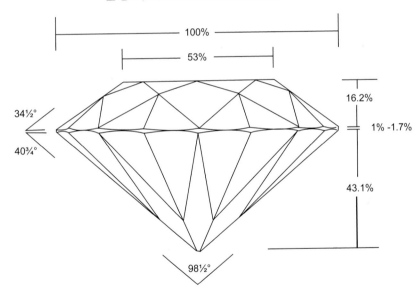

這種切割比率雖然可以使鑽石顯現出最美的亮光、火光和閃光，但是一顆四尖的原石如果切割成這種比例，損失的重量最多，也就是保留的重量最少，GIA 採取這種切割比例為一種理想標準，用來評估鑽石的切割。

根據托考夫斯基切割比例，一顆鑽石以圓周直徑為單位，桌面應占圓周直徑的 53%、底層 43.1%、冠角為 34.5°、冠高 16.2%、底層角度為 43.75°。

GIA 以此種切割比例為一種理想的標準，用來對鑽石的切割做評估，但由於大多數切磨者因重量損失多而不採用這種切割比例，更因為其評估複雜，所以在一般交易上很少採用托考夫斯基切割比例為標準的切磨評估法，但在 GIA 不斷的宣導下，終於喚起人們對鑽石切磨的重視，更提升了鑽石切磨藝術的境界。

TABLE PERCENTAGE		
		DEDUCT
	52-58%	0%
	59%	1%
	60%	2%
	61%	3%
	62%	4%
	63%	5%
	64%	6%
	65%	7%
	66%	8%
	67%	9%
	68%	10%
	69%	11%
	70%	12%
	71%	13%
	72%	14%
	73% or more	15%

CROWN ANGLES		
		DEDUCT
	33 or moe	0%
	32	1%
	31-30	2%
	29-28	3%
	27-26	4%
	25 or less	5%

GIRDLE THICKNESS		
		DEDUCT
	Ext. Thin	4%
	Very Thin	2%
	Thin-Med	0%
	Slightly Thick	1-2%
	Think	3-4%
	Very Thick	5-6%
	Ext. Thick	7-10%

PAVILION PERCENTAGE		
		DEDUCT
	37% or less	10%
	38%	8%
	39%	6%
	40%	4%
	41%	2%
	42%	0%
	43%	0%
	44%	0%
	45%	1%
	46%	2%
	47%	3%
	48%	4%
	49%	6%
	50% or more	8%

MAJOR SYMMETRY FAULTS

DEDUCT 3-5%... DO NOT COMPOUND

1. Table and/or culet appreciably off-center when viewed under 10x magnification.
2. Girdle outline out-of-round to the unaided eye.
3. Table not parallel to the girdle plane, or the girdle is wavy and it is obvious under 10x magnification.

CULET	
	DEDUCT
None	0%
Small	0%
Medium	0%
Slightly Large	1%
Large	2%
Very Large	3%
Extremely Large	4%

GIA 採用美國理想式切割，評估鑽石的切工並扣分。此扣分表雖已不適用了，但其對各切割比率的要求與精神，喚起人們對鑽石切工的重視。

標準型鑽石各刻面名稱

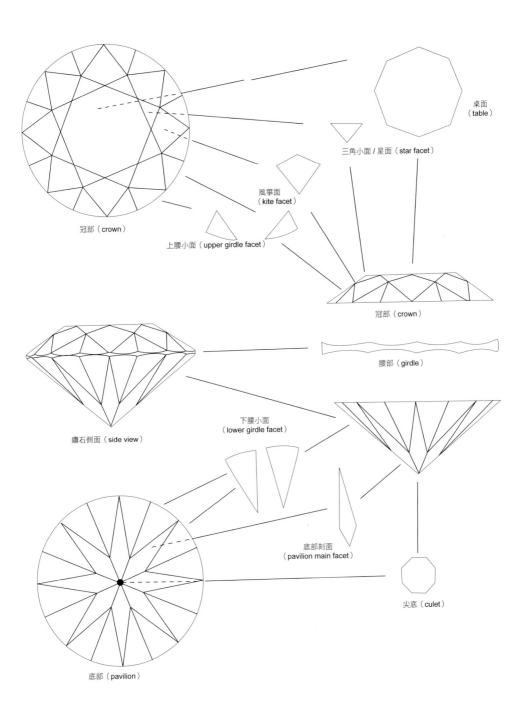

桌面
（table）

三角小面 / 星面（star facet）

風箏面
（kite facet）

冠部（crown）

上腰小面（upper girdle facet）

冠部（crown）

腰部（girdle）

鑽石側面（side view）

下腰小面
（lower girdle facet）

底部刻面
（pavilion main facet）

底部（pavilion）

尖底（culet）

4. 切工的桌面百分比

❶ 鑽石的桌面在整個鑽石切割上的影響力

鑽石桌面通常是鑽石表面上最大的一個刻面，也是最明顯的一個刻面。在前面的瑕疵分級也提到了它的影響力，通常任何瑕疵位置只要在桌面之下，比較在其他刻面下要明顯也容易感覺得出來，其瑕疵分級也會明顯地降低。

同樣在切割分級上桌面的大小也有相當大的影響力。因為這個八角形的刻面，直接影響了鑽石的閃爍光和火光（彩虹光）。

通常火光會因為桌面太大而降低，同樣地桌面減小也會增加鑽石的彩虹光。

桌面的大小也會影響一粒原石經過切割後其重量的損失。本章的目標就是如何用儀器和目測法去測量一粒鑽石的桌面百分比。

❷ 如何直接使用桌面量尺（table gauge）測量鑽石的桌面百分比

使用桌面量尺時，先使用一個厚的塑膠片或一個硬紙板，中間挖一小洞可以使鑽石固定在洞內，再輕輕把桌面量尺壓上去。這種做法是在看桌面量尺讀數時，不容易因為手發抖而發生些微差距。

如果使用高倍放大鏡亦可。調至 15x ～ 20x 之倍數，更易讀取量尺讀數。不要使用黑背景的熱光燈，直接使用高倍數放大鏡上方的冷光白光燈，這樣桌面量尺就不會因熱光燈的高熱而熱脹冷縮，影響正確的讀數。桌面量尺是用「軟」膠片做的，讀數又非常微小，容易因熱脹冷縮發生誤差，或因手指用力過大而破壞。

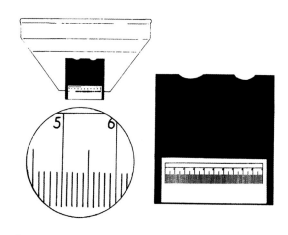

桌面量尺。

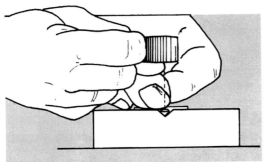

鑽石固定在洞內，再輕輕把桌面量尺壓上去。

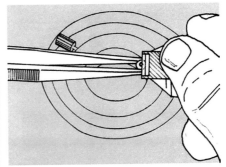

直接使用高倍數放大鏡上方的冷光白光燈，以免熱脹冷縮影響讀數。

步驟一

挑桌面內對角最大的讀數用桌面量尺量八角形桌面的四個內對角，挑最大的一個讀數。

步驟二

用毫米卡尺或寶石卡尺（leveridge gauge）量出整個鑽石腰部的平均直徑讀數。最少量六個不同的方向，挑最大、最小讀數的平均數。

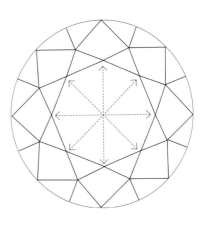

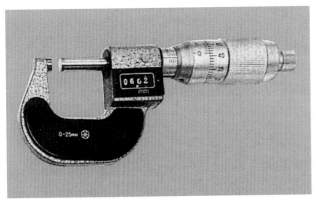

毫米卡尺。

寶石卡尺。

步驟三

但 GIA 2007 年之鑽石鑑定分級手冊對於桌面百分比改為「挑選桌面四個內對角的長度讀數的平均值÷平均直徑讀數×100％＝桌面％」。

注意事項：

1. 桌面量尺讀數非常微小，小數點第二位數字請使用目測法。

2. 如何量整個鑽石的圓周直徑：利用上述卡尺測量鑽石的直徑，最少量六～八個不同的方向，一定會出現一個最大直徑和一個最小直徑的讀數。因為在以上這兩種精密量尺測量之下，很少發現鑽石是絕對圓的。平均直徑如下：（最大直徑＋最小直徑）÷2＝平均直徑

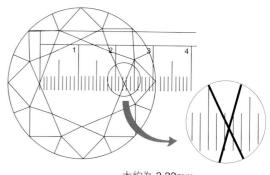

大約為 2.22mm

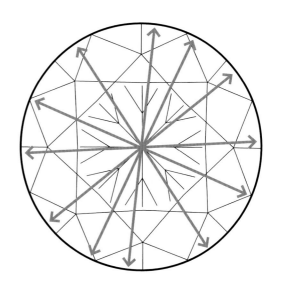

❸ 目測法估量鑽石桌面百分比

A、比例法（ratio method）

步驟一

　有時尖底或桌面會偏離正中心，因此尖底要先調至桌面的中心點，可利用鑽石夾協助。

步驟二

　如圖，目測從腰緣至桌面邊緣（C-A）和桌面邊緣，至中心尖點（A-B）之比例。

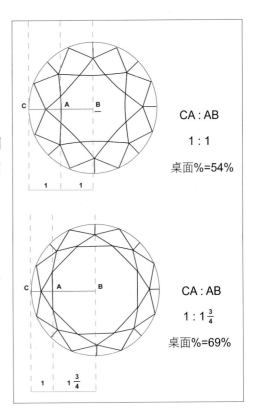

CA : AB

1 : 1

桌面%=54%

CA : AB

1 : $1\frac{3}{4}$

桌面%=69%

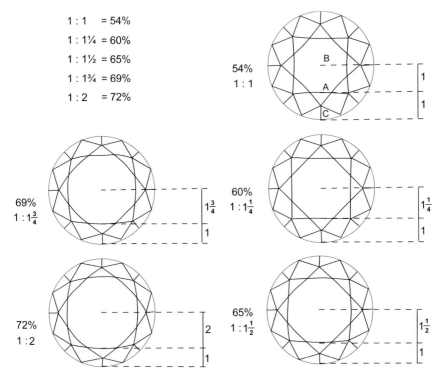

1 : 1 　= 54%
1 : 1¼ = 60%
1 : 1½ = 65%
1 : 1¾ = 69%
1 : 2 　= 72%

54%
1 : 1

69%
1 : $1\frac{3}{4}$

60%
1 : $1\frac{1}{4}$

72%
1 : 2

65%
1 : $1\frac{1}{2}$

注意事項：

1. 利用針筆可以更精確的目測。量腰緣到桌面邊緣，和桌面邊緣至尖底（中心點）的比例。

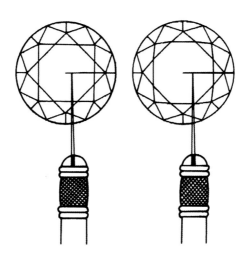

2. 如尖底或桌面偏離中心點，利用鑽石夾左右擺動，調整尖底至中心點。

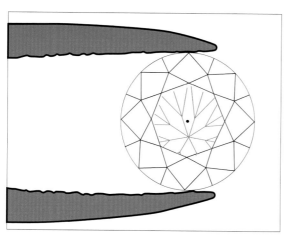
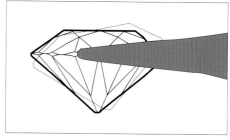

B、弧度法（bowing method）

步驟一

鑽石桌面朝上透過十倍放大鏡觀察，這時可以發現鑽石桌面實際上是由兩個正方形組合而成，而這兩個正方形是由八條直線連結而成，利用這八條直線所延伸出來的弧度向外彎，或向內彎可以目測出鑽石桌面%。

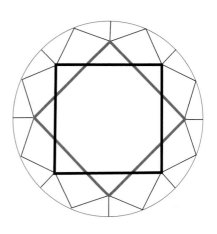

步驟二

目測桌面百分比：弧度法

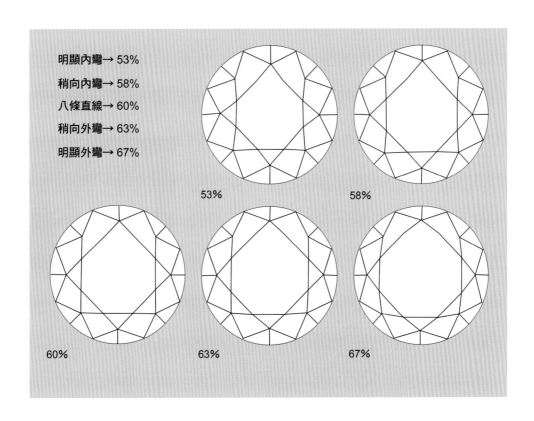

明顯內彎→ 53%
稍向內彎→ 58%
八條直線→ 60%
稍向外彎→ 63%
明顯外彎→ 67%

53%   58%

60%   63%   67%

注意事項：

1. 桌面向上時，觀察三角小面和上腰小面，兩者長度應該等長，但有時候三角小面和上腰小面長短不一，這時目測桌面的弧度法，就需要加減 1% ～ 6% 的修飾，如圖 A、B、C。

若三角小面大於上腰小面，通常加 1% ～ 6%；三角小面小於上腰小面則減 1% ～ 6%。

a. 如三角小面和上腰小面等長，不須加減百分比。

b. 如三角小面的長度已超過三分之二（從桌面邊緣至腰緣），而上腰小面占了三分之一，這時候要加 6%。

c. 如三角小面的長度只占了三分之一、上腰小面占了三分之二，則減 6%。

如果三角小面和上腰小面長度不是三分之二和三分之一的比例時，不須加減太多，一般大約是 3% 左右的修飾。

2. 鑽石桌面上的八條構成線如因桌面不正而造成一邊直、一邊彎或有的向內彎、有的卻又向外彎或弧度，目測法可以採平均數。

3. 根據經驗，通常目測法的精準度頗高，如果手法正確，應該不致誤差 3% 以上，其中尤以比例法最精確；但如果比例法和弧度法配合使用，則能獲得更準確的結果。

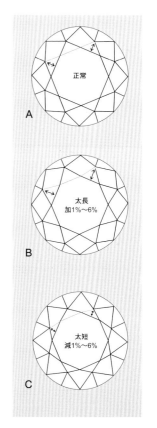

圖中之桌面百分比，比例法大約是 1：1¾ 多一點，所以大約為 69% 強；弧度法大約是稍外彎至很明顯向外彎，所以大約是 67%，再加上三角小面大於上腰小面的長度，再加 2% ～ 3%，所以弧度法大約為 69%。弧度法和比例法再予以平均大約為（69 ＋ 69）÷ 2 ＝ 69%，所以其桌面目測法百分比大約為 69%。

5. 底部深度百分比

切割標準的鑽石是一個展現整體美的藝術品，它的美感是由每一部分綜合而成。標準的桌面百分比和冠部角度會形成七彩光、閃爍光和金鋼鑽般的亮光；底部深度則控制各底部的小刻面，像鏡子一樣將外來光線反射回鑽石的表面。所以底部深度百分比的配合非常重要，一旦其深度不夠標準，達不到折射的作用，冠部和底部的所有刻面，就會像一面面玻璃漏光，這粒鑽石也就像一粒玻璃，呆滯而無光澤，更稱不上是一件藝術品了。

一般而言，利用量角度的儀器（proportion scope）測量底部厚度的百分比固然最為準確，但目測法測量結果也相去不遠，而且方便，所以鑑定師也建議使用目測法。甚至手法熟練時，其精確度不會差距 1% 以上。本書即以目測法為主。

❶ 底部深度百分比「目測法」

底部深度百分比「目測法」是用十倍放大鏡觀察桌面在底部刻面上反射出來的陰影，其影像在整個八角形的桌面之內所占位置的大小，可推算出其底部厚度百分比。

桌面影像	底部%
1/3	43
1/2	44.5
2/3	45.5
3/3	49

比例表

步驟一

通常影像的大小比例是以尖底為中心點至桌面的八個內對角為距離，其影像所占的比例標準，將左邊的比例表，對照右邊的桌面放大圖，以熟悉各百分比的相關位置，對目測將大有幫助。

照片之底部深度百分比，因尖底並沒有調至八個內對角的中心點，所以桌面在底部之影響不正中，但仍可看出其影像占了三分之一多一點，因此其底部深度百分比大約為 44%。

步驟二

1. 畫出鑽石桌面在底部所顯示出來的反射陰影。

2. 當陰影反射回桌面，左圖只占了三分之一，其底部深度百分比大約為43%。當陰影反射回桌面，右圖只占了二分之一，其底部深度百分比大約為 44.5%。

3. 左圖和右圖為桌面在底部反射之陰影，在鑽石照片之下的實際影像。

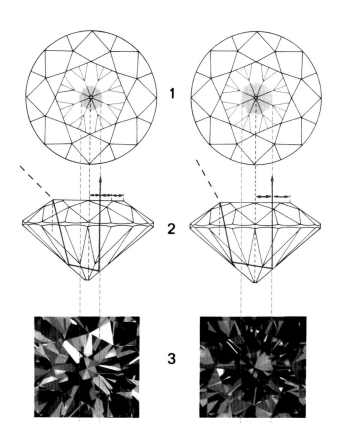

注意事項

1. 以下是這種底部深度百分比在實際照片下的影像感覺。

底部深度百分比為 37% ～ 39.5% 時，因為其底部太薄造成腰部的影像折射入桌面的邊緣，有人稱之為魚眼睛（fish-eye）。

41% ～ 42% 的底部深度百分比其桌面陰影稍約小於三分之一。

底部深度百分比為 43% 時為最佳底部深度百分比，其桌面陰影約三分之一，且各刻面有充足的閃爍光。

底部深度百分比為 44.5% 時，其桌面陰影的擴散大約為二分之一。

底部深度百分比為 45% 時，其桌面陰影的擴散稍為大於二分之一。

底部深度百分比為 45.5% ～ 46% 時，其
桌面陰影擴大約為三分之二。

底部深度百分比為 47% 時，桌面下陰影
擴散太大，常會和 39.5% 之魚眼睛（腰部影
像折射入桌面邊緣）混淆，觀察時須注意。

底部深度百分比為 49% 時，整個桌面陰
影已占滿桌面，鑽石整個暗了下來。

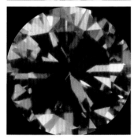

50% 或更多的底部深度百分比其桌面陰
影甚至擴散到三角小面上。

2. 觀察底部深度百分比時，首先要把鑽石的尖底移到桌面八個內對角的
中心點，這時只要鑽石夾左右擺動，即可把尖底移至中心點，這時再
目測陰影從尖底至八個內角之間所占的擴散程度。

3. 注意如下圖的八種情況：

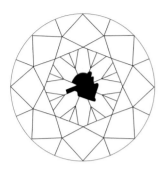

低於 41% 的底部深度百分比
其桌面陰影比較小而不明顯。

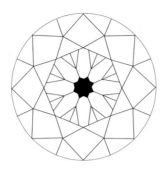

41% ～ 42% 的底部深度百分比
其桌面陰影大約為四分之一。

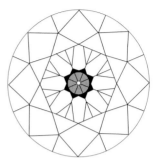

43% 的底部深度百分比其桌
面陰影大約為三分之一。

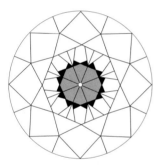

44.5% 的底部深度百分比其桌
面陰影大約為二分之一。

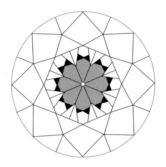

45.5% 的底部深度百分比其桌
面陰影大約為三分之二。

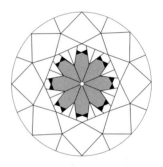

47% 的底部深度百分比其桌
面陰影大約為四分之三。

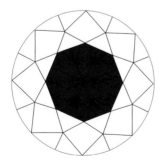

49% 的底部深度百分比其桌
面陰影占了整個桌面。

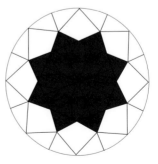

50% 或更多的底部深百分比
其桌面陰影甚至擴散到三角小
面上。

6. 腰部厚度評估

評估一粒切割好的鑽石腰部，是以肉眼搭配十倍一般手持放大鏡目測，通常厚度大都在 0.5 公釐左右。一粒切割好的鑽石腰部厚度，在整體鑽石切割美感上並不會造成太大的影響，僅從外觀上看則無明顯差異。但是太厚的腰部會使等重的鑽石外觀看起來比薄腰的鑽石小很多。曾見過一粒鑽石價格非常便宜，結果自陳列盒中拿出來一看，發現其腰部太厚，1 克拉多的鑽石，因其腰部的多餘重量，造成當鑽石面朝上看起來只有 90°左右的大小，難怪便宜很多。

所以腰部太厚的鑽石不但在重量上多餘，甚至有時候腰部的複影會折射入鑽石面內，形成灰色陰影，再加上大部分的鑽石腰部表面是磨砂面，也很容易讓腰部弄髒。

另外，如果鑽腰至尖銳點太窄，當鑽腰受到碰撞或壓力，也很容易造成缺口或裂痕，這也不是一種很好的情況。

如何目測鑽石腰部的厚度？

通常的目測法是以上腰小面和下腰小面之間最窄的一段為標準，而不是以風箏面和底部刻面的尖端之間的距離為標準。整圈觀察一遍，通常以細 ── 中等 ── 寬為標準。

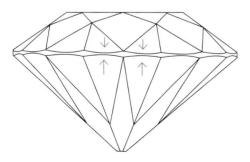

箭頭所指之間的距離為正確的目測距離。

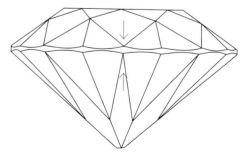

箭頭所指之間的距離為錯誤的目測距離。
近幾年 GIA 的課程內容已改為目測風箏面和底部刻面的尖端之間的距離為標準。

注意事項：

1. 下圖是以十倍放大鏡為目測標準。

極薄／很薄： 通常邊緣尖銳在 10x 之下極薄。肉眼之下無法感覺出其寬窄距離。

薄： 在 10x 之下如一條細線，但在肉眼之下勉強可感覺其寬窄距離。

適中： 在 10x 之下很明顯。在肉眼之下可感覺出來一條明顯而窄的寬度。

稍厚： 比適中稍厚，在肉眼下可明顯感覺出其厚度。

厚： 在 10x 之下非常明顯，大約是適中的雙倍厚度。

很厚： 在 10x 之下很厚，可明顯看出上下距離之差距很大。

極厚： 在 10x 之下已非常容易感覺出來，大約是很厚的雙倍厚度。

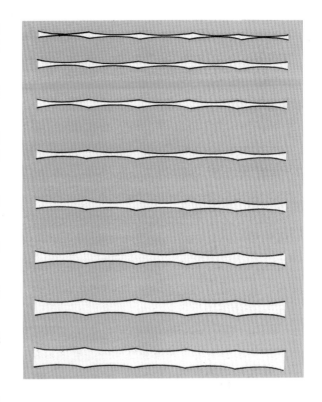

2. 鑽石腰部通常以薄至適中為佳，太厚或太薄當然非屬上等。但是要注意，通常用十倍放大鏡看完一整圈以後，因鑽石切割的關係，鑽腰一定會出現厚薄不均的現象，這時以十倍放大鏡為標準，挑出最厚和最薄之部位，再評估其厚薄。

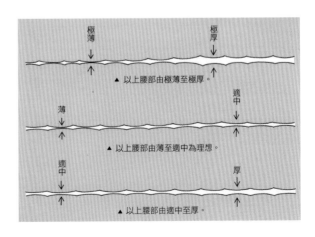

極薄　　　極厚

▲ 以上腰部由極薄至極厚。

薄　　　適中

▲ 以上腰部由薄至適中為理想。

適中　　　厚

▲ 以上腰部由適中至厚。

3. 通常鑽腰表面有數種情況如下：

a.Granular Girdle 腰表面為好似方糖般的砂面；乾淨面潔白。

b.Polish Girdle 腰表面已拋光，不但光滑且透明。

c.Faceted Girdle 腰表面不但拋光透明，且增加刻面以加強其閃爍光。

d.Bearded Girdle 腰部邊緣出現鬚狀裂痕延伸入鑽石內部。

e.Rough Girdle 腰表面非乾淨的砂面，出現汙點或粗糙的腰表面。

7. 尖底大小尺寸評估

　　一粒切割好的鑽石，尖底刻面是五十八個刻面裡最小的一個。這最小的一個刻面，通常也是閃爍光中影響最少的一個刻面。

　　因為鑽石的硬度很高，沒有任何其他代替品可以比較，但是硬度愈高的鑽石，其尖底自然可磨得愈尖銳，愈尖銳也就愈容易破裂，這時候確實需要把這個尖點，磨成一個小的刻面，這樣尖底才不會因為尖底太尖銳而容易破碎。

尖底刻面大小目測法

　　以十倍放大鏡為準，鑽石冠部朝上，由桌面觀察底部的尖底刻面，會發現以下的數種情況：

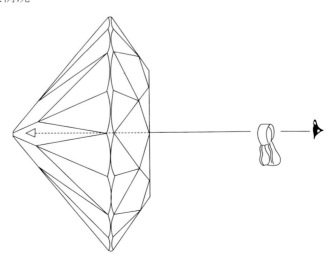

無（none）：沒有刻面，也可能是一個小的白點或有些微破。

小（small）：在十倍放大鏡幾乎看不出的一個小面。

中（medium）：在十倍放大鏡已可感覺出一個小面。

大（large）：在十倍已成八角形的一個刻面，甚至肉眼已勉強感覺出來。

非常大（very large）：肉眼已可感覺出，整個八角形的刻面在桌面下已成一個暗影。

極大（extremely large）：肉眼已可很明顯感覺出來，甚至都可感覺出其刻面為八角形了。

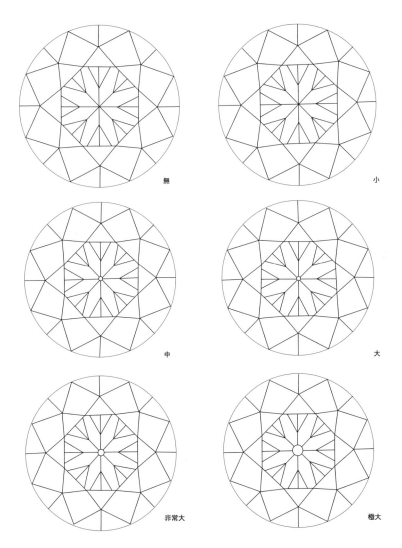

8. 修飾評估

　　修飾這一部分包括了磨光情況（polish）和對稱情況（symmetry）這兩部分。

　　磨光情況在整個鑽石切割上屬於較無影響力的一部分，通常是以表面上的磨光痕跡（polish mark）的明顯程度為最主要的修飾，另外也有一些影響微小的情況如有燙傷痕跡（burn mark），刻面之間輕微的碰傷（abrasion faceted）腰部極輕微的缺口（nick girdle），輕微的表面刮痕瑕（scratch）等。

　　通常觀察磨光痕跡時，最理想的方法是以十倍放大鏡穿過桌面觀察對面的底部各刻面為最佳，不要直接觀察表面，因為有時表面反光會造成磨光痕跡不明顯，總之穿過界體看對面的刻面，是最不容易造成反光的一個方法。

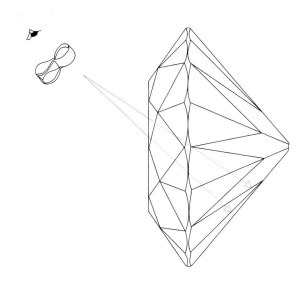

　　對稱情況在整個鑽石的切割上也是比較沒有影響的一部分，由於八心八箭流行，人們開始要求每顆鑽石都要八心八箭，也讓人們對對稱性感到極大的興趣。

　　在對稱性上通常要注意的是以下七種情況：

1. 冠部和底部刻面尖點不對齊
（misalignment facets）：

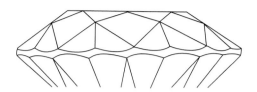

2. 各刻面大小不平均
（misshapen facets）：

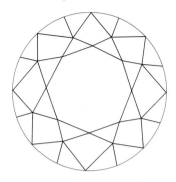

3. 各刻面尖點不夠尖銳而鈍化
（facets failign to point properly）：

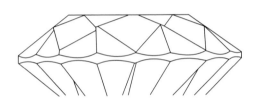

4. 桌面和尖點偏離中心點
（tables and culet off-center）：

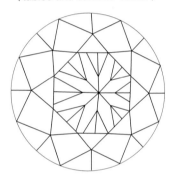

5. 整個鑽石圓周看起來不夠圓
（girdle outline out-of-round）：

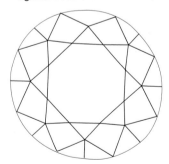

6. 桌面和腰部不平行（table not parallel to the girdle planes）：

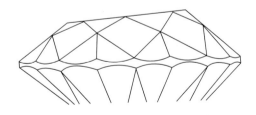

7. 腰部呈上下波浪形
（wavy girdle）：

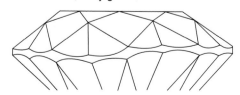

如何做修飾分級：

根據一般鑽石鑑定書分析鑽石磨光和對稱情況的優劣程度，通常以下五級為評定標準：

1. excellent 非常優良

2. very good 非常好

3. good 良好

4. fair 適中

5. poor 很差

在十倍放大鏡之下，通常 1 和 2 的磨光情況幾乎找不出缺點，對稱情況也符合各項要求。3 和 4 則通常磨光情況輕微而不明顯，對稱情況可能會有輕微的刻面大小不平均、各刻面尖點不夠尖銳等不明顯的跡象。5 的磨光情況可以非常明顯看見磨光痕跡或其他，對稱情況已可明顯看出其圓周不圓、桌面和尖底偏中心點、各刻面大小不平均、腰部呈上下波浪形等的問題。

9. 八心八箭（Heart and Arrow）

近十年來，市場興起一股八心八箭熱潮，大多數人在未弄清什麼是八心八箭時，就要求一定要購買八心八箭的鑽石，使得鑽石加工業者額外增加了一筆生意。

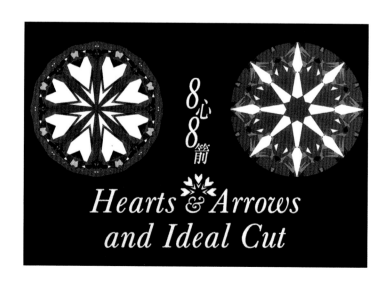

八心八箭首先是由日本人本村澤高於 1984 年左右提出。當一顆圓鑽的切磨對稱性極為精確，所產生的效果。八心由底層觀察可見到八個對稱性完整的心形排列，而八箭由桌面觀察則可見到八個箭頭般的完整排列，這即是所謂的八心八箭。但是有的人以為只要有幾個心或是幾個箭也能稱為八心八箭。孰不知，並非所有鑽石都有八心八箭！而是如前言所述，只有切磨對稱性極好的圓鑽才有八心八箭！近年來加上鑽石業者的不斷鼓吹，讓更多數珠寶銀樓業者以此為賣點，甚至使得人們以為顯現在鑽石上的八心八箭效果是新的切割方式，這是極大的錯誤！

10. 總深度百分比測量法

　　總深度百分比包括了冠部高度、腰部厚度和底部深度這三部分百分比的總和。

　　冠部和底部應互相配合，才能造成最佳的閃爍角度。通常冠部高度大約在 16% 左右，冠部角度大約在 31°～ 37°之間，最理想的百分比是 34%。底部深度大約在 42.5%～ 45.5% 左右，最理想的百分比是 43%。腰部厚度百分比大約在 1 ～ 1.7% 左右。

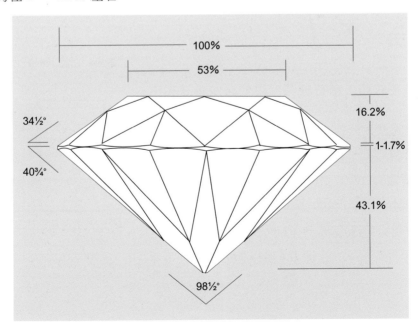

❶ 圓鑽總深度百分比測量如下：

總深度百分比＝總深度 ÷ 平均直徑 ×100%

舉例：有一粒圓鑽其直徑為 6.53 ～ 6.57 公釐，總深度為 4.05 公釐；試求其總深度百分比。

解析：平均直徑 mm ＝（最小直徑＋最大直徑）÷2

＝（6.53 ＋ 6.57）÷2

＝ 6.55

總深度＝ 4.05

總深度 % ＝（4.05÷6.55）×100% ＝ 0.61832×100%

＝ 61.832%（小數點第二位四捨五入）

＝ 61.8%

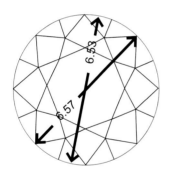 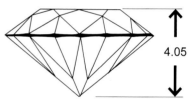

❷ 花式切工鑽石總深度百分比測量法如下：

總深度百分比＝總深度（高）÷ 寬 ×100%

舉例：有一花式切工的長方鑽，其長、寬、高的讀數為 15.27×10.25×6.5 公釐，試求其總深度百分比。

解析：總深度 % ＝ (6.5÷10.25)×100%

＝ 0.6341×100%

＝ 63.4%

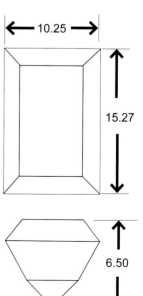

11. 鑽石尺寸的量法

鑽石的尺寸測量通常以公釐為標準單位。通常記錄至公釐以下第二位小數為止。使用量尺時要特別小心，因為一般量尺都非常精密，在測量震動中就會有些微之差距。舉例圓鑽在精密的測量下並不純圓，如你連續測量圓鑽的直徑，最少六個不同的方向，一定會出現一個最大直徑和最小直徑。

❶ 圓鑽尺寸測量法

記錄最小及最大直徑（dia meter）和總深度（total depth）如下：

6.66 　─　 6.7 　×　 3.95 mm

最小徑　　最大直徑　　總深度

❷ 花式切工鑽尺寸測量法

記錄其長、寬、高（總深度）如下：

15.2 　×　 9.5 　×　 6.05 mm

最小徑　　最大直徑　　　總深度

❸ 量鑽時尺寸所使用的工具

寶石卡尺在測量中要小心不要震動，但多少有些微的誤差，但以不超過0.02 公釐為限度，比較適合測量鑲好鑽石。

毫米卡尺（公釐卡尺）：精密度更高，數字可直接測量至 0.01 公釐，甚至可做到 0.001 公釐的佳測，比較適合測量未鑲好的裸鑽。

12. 花式切割

當一粒鑽石的原石送到切割師傅手中時，聰明的切割一定是在最理想的角度、保持最多的重量之下進行。

一顆水滴形鑽石改成心形花式切割鑽石，其切磨設計情形。

屬於等軸晶系的鑽原石，最常見的就是八面晶體，其晶體形狀最適合切割的就是圓鑽，事實上圓鑽也是市場銷售中的主力，至於其他不適合切割圓鑽的不規則晶體，因為遷就其原石形狀和重量的損耗，就會形成除了圓形以外形狀的鑽石，這些鑽石稱之為花式切工鑽石（fancy cut diamond）。

　　因遷就原石形狀而造成的花式切工鑽石，通常確實比圓鑽更要求切割技巧，工具和所需時間成本也不同，因此工錢也較貴。所以有一句話說「會切割花式切工鑽石的師傅一定會切圓鑽；但會切圓鑽的師傅倒不一定會切割花式切工的鑽石。」因為市場消費的主力是圓鑽，所以就算花式切工技術成本比較貴，通常同等級 1 克拉以上的圓鑽，價格還是比花式切工鑽石高；但若 1 克拉以下，則可能花式切工鑽比圓鑽貴，因為重量愈小、總價格愈低，其切工成本影響會愈大。

❶ 一般花式切工的形狀

　　一般花式切工的主力形狀以如下六種形狀為主：

橄欖形鑽石

梨形鑽石

橢圓形鑽石

祖母綠形鑽石

長方形鑽石

心形鑽石

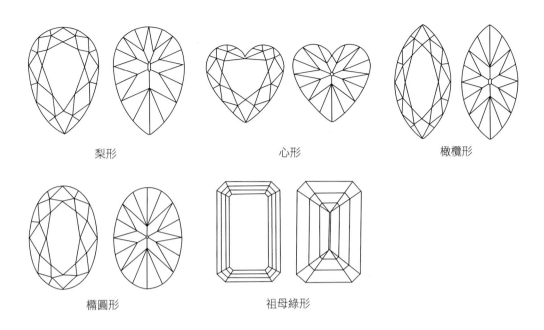

梨形　　　　　　　　　　　　心形　　　　　　　　　　　　橄欖形

橢圓形　　　　　　　祖母綠形

應市場需求或遷就原石形狀，也會造成其他形狀如下：

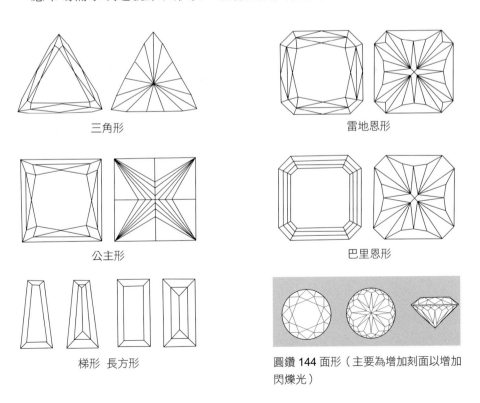

三角形　　　　　　　　　　　　雷地恩形

公主形　　　　　　　　　　　　巴里恩形

梯形　長方形　　　　　　圓鑽 144 面形（主要為增加刻面以增加
　　　　　　　　　　　　閃爍光）

❷ 其他花式切割形

1988 年由中央統售機構研究發展出的鑽石切磨形式，讓人耳目一新。這些新型切磨也都以花名命名，顯露浪漫風情。

正面　　大理花 dahlia
　　　　側面

正面　　向日葵 sunflower
　　　　（girasole）
　　　　側面

正面　　百日紅 zinnia
　　　　側面

正面　　火玫瑰 fire-rose
　　　　（pear-shape）
　　　　側面

正面　　火玫瑰 fire-rose
　　　　（heart-shape）
　　　　側面

正面　　金盞花 marigold
　　　　（Garofano indiano）
　　　　側面

正面　　火玫瑰 fire-rose
　　　　（rosa di fuoco）
　　　　側面

❸ 挑選花式切工鑽石其形狀比例應注意事項

一、寬長度之比

形狀		適當	太長	太短
	祖母綠形	1:1.5 1:1.75	1:2	1.25:1 1.1:1
	心形	1:1	1:1.25+	1:1-
	橄欖形	1:1.75 1:2.25	1:2.5	1.5:1
	橢圓形	1:1.33 1:1.66	1:1.75+	1.25:1 1.1:1
	梨形	1:1.5 1:1.75	1:2+	1.5-:1-

二、外表形狀以肩部、腰部、尖點等幾個部位的寬窄、高低、歪斜為準

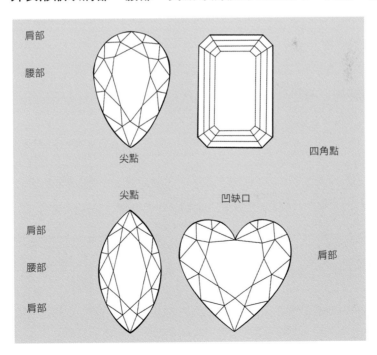

不好的外表形狀如下：

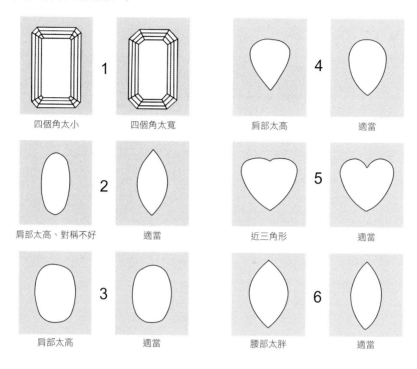

四個角太小	四個角太寬
肩部太高、對稱不好	適當
肩部太高	適當
肩部太高	適當
近三角形	適當
腰部太胖	適當

三、底部厚度

　　不適當切割比率的底部會造成閃爍的損失，通常在花式切工鑽石的桌面下會出現領結般的陰影，稱為領結現象（bow-tie effect），其陰影愈暗代表其底部角度不當。

太厚的底部
（buldge pavilion）。

切割比率適當的花式鑽石，其領結現象非暗影而呈亮光。

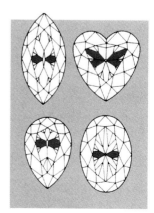

四、如何測量花式切工桌面百分比

桌面百分比＝內對尖點的長度÷鑽石寬度×100%

舉例：如圖之橄欖形鑽，其長度為30.2 公釐，寬度為 13.9 公釐，內對尖點長度為 7.62 公釐桌面百分比

＝（7.62÷13.9）×100%

＝ 0.548×100%

＝ 55%

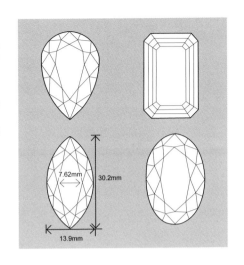

鑽石的重量（carat）

鑽石的重量是以克拉為公制單位，每 1 克拉等於 0.2 公克（gram），也就是 200 毫克（milligram），通常計重至小數點後第二位為止，第三位小數可以八捨九入或不計。第二位小數為「分」（point），每 1 克拉等於 100 分。按照美國聯邦貿易委員會（U.S. Federal Trade Commission, F.T.C.）的規定，鑽石買賣時的重量單位是以克拉做為公制單位。

1 克拉等於 100 分，如果只有 0.998 克拉，則第三位小數可以八捨九入進位而為 1 克拉，但這種計算方法並不一定為其他地區所接受。在某些地區第三位小數不得八捨九入，而採用第三位小數捨棄法，也就是 0.999 克拉，還是以 0.99 克拉為計重單位。

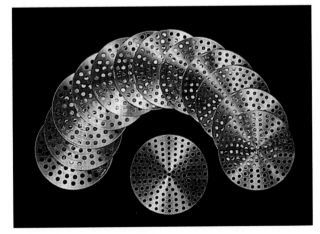

鑽石篩子。

鑽石篩子通常以每一片圓片量尺為大約尺寸，每一個小孔的直徑都代表了每一種重量的鑽石。

鑽石篩子比例表

以下尺寸可大小差距在10％左右

篩片編號	每克拉大約粒數	重量（分）	直徑（公釐）
0	200	½ 分	1.1
1	175		1.15
1½	150		1.20
2	125		1.25
2½	110/115		1.30
3	100	1 分	1.35
3½	90		1.40
4	80		1.45
4½	70		1.50
5¹	60		1.55
5½	50	2 分	1.60
6	48		1.70
6½	45		1.80
7	35		1.90
7½	33	3 分	2.00
8	30		2.10
8½	25	4 分	2.20
9¹	22		2.30
9½	20	5 分	2.40
10	18		2.50
10½	17		2.60
11	16	6/7分	2.70
11½	15		2.80
12	13	7/8分	2.90
12½	11	3 分	3.00
13	10	10 分	3.10
13½	8/9	11 分	3.20
14	8	12 分	3.30
14½	7.5	13 分	3.40
15	6.5	15 分	3.50
15½	6	17 分	3.60
16	5.5	18 分	3.70
16½	5½	19 分	3.80
17	4-4/3	21 分	3.90
17½	4½	22 分	4.00
18	4½	23 分	4.10
18½	4	25 分	4.20
19	3.70	27 分	4.30
19½	3.33	38 分	4.40
20	3	33 分	4.50

標準圓形鑽石直徑與大約重量的對照

直徑（公釐）	大約重量（克拉）
4.1	0.25
5.2	0.50
6.5	1.00
7.4	1.50
8.2	2.00

　　鑽石電子秤秤量結果通常到第三位小數為止，如所秤的鑽石為 4.639 克拉，或捨棄第三位小數而成為 4.63 克拉，或第三位小數八捨九入成為 4.64 克拉，這完全視商情而定。

　　機械鍊秤的精密度也很高，不需用到電力，但缺點是操作速度比較慢。

　　手秤的精密度可以達到 1/100 克拉，也方便於隨身攜帶，但在使用時要小心風向，不要在有風口的地方使用，風力會影響其重量精確度。

機械克拉秤。

手持克拉秤。

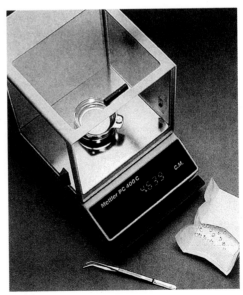
電子克拉秤。

1. 如何利用尺寸測量預估鑽石的大約重量？

注意事項：

1. 適用於鑲好的鑽石重量估測。

2. 腰部太厚時，需要用到腰部厚度量差（girdle thickness weight correction, GTWC）。

3. 建議未鑲好的鑽石不用此法，直接使用重量秤更為精確。

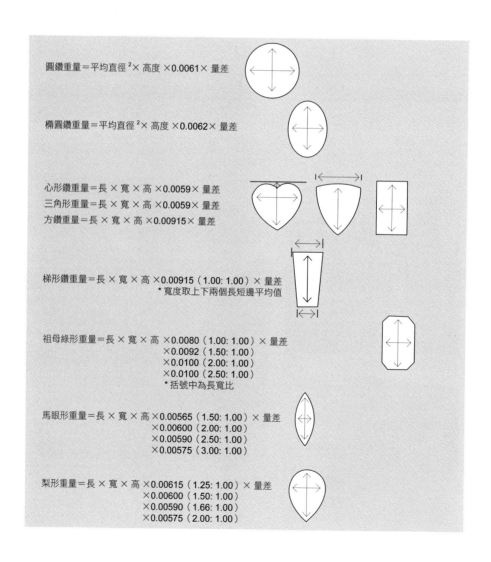

圓鑽重量＝平均直徑²× 高度 ×0.0061× 量差

橢圓鑽重量＝平均直徑²× 高度 ×0.0062× 量差

心形鑽重量＝長 × 寬 × 高 ×0.0059× 量差
三角形重量＝長 × 寬 × 高 ×0.0059× 量差
方鑽重量＝長 × 寬 × 高 ×0.00915× 量差

梯形鑽重量＝長 × 寬 × 高 ×0.00915（1.00：1.00）× 量差
　　　　　　　＊寬度取上下兩個長短邊平均值

祖母綠形重量＝長 × 寬 × 高 ×0.0080（1.00：1.00）× 量差
　　　　　　　　　　　　　×0.0092（1.50：1.00）
　　　　　　　　　　　　　×0.0100（2.00：1.00）
　　　　　　　　　　　　　×0.0100（2.50：1.00）
　　　　　　　　　　　　　＊括號中為長寬比

馬眼形重量＝長 × 寬 × 高 ×0.00565（1.50：1.00）× 量差
　　　　　　　　　　　　　×0.00600（2.00：1.00）
　　　　　　　　　　　　　×0.00590（2.50：1.00）
　　　　　　　　　　　　　×0.00575（3.00：1.00）

梨形重量＝長 × 寬 × 高 ×0.00615（1.25：1.00）× 量差
　　　　　　　　　　　　×0.00600（1.50：1.00）
　　　　　　　　　　　　×0.00590（1.66：1.00）
　　　　　　　　　　　　×0.00575（2.00：1.00）

腰部厚度量差表 (GTWC)

直徑 （公釐）	稍厚腰部	厚腰	非常厚腰	極厚腰	直徑 （公釐）	稍厚腰部	厚腰	非常厚腰	極厚腰
3.80	3%	4%	9%	12%	6.05	2%	3%	6%	8%
3.85	3%	4%	9%	12%	6.10	2%	3%	6%	8%
3.90	3%	4%	9%	12%	6.15	2%	3%	6%	8%
3.95	3%	4%	9%	12%	6.20	2%	3%	6%	8%
4.00	3%	4%	9%	12%	6.25	2%	3%	6%	8%
4.05	3%	4%	9%	12%	6.30	2%	3%	6%	8%
4.10	3%	4%	9%	12%	6.35	2%	3%	6%	8%
4.15	2%	4%	9%	12%	6.40	2%	3%	6%	8%
4.20	2%	4%	8%	11%	6.45	2%	3%	6%	8%
4.25	2%	4%	8%	11%	6.50	2%	3%	6%	8%
4.30	2%	4%	8%	11%	6.55	2%	3%	6%	8%
4.35	2%	4%	8%	11%	6.60	2%	2%	5%	7%
4.40	2%	4%	8%	11%	6.65	2%	2%	5%	7%
4.45	2%	4%	8%	11%	6.70	2%	2%	5%	7%
4.50	2%	4%	8%	11%	6.75	2%	2%	5%	7%
4.55	2%	4%	8%	11%	6.80	2%	2%	5%	7%
4.60	2%	4%	8%	10%	6.85	2%	2%	5%	7%
4.65	2%	4%	8%	10%	6.90	2%	2%	5%	7%
4.70	2%	3%	8%	10%	6.95	1%	2%	5%	7%
4.75	2%	3%	7%	10%	7.00	1%	2%	5%	7%
4.80	2%	3%	7%	10%	7.05	1%	2%	5%	7%
4.85	2%	3%	7%	10%	7.10	1%	2%	5%	7%
4.90	2%	3%	7%	10%	7.15	1%	2%	5%	7%
4.95	2%	3%	7%	10%	7.20	1%	2%	5%	7%
5.00	2%	3%	7%	10%	7.25	1%	2%	5%	7%
5.05	2%	3%	7%	10%	7.30	1%	2%	5%	7%
5.10	2%	3%	7%	10%	7.35	1%	2%	5%	7%
5.15	2%	3%	7%	9%	7.40	1%	2%	5%	2%
5.20	2%	3%	7%	9%	745	1%	2%	5%	7%
5.25	2%	3%	7%	9%	7.50	1%	2%	5%	7%
5.30	2%	3%	7%	9%	7.55	1%	2%	5%	7%
5.35	2%	3%	7%	9%	7.60	1%	2%	5%	7%
5.40	2%	3%	7%	9%	7.65	1%	2%	5%	7%
5.45	2%	3%	7%	9%	7.70	1%	2%	5%	6%
5.50	2%	3%	7%	9%	7.75	1%	2%	5%	6%
5.55	2%	3%	6%	9%	7.80	1%	2%	5%	6%
5.60	2%	3%	6%	9%	7.85	1%	2%	5%	6%
5.65	2%	3%	6%	9%	7.90	1%	2%	5%	6%
5.70	2%	3%	6%	9%	7.95	1%	2%	5%	6%
5.75	2%	3%	6%	9%	8.00	1%	2%	5%	6%
5.80	2%	3%	6%	8%	8.05	1%	2%	5%	6%
5.85	2%	3%	6%	8%	8.10	1%	2%	5%	6%
5.90	2%	3%	6%	8%	8.15	1%	2%	4%	6%
5.95	2%	3%	6%	8%	8.20	1%	2%	4%	6%
6.00	2%	3%	6%	8%	8.25	1%	2%	4%	6%

注意事項：

1. 本修飾表適用於各種形狀鑽石。

2. 本修飾表適用於腰部比較寬厚的鑽石。

3. 花式切工的直徑以寬度為標準。

2. 利用寶石卡尺求鑽石重量

先用寶石卡尺測量鑲在托上的鑽石尺寸，再利用預估法公式，求得鑽石的重量。

使用說明：

一、在卡尺右方夾口，加裝延長針。（圖一）長針抵在鑽石尖底（圖二），以量取鑲在戒托上的鑽石總深度。

二、拆卸延長針，如（圖三）所示，以量取鑽石的直徑，至少要量六個不同的方向。

三、如果鑽石是平嵌或包鑲，利用卡尺左邊的尖角，以求得直徑（圖四）。

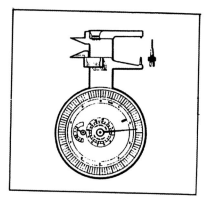

圖一

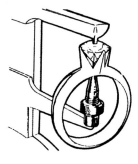

圖二

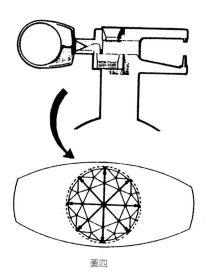

圖四

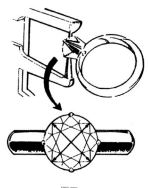

圖三

舉例（一）：有一粒圓鑽，最小直徑 6.52 公釐，最大直徑 6.54 公釐，總深度 3.85 公釐，腰部厚度為厚，請估算其大約重量。

解析：先求平均直徑＝（6.52 ＋ 6.54）÷2

$$= 13.06÷2$$

$$= 6.53$$

腰部厚度量差：從腰部厚度量差表可查出 6.53 公釐的直徑，當腰部為厚時，其量差為 3% 再加上 100% 等於 103%，也就是 1.03。

大約重量＝平均直徑^2× 深度 × 0.0061× 量差

$$= 6.53^2×3.85×0.0061×1.03$$

$$= 1.031464（四捨五入為 1.03 克拉）$$

舉例（二）：有一粒祖母綠式切工的方鑽，其長度為 7.3 公釐，寬度 4 公釐，深度 2.55 公釐，腰部厚度為中等，請估算其大約重量。

解析：長寬比＝ 7.3：4

$$= 1.82：1$$

1.82：1 的長寬比例修飾最接近 1.5：1 和 2：1 中間，所以其比例修飾大約為 0.0092 和 0.01 的平均數 0.0096。

大約重量＝長 × 寬 × 深度 × 比例修飾 × 量差（可以省略）

$$= 7.3×4×2.55×0.0096$$

$$= 0.714816（四捨五入為 0.71 克拉）$$

8 | 彩鑽

什麼是彩鑽？

　　彩鑽是鑽石的一種。通常鑽石呈透明色彩，但彩鑽是除透明以外的鑽石。彩色鑽石指鑽石具備顯著顏色，或罕見的天然致色鑽石，而其中以黃色或褐色鑽石為例，它的顏色必須達到足夠色度。例如國際鑑定分級制度 GIA 分級體系中，必須深於 Z 色的鑽石才可稱為彩色鑽石。因此想要買彩鑽的消費者一定要買有 GIA 證書的彩鑽才有保障。

　　至於其他顏色的鑽石，雖然顏色較淺或顏色飽和度較低，但都可稱為彩色鑽石。在彩色鑽石當中，紅色和綠色是極為罕見的；其次是藍色、紅紫色、紫色、橙色、粉紅色。珠寶市場中經常交易的彩色鑽石以黃色和棕褐色為主，而明亮的黃色鑽石更具經濟價值。

彩鑽的產地

1. 印度

　　鑽石在人類歷史中的傳奇始於印度南部。做為世界最早發現和加工鑽石的國度，印度自然少不了發現彩鑽的精采回顧。比如重達 189.62 克拉呈現淡藍色的鑽石「奧洛夫」、德國珍藏的「德雷斯頓」綠鑽、9.01 克拉淺粉色梨形「康代」（Grand Conde）、全世界知名的重達 45.52 克拉的「希望藍鑽」、美豔驚人的「拉琪」血色美鑽等都出自充滿神祕色彩的戈爾康達（Golconda）礦區。

2. 南非

　　自十九世紀成為鑽石的新興產地後，每年鑽石產量龐大的南非便與彩鑽結緣，續譜了許多彩鑽詩篇。那裡發現的第一顆彩鑽是重達 21.25 克拉的至美黃鑽，名為「Eureka」，表示「我發現了」的意思。南非普里米爾礦山是藍色、粉色、黃色和綠色等多種彩色鑽石的主要產地；淡藍色的「庫利南」鑽石、深藍色的「永恆之心」、最有名氣的 128.54 克拉蒂凡尼深棕黃色鑽石（Fancy Deep Brownish Yellow），著名演員奧黛麗 ‧ 赫本曾在電影《第凡內早餐》中，打響 Tiffany 鑽石的品牌地位。世界上最大、重達 545.65 克拉的極品黃鑽「金色慶典」及有世界上最大玫瑰紅色鑽石之稱的「斯坦梅茨」均出自這個盛產傳奇的大陸。

非洲鑽石原生礦床。（圖片提供：侏儸紀珠寶公司）

階梯式的方式開採，才能把挖掘出來的礦石運出。（圖片提供：侏儸紀珠寶公司）

3. 澳大利亞

　　目前澳大利亞是鑽石年產量最大的國家，同時也是黃色、藍色和紅色鑽石的主要產地，更是唯一出產粉色鑽石的源頭。二十多年前阿蓋爾地區的礦山開採才讓澳大利亞每年都有粉鑽和玫瑰色鑽石產出，但數量稀少有限，令粉鑽長期處於不可多得的彩鑽珍品之列。2014 年礦業巨頭力拓拍賣四顆極其珍貴的紅色鑽石，其中 1.21 克拉的「阿蓋爾紅衣主教」，雷地恩形切工，預估 200 萬～ 500 萬美元。

阿蓋爾鑽石礦是全世界最大的鑽石礦之一。產量占全球 90%，粉紅鑽石每年有四十～六十顆送往拍賣。常出現 fancy brownish-red、fancy purplish-pink 或 fancy vivid purplish-pink 三種顏色。

　　阿蓋爾出產的粉紅鑽在腰圍都有雷射編號，並刻有類似 A 字符號。每一顆阿蓋爾粉鑽都有專屬證書，遵循一套自創的顏色評價系統：PP 粉紅帶紫色（1PP ～ 9PP，9PP 最深）、P 粉紅色（1P ～ 9P）、PR 粉紅玫瑰色（1PR ～ 9PR）、White 白色、PC 粉紅香檳色 Pink Champagne（PC1 ～ PC3）、BL 靛藍色 Blue Violet（BL1 ～ BL3）、紅帶紫色 Purplish Red、紅色 Red。

不同彩鑽顏色與產地的關係

粉紅色彩鑽	主要產於澳大利亞的阿蓋爾橄欖金雲火山岩筒、坦尚尼亞的姆瓦杜伊金伯利岩岩筒、南非的普列米爾岩筒。
綠色彩鑽	主要產於波札那的傑旺年金伯利岩岩筒和印度潘納地區的鑽石砂礦床。
淺藍白色和藍色彩鑽	主要產於南非的亞赫斯豐坦和普列米爾岩筒、塞拉利昂的砂礦，澳大利亞的阿蓋爾岩筒中也發現藍色寶石級鑽石。
微黃色和金黃色彩鑽	主要產於南非的戴比爾斯和金伯利岩筒，巴西米那斯吉拉斯地區的鑽石砂礦床中也發現有金黃色寶石級鑽石。
純白色或無色系列鑽石	分布較廣，數量較多，但質量最佳的主要產於納米比亞、安哥拉、中國的遼寧、印度的安得拉邦、俄羅斯的雅庫特、南非的科菲豐坦和亞赫斯豐坦岩筒、塞拉利昂和加納等地的鑽石礦床。
褐色、黑色和灰色鑽石	質量最差。褐色主要產於的阿蓋爾岩筒和剛果（金）的布什瑪依地區的鑽石礦床；黑色鑽石只產於巴西的鑽石砂礦床。

　　鑽石顏色的主要成因是無色鑽石結構或微量成分的微小變化，例如雜質元素、輻射或放射致色、塑性變形致色、內含物致色等因素。因此顏色愈稀有、顏色等級愈高，價值就愈高，顏色愈濃、愈鮮豔、飽和度愈高，價值也就愈高。反之，顏色愈淺、愈不均勻，抑或發黑、變暗，就會影響其價值。

1克拉巴里恩形切割紅色（Fancy Red）彩鑽裸石，非常稀有珍貴。

濃彩綠（Fancy Intense Green）彩鑽戒指，主石重量為 1.74 克拉、祖母綠切割，周圍一圈粉色小鑽，最外層為水滴造型的白鑽，相當豪華。（圖片提供：侏羅紀珠寶公司）

1克拉、橢圓形切割藍色（Fancy Intense Blue）彩鑽戒指，周圍白色小碎鑽鑲嵌，讓整體看上去更加飽滿、精緻，熠熠生輝。（圖片提供：侏羅紀珠寶公司）

7.57 克拉、圓明亮豔黃彩（Fancy Vivid Yellow）鑽戒指，搭配白色小碎鑽鑲嵌的花瓣，非常奢華。主石為豔彩黃色，且為最高等級，十分難得。（圖片提供：侏羅紀珠寶公司）

彩鑽顏色等級分級原理

　　彩鑽彩色的程度通常按顏色飽和度及色調進行分級，在描述鑽石顏色時，這些術語放在主色之前，如Fancy yellow（彩黃）或Light yellow（淡黃）。經過GIA鑑定的彩鑽在珠寶市場具有極高價值，因為GIA的鑑定證書世界通用，而且具有權威性。它的證書中對顏色的描述分得很細，而且對顏色的出處也做鑑別，有些彩色鑽石的顏色是經過輻照改色的，這樣的顏色鑑定機構都認為是人工處理的，它的價值遠沒有天然致色的鑽石高。

　　同一等級的鑽石可能因為切工、形狀與大小、內含物多寡的不同造成顏色與濃度視覺效果差異；相同一顆彩鑽在不同時間、不同鑑定地點也可能產生不同的結果，消費者買之前請多看實物和參考鑑定證書。

參考 GIA 彩鑽分級方法（黃色彩鑽）

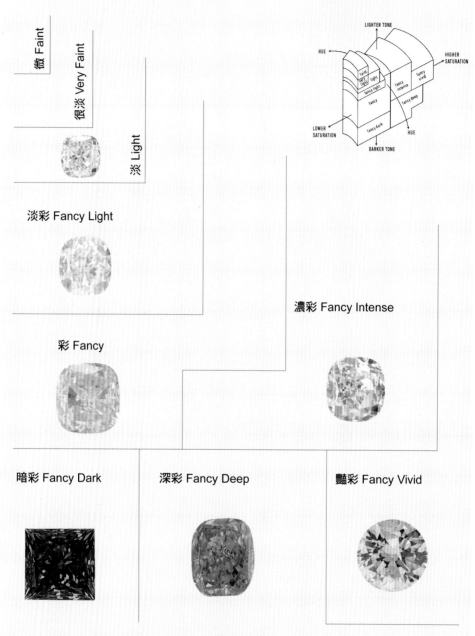

以上圖片提供：阿斯特瑞雅鑽石網站：http://www.asteriadiamonds.com/
黃色彩鑽也被稱為「黃金鑽」，當鑽石中的氮原子取代了晶體中的某些碳原子時，鑽石因為開始吸收藍色和紫色光線，使之呈現黃色。通常呈淺黃色、金黃色、酒黃色或琥珀色，是彩色鑽石中最常見的顏色，尤以金黃色最為珍貴稀有。黃色彩鑽常見有 Light Yellow、Fancy Yellow、Fancy Intense Yellow、Fancy Vivid Yellow、Fancy Dark Yellow、Fancy Deep Yellow 幾個等級。最受歡迎的是 Fancy Intense Yellow、Fancy Vivid Yellow 這兩個等級，也是相對較貴的。

參考 GIA 彩鑽分級方法（紫色彩鑽）

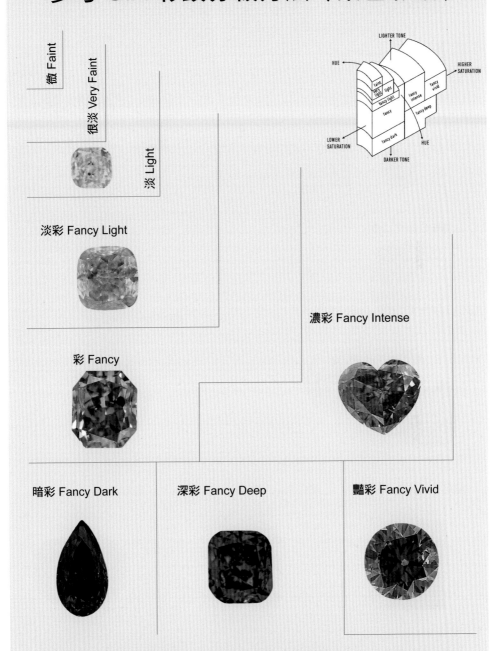

微 Faint

很淡 Very Faint

淡 Light

淡彩 Fancy Light

彩 Fancy

濃彩 Fancy Intense

暗彩 Fancy Dark

深彩 Fancy Deep

豔彩 Fancy Vivid

以上圖片提供：阿斯特瑞雅鑽石網站：http://www.asteriadiamonds.com/
紫色彩鑽產量相當稀少，市面上幾乎不常見。主要致色原因是晶格扭曲變形或是晶格扭曲與含氫元素共同
作用產生。紫色通常會偏灰與偏暗，帶一點粉紫色就相當討喜，例如 Fancy Deep Pinkish Purple。其他
顏色還有 Fancy Light Pinkish Purple、Fancy Pink Purple、Fancy Deep Pinkish Purple、Fancy Intense
Pink Purple、Fancy Grey Purple 等。

參考 GIA 彩鑽分級方法（棕色彩鑽）

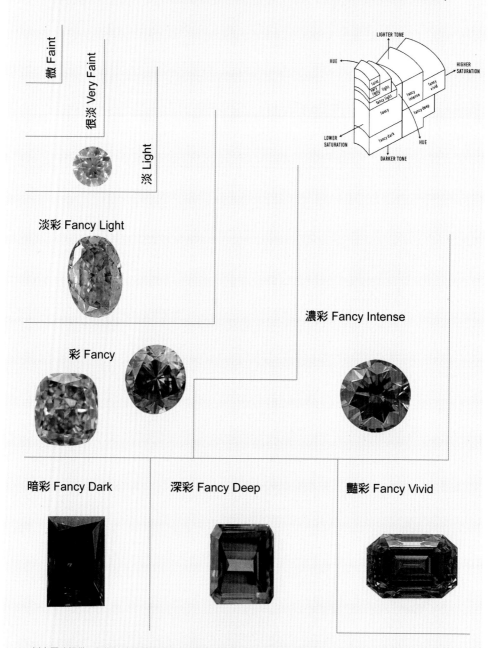

微 Faint

很淡 Very Faint

淡 Light

淡彩 Fancy Light

彩 Fancy

濃彩 Fancy Intense

暗彩 Fancy Dark

深彩 Fancy Deep

豔彩 Fancy Vivid

LIGHTER TONE

HUE

HIGHER SATURATION

LOWER SATURATION

HUE

DARKER TONE

以上圖片提供：阿斯特瑞雅鑽石網站：http://www.asteriadiamonds.com/
褐色也叫棕色、咖啡色或香檳色。褐色是彩鑽中數量最多，價位最便宜的彩鑽之一。主要顏色成因是因為
晶格缺陷所造成。褐色通常會偏暗就不討喜，偏橘價位就會高一點。拍賣市場基本上不拍褐色彩鑽。有
Light Brown、Fancy Brown、Fancy Orange Brown、Fancy Intense Brown、Fancy Vivid Brown、Fancy
Dark Brown、Fancy Deep Brown 幾個等級。如果是求婚，千萬別送褐色彩鑽，因為多數人都看過這本書。
如果買不起貴重彩鑽，買白鑽或者黃色彩鑽也可以。一顆 1 克拉 GIA 褐色彩鑽約四萬臺幣就可以買到。

參考 GIA 彩鑽分級方法（綠色彩鑽）

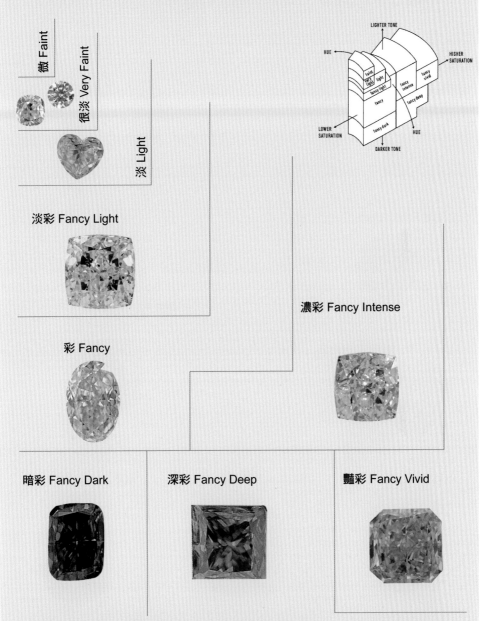

微 Faint

很淡 Very Faint

淡 Light

淡彩 Fancy Light

濃彩 Fancy Intense

彩 Fancy

暗彩 Fancy Dark

深彩 Fancy Deep

豔彩 Fancy Vivid

以上圖片提供：阿斯特瑞雅鑽石網站：http://www.asteriadiamonds.com/

綠色彩鑽形成的原因主要是經過天然輻射照射改變晶格結構，市面上常見的綠色彩鑽多數為人工輻照改色，因此買綠色彩鑽要特別留意證書打的內容。因為輻照改色的綠色彩鑽多，也降低了消費者購買綠色彩鑽意願。綠色彩鑽常見有 Faint Green、Very Faint Green、Light Green、Fancy Green、Fancy Intense Green、Fancy Vivid Green、Fancy Dark Green、Fancy Deep Green 幾個等級。最受歡迎的是 Fancy Green、Fancy Intense Green、Fancy Vivid Green 這三個等級，也是相對比較貴的。很少出現大的綠色彩鑽能上年度拍賣珠寶封面，主要是因為稀有。通常綠色彩鑽都會帶藍色或帶灰色。多數都偏暗綠色，很少有鮮豔的綠色。

參考 GIA 彩鑽分級方法（藍色彩鑽）

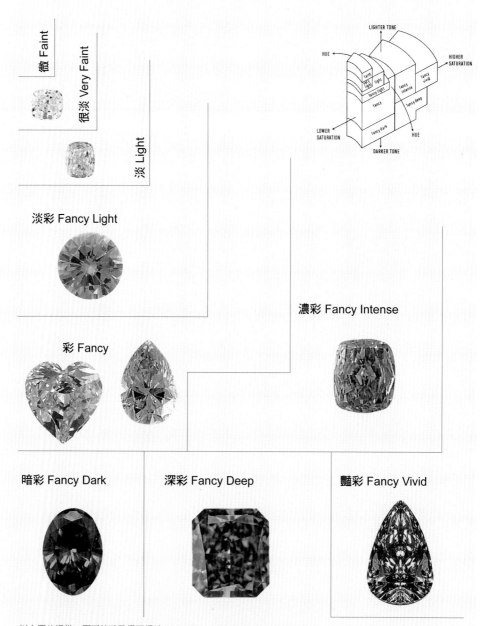

微 Faint

很淡 Very Faint

淡 Light

淡彩 Fancy Light

彩 Fancy

濃彩 Fancy Intense

暗彩 Fancy Dark

深彩 Fancy Deep

豔彩 Fancy Vivid

LIGHTER TONE

HUE

HIGHER SATURATION

LOWER SATURATION

HUE

DARKER TONE

以上圖片提供：阿斯特瑞雅鑽石網站：http://www.asteriadiamonds.com/

能稱之為藍鑽的鑽石必須是純正的明顯的藍色、天藍、深藍色的鑽石，其中尤以深藍色最佳。藍色鑽石與所有其他顏色的鑽石不同，在形成過程中含有「硼」微量元素，且具有導電的性能。藍鑽的藍中常常會帶灰色或黑色，若晶體中含有氮的雜質，藍鑽常常會呈現藍綠或藍帶綠等色。深藍色鑽石相當罕見，故為稀世珍品。藍色彩鑽常見有 Very Faint Blue、Light Blue、Fancy Blue、Fancy Intense Blue、Fancy Vivid Blue、Fancy Dark Blue、Fancy Deep Blue 幾個等級。最受歡迎的是 Fancy Blue、Fancy Intense Blue、Fancy Vivid Blue 這三個等級，也是相對比較貴的。但市面上常見的藍鑽都很淺，未達 Fancy Blue 的居多，而且帶灰、帶暗相當普遍。不論男性、女性，戴藍鑽都很有魅力。

參考 GIA 彩鑽分級方法（橘色彩鑽）

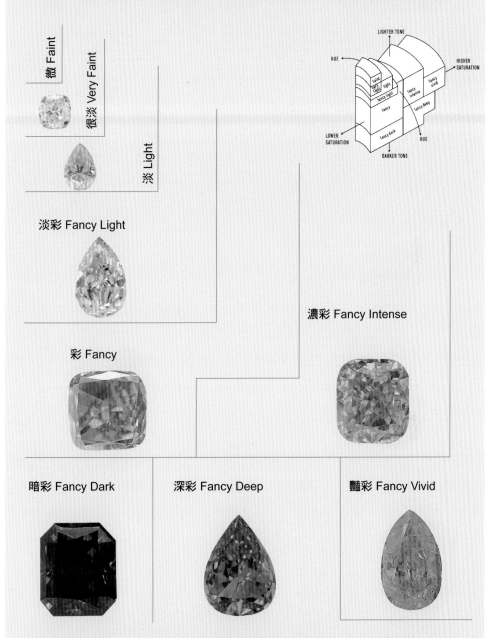

微 Faint

很淡 Very Faint

淡 Light

淡彩 Fancy Light

濃彩 Fancy Intense

彩 Fancy

暗彩 Fancy Dark　　　　深彩 Fancy Deep　　　　豔彩 Fancy Vivid

以上圖片提供：阿斯特瑞雅鑽石網站：http://www.asteriadiamonds.com/
橘色彩鑽是介於黃色與紅色之間的混合色。其致色原因只能推測含有氮以及受到晶格扭曲的共同結果。
橘色彩鑽很少單獨出現，通常會伴隨黃色與紅色混在一起，若是橘色帶棕色調就比較不討喜。橘色彩鑽
可分成 Faint Orange、Very Faint Orange、Light Orange、Fancy Orange、Fancy Intense Orange、
Fancy Vivid Orange、Fancy Dark Orange、Fancy Deep Orange 幾個等級。最受歡迎的是 Fancy Intense
Orange、Fancy Vivid Orange、Fancy Deep Orange 這三個等級，相對較貴也較受歡迎。

參考 GIA 彩鑽分級方法（灰色彩鑽）

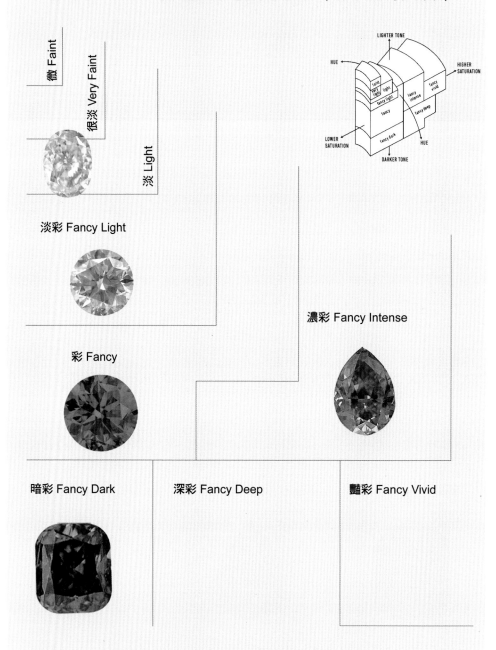

微 Faint

很淡 Very Faint

淡 Light

淡彩 Fancy Light

濃彩 Fancy Intense

彩 Fancy

暗彩 Fancy Dark　　深彩 Fancy Deep　　豔彩 Fancy Vivid

以上圖片提供：阿斯特瑞雅鑽石網站：http://www.asteriadiamonds.com/
多數人都不愛偏灰色彩鑽。白色鑽石要是偏灰價錢就掉下來了。灰色常出現在藍色、綠色、靛色、紫色中。只要帶灰色，價錢就會降低。常見顏色可分成 Fancy Light Grey、Fancy Grey、Fancy Dark Grey、Fancy Deep Grey 幾個等級。看到這裡你可不要灰心，因為灰色彩鑽還是天然鑽石，哪天說不定價格就會被炒作起來。

參考 GIA 彩鑽分級方法（紅色彩鑽）

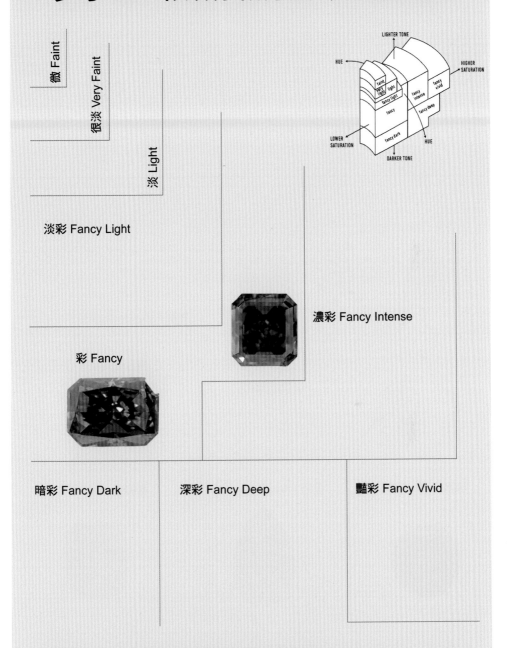

微 Faint

很淡 Very Faint

淡 Light

淡彩 Fancy Light

LIGHTER TONE

HUE

HIGHER SATURATION

fancy light

fancy intense

fancy vivid

fancy

fancy deep

LOWER SATURATION

fancy dark

HUE

DARKER TONE

濃彩 Fancy Intense

彩 Fancy

暗彩 Fancy Dark　　　　深彩 Fancy Deep　　　　豔彩 Fancy Vivid

以上圖片提供：阿斯特瑞雅鑽石網站：http://www.asteriadiamonds.com/

通常呈粉紅色到鮮紅色系的透明鑽石，因鑽石形成過程中晶格結構發生扭曲變化而產生，其中紅色尤以濃豔如血的「血鑽」為稀世珍品，在紅色彩鑽分級上只有一級就是 Fancy Red，沒有 Fancy Intense、Vivid、Light Red 的劃分。大多數紅色彩鑽都不到 1 克拉，能有 50 分大小就不錯了。至於上 1 克拉的紅色彩鑽，幾乎是每年蘇富比與佳士得拍賣的國際焦點，一生擁有一顆天下難得的紅色彩鑽，相信很多人都覺得值得了。

參考 GIA 彩鑽分級方法（粉紅色彩鑽）

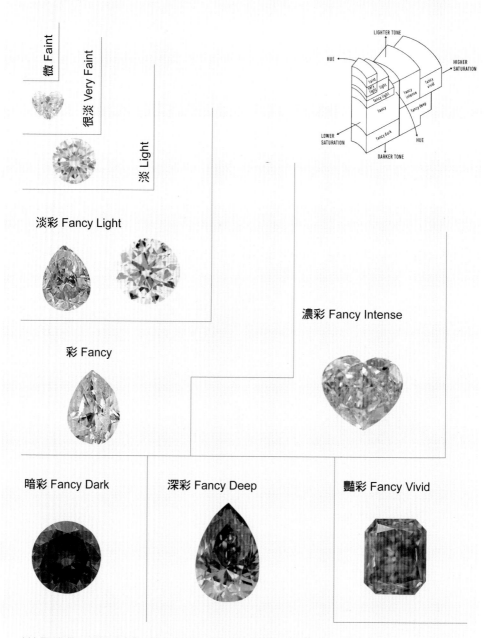

以上圖片提供：阿斯特瑞雅鑽石網站：http://www.asteriadiamonds.com/

粉紅色彩鑽的顏色也是由晶格發生扭曲導致的。較淡的粉紅色或玫瑰色既清新淡雅又不失閃耀華美，因為容易讓人聯想到浪漫的愛情而備受寵愛。粉紅彩鑽常見有 Very Faint Pink、Light Pink、Fancy Pink、Fancy Intense Pink、Fancy Vivid Pink、Fancy Dark Pink、Fancy Deep Pink 幾個等級。最受歡迎的是 Fancy Pink、Fancy Intense Pink、Fancy Vivid Pink 這三個等級，也相對較貴。粉紅色鑽石相當擄獲貴婦的心，多數的粉紅色彩鑽都會偏橘色與偏紫色，偶爾也會偏棕色，這時候就會降低其美觀與價值，很少有純粉紅色出現。

參考 GIA 彩鑽分級方法（黑色彩鑽）

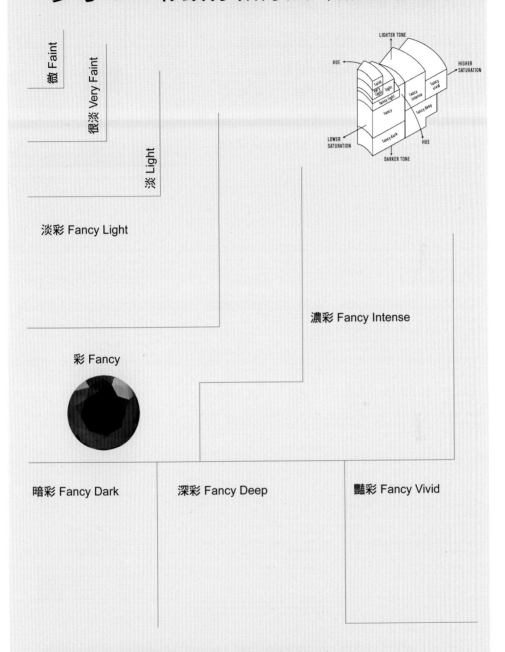

微 Faint

很淡 Very Faint

淡 Light

淡彩 Fancy Light

濃彩 Fancy Intense

彩 Fancy

暗彩 Fancy Dark

深彩 Fancy Deep

豔彩 Fancy Vivid

LIGHTER TONE
HUE
HIGHER SATURATION
faint
very light
fancy light
fancy intense
fancy vivid
fancy
fancy deep
LOWER SATURATION
fancy dark
HUE
DARKER TONE

以上圖片提供：阿斯特瑞雅鑽石網站：http://www.asteriadiamonds.com/
黑鑽是由於鑽石內部的包裹體或雜質過多過密、光線無法穿透而呈黑色。多數的黑色鑽石實際上都被石墨色與黑色或暗灰色的物質所包裹。黑色彩鑽有部分是輻照處理顏色，現在是加熱處理。整體來説黑鑽只有Fancy Black 這個等級，也有人多加一個 Fancy Deep Black 這個等級。如果黑鑽顏色變淺，就變成灰色鑽石了。總之，黑鑽石大多用來當配鑽，做一些復古設計款，就算是 1 克拉的黑鑽也只消幾萬元就可以買到。

GIA 主要的彩鑽顏色用語

在這裡介紹一些常見的 GIA 彩鑽顏色用語，主要是讓大家認識一些常見顏色的彩鑽，按照 GIA 的標準來認識，才能避免出現雞同鴨講的錯誤。消費者要注意，即使你買的鑽石有 GIA 證書，也可能買到合成鑽石。

粉紅裸鑽。（圖片提供：李兆豐）

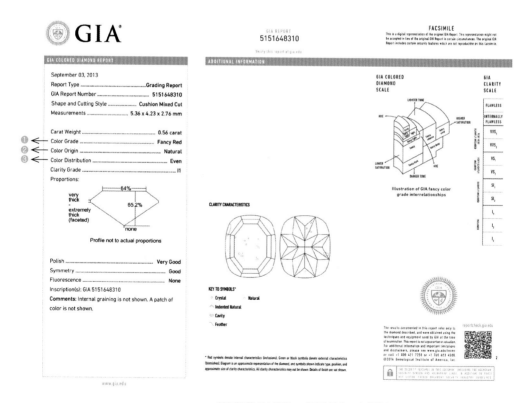

粉紅裸鑽 GIA 證書。（圖片提供：李兆豐）

GIA 彩色鑽石證書上顏色（color）專案的解說

Color 項目如下：

❶Color Grade（顏色等級）

評定分為兩條線。第一條線定出顏色之淡濃，分九個級別：

1. Faint（微）
2. Very light（微淺）
3. Light（淺）
4. Fancy light（淡彩）
5. Fancy（中彩）
6. Fancy dark（暗彩）
7. Fancy intense（濃彩）
8. Fancy deep（深彩）
9. Fancy vivid（豔彩）

第二條線描述鑽石所見的顏色，如：Yellow（黃色）、Green（綠色）、Red（紅）等。

❷Color Origin（顏色來源）

1. Natural 天然色
2. Treated 處理過的
   a. Artificially Irradiated 輻照改色
   b. HPHT Processed 高溫高壓處理
   c. Undetermined 無法確定顏色來源

即使是合成鑽石也可以有 GIA 證書，在 GIA 證書的備註欄，如果沒有寫著 Natural，那就是經過處理的合成鑽石。除非刻意要買，否則一定要避開這三種處理方式。不要以為商家會讓你撿漏，很多人可能在買了鑽石五年到十年後才知道是處理過的，可惜為時已晚。這也是為什麼要先看書、再去買鑽石的原因。

❸ Color Distribution（顏色分布）

1. Even 分布均勻
2. Uneven 分布不均勻

以黃色為例：大家都知道無色鑽石的顏色描述，從 D 至 Z 表示的是不帶黃的相對程度，超過 Z 色，即達到彩鑽級別，K、L、M 為 Faint（微色，如帶黃則為微黃），N 至 R 為 Very light（很淡黃），S 至 Z 為 Light（淡黃），以上這些都沒有達到彩鑽級別，在標準的表述中，不能標有 Fancy，只有超過 Z 色的黃才能稱為 Fancy，因此彩鑽級別的黃色鑽石，從低到高，依次為：

1. Fancy light（淡彩黃）
2. Fancy（中彩黃）
3. Fancy dark（暗彩黃）
4. Fancy intense（濃彩黃）
5. Fancy deep（深彩黃）
6. Fancy vivid（豔彩黃）

除了黃色（或棕色）以外的顏色因為產地比較稀少，只要沾有一點點顏色，也都被稱為彩鑽，因此其他顏色的彩鑽評級標準從低到高（以粉紅色鑽石為例），依次為：

1. Faint（微粉）
2. Very light（很淡粉）
3. Light（淡粉）
4. Fancy light（淡彩粉）
5. Fancy（中彩粉）
6. Fancy dark（暗彩粉）
7. Fancy intense（濃彩粉）
8. Fancy deep（深彩粉）
9. Fancy vivid（豔彩粉）

注意事項：

1. 只有顏色超過一定程度才能冠以 Fancy 級別，但除了黃色（或棕色）以外的產量比較大，沾有一點點顏色達到 Faint 級別，也是彩鑽。

2. 由於彩鑽級別的黃色被發現的數量比其他顏色多，看起來比較濃的顏色，可能僅僅是 Fancy light（淡彩黃），而看起來很淺的粉、藍、灰或者綠等顏色，看起來很淡，但可能就評定為 Fancy intense（濃彩）或 Fancy deep（深彩）。

3. 紅色、黑色以及白色的鑽石，GIA 規定只有 Fancy 一個級別，因為只要不是 100% 的紅，稍微淺一點就是粉色了，只能算是粉紅鑽石。只要黑色有一點點的不飽和，即是灰色了，白色鑽石也是同樣道理。

4. 兩種顏色同時出現在一顆鑽石上，這是非常普遍的，根據不同顏色的保有量，有主色和副色之分，通常被描述為（以粉色和紫色為例）Purplish Pink（粉紅帶紫），主色放在後面；副色放在前面。當不同的顏色達到或接近相同比例時，就不分主、副，直接稱為 Pink-Purple（粉－紫色）。

5. 關於棕色彩鑽。嚴格地說，棕色不是光譜的原色，而色調較深、色度較低的橘色、茶色（褐色）、咖啡色以及巧克力色均屬於這個顏色範疇，棕色是所有彩鑽中，價值高過黑鑽與乳白色鑽石。棕色鑽石主要的開採公司為推廣棕色鑽石，在 1990 年設計了棕色鑽石單獨的分級標準，這裡就不再詳述。

6. 彩色鑽石根據蒙塞爾（Munsell）色彩系統參量所發展的色卡，可通過量度色澤、色飽和度、色調深淺（值）及鑽石色彩分布均勻度來分級。

（圖片詳見《鑽石鑑定全書》，樊成，263 頁，圖 12-16。）

彩鑽的基本色彩用詞

顏色		說明
Yellow	黃	主色為黃色，沒有副色。
Greenish yellow	黃帶綠	前為副，後為主，green 加了 -ish 字尾，表修飾色，主色為黃色。綠色的成分可由稀少到占整個顏色的三、四成。由於綠色鑽石的稀少性高於黃色，因此綠色成分愈多，市場價值也愈高。
Green-yellow	綠一黃	綠色與黃色以短橫線相連，二者皆為原形，表示綠與黃約略相等，而黃色又約略多於綠色。
Yellow-green	黃一綠	同理，黃與綠約略相等，綠色稍多於黃色。
Yellowish green	綠帶黃	前為副色，表修飾色，後為主色。
Orange	橘	主色為橘色，沒有副色。
Orange-yellow	橘一黃	兩色間以橫線相連，前面 orange 為原形，表示二者約略接近，但仍以後方略多，四成、六成到近半不等。
Orangy yellow	黃帶橘	與上面相比，橘的成分減少，逐漸成為副色。
Yellow-orange	黃一橘	同樣與橘一黃比較，橘的成分增加，稍稍超過黃色。
Yellowish orange	橘帶黃	橘的成分再增加，明顯超過黃色而成為主色。
Orange-brown	橘一棕	棕本身也是一種顏色，可以做為主色。二者都是原形，以短線相連，表示二者約略相等，而棕又約略多於橘色。
Red	紅	主色為紅色，沒有副色。
Orangy red	紅帶橘	紅為主色，橘為副色，概以主帶副色稱之。
Reddish orange	橘帶紅	前為副色，表修飾色，後為主色。
Purple	紫	主色為紫色，沒有副色。
Reddish purple	紫帶紅	前為副色，表修飾色，後為主色。
Red-purple	紅一紫	二者約略相等，紫色成分稍多於紅色。
Purple-red	紫一紅	二者約略相等，紅色成分稍多於紫色。
Purplish red	紅帶紫	前為副色，表修飾色，後為主色。
Pink	粉紅	主色為粉紅色，沒有副色。
Purplish pink	粉紅帶紫	前為副色，表修飾色，後為主色。
Purple-pink	紫一粉紅	二者約略相等，粉紅色成分稍多於紫色。
Pink-purple	粉紅一紫	二者約略相等，紫色成分稍多於粉紅色。
Orangy pink	粉紅帶橘	粉紅為主色，橘為副色，概以主帶副色稱之。
Orange-pink	橘粉紅	二者約略相等，粉紅色成分稍多於橘色。
Brownish pink	粉紅帶棕	前為副色，表修飾色，後為主色。
Green	綠	主色為綠色，沒有副色。

Bluish green	綠帶藍	前為副色，表修飾色，後為主色。
Blue	藍	主色為藍色，沒有副色。
Blue-green	藍－綠	二者約略相等，綠色成分稍多於藍色。
Greenish blue	藍帶綠	前為副色，表修飾色，後為主色。
Violet	靛	靛一定為青色。
Violetish blue	藍帶靛	前為副色，表修飾色，後為主色。
Bluish violet	靛帶藍	前為副色，表修飾色，後為主色。

（此表格鑽石顏色翻譯參考高嘉興老師的《彩色鑽石》第 39 ～ 43 頁。讀者閱讀前弄懂彩鑽的名稱至關重要，因此翻譯就必須準確、符合國際標準。因不同書目翻譯各不相同，為避免讀者閱讀混淆，特採取 GIA 彩鑽色彩用語。GIA 教材是由高嘉興老師翻譯，所以此書彩鑽基本用語以高老師的翻譯為準。）

整體來說，粉紅色是紅色濃度不飽和時所呈現的顏色，粉紅帶紫或是帶橘都比粉紅色帶棕色來得有價值。基本上很難找到純粉紅色不帶一點副色的彩鑽。

而紅色鑽石在自然界中可遇而不可求，幾乎可用碩果僅存來形容。記得十幾年前到廣州中山大學礦物材料所，聽彭明生教授介紹參觀在佛山的一間鑽石切磨廠。當時副廠長為我介紹紅色彩鑽，來自澳大利亞阿蓋爾礦區，一包二十幾顆，讓我挑選。我不識貨，只挑了一顆 10 分最乾淨的紅色彩鑽，當時價錢不到一萬元，相當開心，隨後以 1.3 萬元轉手給朋友。現在想起來真是後悔，應該整包買下來，而且不應隨便轉賣。

白色、灰色和棕色都是彩色鑽石可見到的顏色，可以是主色，也可為副色。但是這些顏色受到的關注度相當低，若是有另一半拿來求婚，說是彩鑽，您也不要開心太早，因為可能價值只有幾萬元就可以入手。

值得注意的是，當暖色系（紅色、橘色、粉紅色）物體在色度低的時候會有帶棕色（brownlish）的感覺，而冷色系者（如藍、綠、靛）色度低時呈帶灰色（grayish）。筆者在 2008 年接手一顆水滴形 1.5 克拉深藍帶灰色（Fancy deep grayish blue）彩鑽，當時整顆只要大約 300 萬元。還記得當初懂的人不多，大家還是對白鑽比較熱衷，沒想到事隔不到十年，現在 900 萬元都不一定可以買到，這種回報率到哪裡找呢？

9 | 鑽石鑑定書

　　鑽石在國際市場上已建立了一套分級標準，評估其品質的優劣並決定價值。但在買賣雙方立場互異的情況下，買方很難憑賣方一面之辭而相信賣方所提鑽石的品質，在鑽石交易上，需要一中間機構，以超然的立場、不涉及買賣雙方交易的情況下，評定鑽石品質的優劣，使買賣雙方能有一估價的憑據與標準，利於交易。

　　這中間機構所開列的鑽石品質分級報告書，和一般銀樓所開的保單不同：一般珠寶銀樓店開出的保單，只是由賣方簡單陳述賣出飾品寶石的重量、品質及出售價格等，以證明該飾品寶石由賣方賣出，而鑽石品質分級報告書則是由獨立的鑑定機構，經過訓練的專業人才，以精密的鑑定機器分析該鑽石的品質，並將所有資料詳細記載於報告書上，但不記載價格。

　　世界各國鑽石交易量大的地方，鑽石鑑定機構也多，而各地的交易商也常相信他們當地的鑑定機構，比方說日本人在比利時的安特衛普採購鑽石，他們只信任自己國家的鑑定所，所以即使在安特衛普已有相當有名的鑽石最高層議會（HRD）鑑定所，日本人仍在當地設日本全國寶石協會鑑定所，為日本鑽石商服務。韓國人對鑽石的品質要求非常高，所以一般買到韓國的鑽石常附有信譽卓著、鑑定嚴格的美國寶石學院（GIA）的鑑定報告書，但韓國人仍要求送他們當地的鑑定所鑑定，當鑑定出來有所不同時，他們則相信本國的鑑定所。在中國則需要有國檢證書。

　　雖然鑽石分級有一套標準，但分級的工作乃由受過訓練的鑑定師，以專業知識及經驗進行分級。在鑑定分析的過程中，可能會受到當時的工作環境，及其精神狀態的影響，如鑑定師睡眠不足，抑或太疲勞等狀況，因而鑑定有所偏差。鑽石等級很接近另一等級時，不同鑑定者也可能給出不同的鑑定等級，不同鑑定所有不一致的分級意見等。要避免這種情形，只有多請幾位有經驗的鑑定師鑑定，以使偏差減到最低的程度。

解讀鑽石證書

1. 美國珠寶學院（Gemological Institute of America, GIA）

　　成立於 1931 年，由 Robert M. Shipley 先生創立，本部設於美國加州，GIA 是把鑽石鑑定證書推廣成為國際化的創始者。GIA 於 50 年代正式提出了 4C，為今後珠寶行業的快速發展起了重要作用。由於分校眾多，GIA 在各地的證書並沒有寄到美國做，而是由美國把證書寄到當地；即便如此，GIA 的教育文憑仍被全世界所接受。

　　GIA 鑑定所由於歷史悠久，鑑定要求又極嚴格，所以其鑑定分級報告書的標準與格式常為各地鑑定機構引用，謹將其鑽石品質分級報告書的內容介紹如下：

GIA 舊版證書

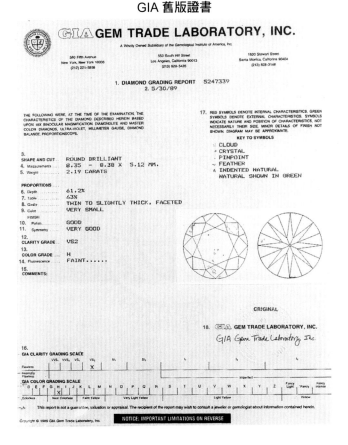

編號位置	項目	結果	說明
1	鑑定報告書編號	5247339	
2	鑑定日期	5/30/89	
3	切割形狀	圓鑽	鑽石形狀之描述，如方形或橢圓形等
4	尺寸	8.35—8.38～5.12	最小直徑一最大直徑～深度
5	重量	2.19 克拉	
6	總深度百分比	61.2%	先求最小直徑和最大直徑的平均數，深度除以其平均後可得百分比。雖然由深度百分比不能很明確地表示一顆鑽石切割比率的好壞。根據 Rapaport 鑽石報價反應，一般市場認為深度百分比為 57.5% ～ 63% 為最標準。
7	桌面百分比	63%	根據 Rapapopt 鑽石報價反應，一般市場認為桌面百分比為 58% ～ 62% 最標準。
8	腰部厚度	薄到稍厚，刻面腰	腰部陳述了最小和最大的腰部厚度，所以二者差距愈小，表示鑽石腰部厚度愈平均。此鑽石腰部打著刻面（faceted）表示整個腰部為拋光加上許多刻面。
9	尖底	很小	一般尖底不要超過大，適中以下皆能接受。但不要有斷裂（chipped）。
10	拋光	良好	磨光與對稱的評定都分為五級： excellent　　　　非常優良 very good　　　　非常好 good　　　　　　良好 fair　　　　　　適中 poor　　　　　　很差 市場一般的要求都要良好 (good) 以上。
11	對稱	非常好	
12	淨度等級	VS2	
13	成色等級	H	
14	螢光反應	微弱	螢光反應是鑽石在紫外線下所呈現的一種現象。此種反應依其強弱分為： very strong　　　很強烈 strong　　　　　強烈 medium　　　　　中度 faint　　　　　　微弱 none　　　　　　沒有 螢光反應只是鑽石的特性之一，對鑽石的價格並無很大影響。有人對強螢光的鑽石有所偏愛，有人則否，但如果螢光反應太強造成鑽石看起來渾濁的樣子，影響其亮光，則較不受歡迎。

編號 位置	項目	結果	說明
15	附註	無	以上項目的未盡事項，如冠角超過 34°、磨光未詳加註明、或外部生長線未畫上等，皆於此欄加以註記。
16	等級比例尺	VS2	將鑽石的成色及淨度等級再次標示於此，以易於明瞭。
17	特徵記號		表示鑽石內外部特徵的代表記號，紅色代表內部特徵，綠色表示外部特徵，唯有黑色是額外刻面的標誌。圖上所標示的記號並不完全與鑽石上的特徵大小相等。
18	GIA 寶石鑑定公司簽名		以往此欄都是由鑑定者簽名，自 1989 年起改為 GIA 寶石鑑定公司全名的簽章，以示全體的共同結果。

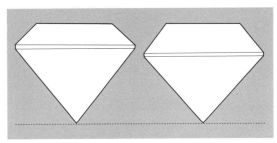

若兩顆鑽石的深度百分比相同，但右邊的切割比率較標準；左邊的底部太深，鑽石看起來便較暗，影響價格。

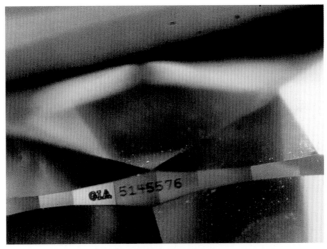

GIA 證書編號雷射刻字。

2008 年 6 月 24 日的 GIA 證書和以前的證書格式略有改變，大同小異，只是增加了一些切割角度方面的細節：

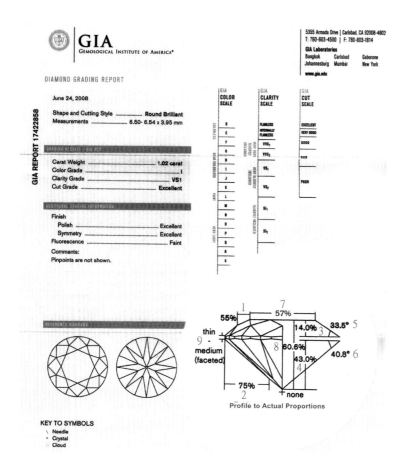

編號	說明
1	星形角面長度 55%
2	下腰小面長度 75%
3	冠部高度 14%
4	底部厚度 43%
5	冠部角度 33.5°
6	底部角度 40.8°
7	桌面 57%
8	總厚度 60.6%
9	腰部厚度：Thin to medium (Faceted)

❶GIA 白鑽證書

GIA 大證書（Diamond Grading Report）對鑽石 4C 進行評估，附有鑽石淨度圖。適用範圍為 0.15 克拉以上 D～Z 色裸石。

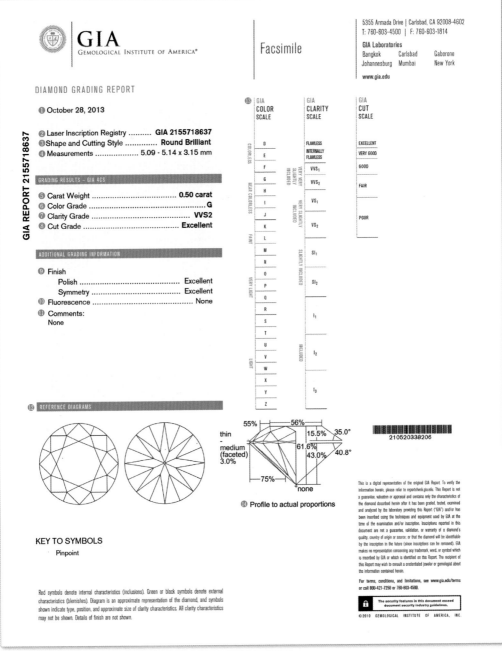

編號位置	項目		說明
1	日期		送交鑑定時間。
2	鑑定書編號雷射印記		鑑定編號以雷射光刻在鑽石腰圍上。
3	形狀和切割款式		記載鑽石的切割外形或款式，例如：圓明亮形。除圓明亮形外，其他切割方式如心形、梨形、公主方形等都稱為花式切割。
4	直徑和深度		直徑是以最小直徑到最大直徑乘以高度，單位為公釐。
5	克拉重量		鑽石的裸石重，以克拉計算。通常計算到小數點後第二位。
6	顏色分級		顏色等級從 D 級開始到 Z 級。
7	淨度（內含物）分級		鑽石淨度的鑑定結果分為 FL（內外皆無瑕疵）、IF（內部無瑕疵）、VVS（極微瑕疵）、VS（微瑕疵）、SI（瑕疵級）、I（嚴重瑕疵）。
8	切工分級		切工等級有 Excellent（極優良）、Very good（很好）、Good（好）、Fair（尚可）、Poor（不良）等五級。
9	修飾	拋光	分為 Excellent（極優良）、Very good（很好）、Good（好）、Fair（尚可）、Poor（不良）五等，通常鑽石的拋光等級都在 Good 上下，Very Good 一般是較好的拋光，Excellent 算是最好的拋光。
		對稱	切工的好壞也要看鑽石整體對稱是否完整、鑽石是否磨圓、桌面與尖底是否偏離中心、桌面左右兩邊是否對稱、每一條相鄰稜線是否交於一個點。每一個切割小面也要上、下、左、右對稱。其分級同拋光，也分五級。
10	螢光反應		在長波紫外線下有無螢光，螢光強度可分：None（無）、Faint（弱）、Medium（中）、Strong（強）四級。天然鑽石強藍色螢光反應會讓鑽石看起來白一點，若無螢光則表示本來鑽石就白、條件好，價錢會比較高一點。
11	備註		補註鑽石特徵或其他現象。
12	瑕疵符號圖示		以圖形符號表示鑽石在哪個位置有什麼瑕疵，並有註解說明圖示是何種瑕疵。
13	顏色、淨度與切工等級比例尺規		顯示鑽石的顏色、淨度與切工在 GIA 等級中的相關位置。
14	鑽石切工比例剖面圖示		顯示鑽石各部位比例與角度所有數據百分比。2007 年以前的 GIA 證書沒有切工比例好壞的標示，是以切磨比例來標注，新版證書已無此項鑑定。

❷GIA 小證書（Diamond Dossier）

對鑽石 4C 進行評估，無鑽石淨度圖，但在鑽石腰部用雷射微雕 GIA 鑽石證書編號。適用範圍只針對 0.15 ～ 0.99 克拉、D ～ Z 色裸石。

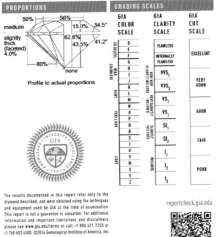

1 克拉以下小證書。（圖片提供：深圳諾瓦寶石貿易有限公司）

❸GIA 彩鑽鑑定證書

對鑽石進行全面品質分析，包括顏色分級、顏色和淨度圖。區分顏色成因，即是天然顏色還是經過處理的顏色，如輻照改色、高溫高壓處理。適用範圍為 0.15 克拉以上彩色鑽石。

彩鑽鑑定證書的項目與結果說明幾乎等同白鑽。不過顏色項目則分為顏色成

黃鑽裸石。（圖片提供：深圳諾瓦寶石貿易有限公司）

因、顏色等級及顏色分布，可參考前面彩鑽顏色成因說明。此份彩鑽證書在備註的部分則表示此粒鑽石看不到雲霧狀，內部看不見生長紋；瑕疵標註的部分則有結晶、羽毛狀、針狀及內凹原晶面。

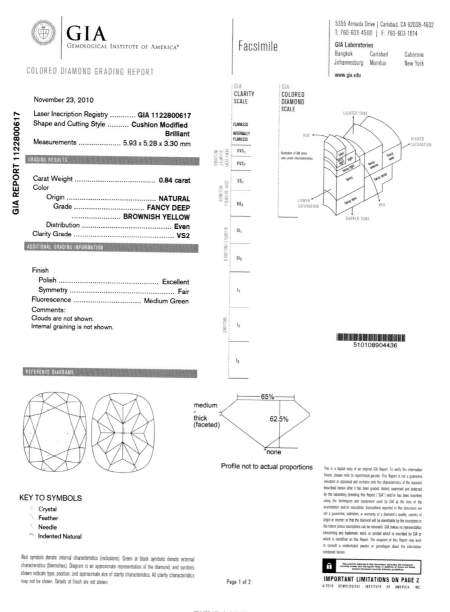

彩鑽鑑定證書。

❹HPHT 改色鑽石證書

GIA 證書上如果是高壓高溫改色鑽石會在腰圍刻上「HPHT Processed」，顏色來源寫「HPHT Processed」，另外備註中會寫「This diamond has been processed by high pressure/ high temperature (HPHT) to change its color.」

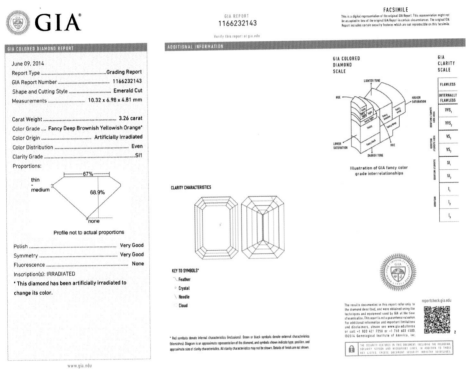

改色鑽石證書，此鑽石經過輻射改色。

（圖片提供：深圳諾瓦寶石貿易有限公司）

2. 比利時鑽石高層議會（Diamond High Council, HRD）

　　HRD 中文名稱為比利時鑽石高層議會，坐落於世界鑽石中心比利時安特衛普。HRD 最初扮演著行業協會的角色，1976 年以後，HRD 成立了鑽石鑑定分支，成為了繼 IGI 國際寶石學院之後，第二所在比利時安特衛普的寶石鑑定教育機構。做為單純的鑽石鑑定實驗室，現在的 HRD 是世界權威的鑽石檢驗、研究和證書出具機構之一，也是世界上第一個通過國際標準組織認證的鑽石實驗室。它在鑽石加工技術、商業貿易、鑽石鑑定分級、人才培訓等方面提供服務，並且開展國際交流，在國際上也頗有知名度。

　　下面的鑽石鑑定分級報告書，其內容和 GIA 鑑定項目大致相同，唯一不同的地方是 GIA 標示出鑽石總深度百分比，而 HRD 則特別對切割比做了更詳細的測量報告，分別標示出如桌面、腰圍厚度、冠部高度及底部深度冠高百分比、腰部百分比及底部深度百分比三部分，將三部分加起來即是總深度百分比，事實上，HRD 這樣的切割比率分析比較詳細，易於看出鑽石切割比率的優劣。新版證書也在切割方面提供了更詳盡的資訊與評比。

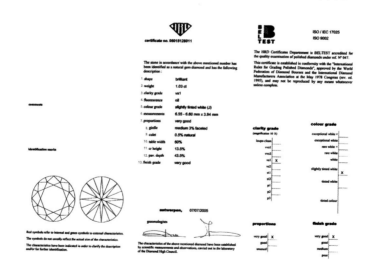

HRD 對圓鑽切割比率之評估

各部名稱 \ 評估等級	不尋常 unusual	良好 good	非常好 very good	良好 good	不尋常 unusual
腰　部　girdle thickness(%a)		很薄very thin	薄至適中thin &med	厚thick	很厚very thick
尖　底　culet			pointed to 1.9%	2% to 3.9%	4% and up
桌面百分比 table width(% φ)	up to 52	53 to 55	56 to 66	67 to 70	71 and up
冠高百分比 crown height(%h)	up to 8.5	9 to 10.5	11 to 15	15.5 to 17	17.5 and up
冠　角　crown angle (B)	up to 26.5°	27° to 30.5°	31° to 37°	37.5° to 40°	40.5° and up
底部百分比 pavillion depth(%h)	up to 39	35.9 to 40.5	41 to 45	45.5 to 46.5	47 and up
底　部　角　pavilion angle (a)	up to 38°	35.8° to 38°	39.5° to 42°	42.5° to 43°	43.5° and up

HRD 舊版證書。

編號位置	項目	結果
1	切割形狀	標準圓鑽
2	重量	1.03 克拉
3	淨度等級	VS1
4	螢光反應	無
5	成色等級	J
6	尺寸	6.55—6.60mm×3.94mm
7	比率	非常好
8	腰部厚度	薄 3%
9	尖底	0.5%
10	桌面百分比	60%
11	冠部高度	13.5%
12	底層百分比	43.5%
13	修飾	非常好

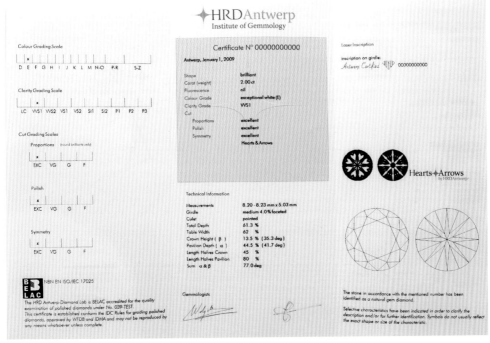

新版的 HRD 證書。

3. 國際寶石學院（International Gemological Institute, IGI）

　　IGI 成立於 1975 年，位於世界鑽石中心比利時的安特衛普，是目前世界上最大的獨立珠寶首飾鑑定實驗室，被稱為「消費者身邊的權威鑑定所」。IGI 的專利發明和技術有雷射刻字、暗室照片、國際八心八箭評價標準等，並首先開創了 3EX 切工評價體系，該體系是目前國際通行的標準鑽石切工等級評價方法。

INTERNATIONAL GEMOLOGICAL INSTITUTE

SCIENTIFIC LABORATORY FOR THE IDENTIFICATION AND GRADING
OF DIAMOND AND COLORED STONES
EDUCATIONAL PROGRAMS

Expertise issued by I.G.I (HK) Ltd.
Suite 302, 3ʳᵈ Floor, Aon China Building
Queens Road 29, Central - Hong kong
Tel. +852 2522 9880 - Fax +852 2522 9887
E-mail : hongkong@igiworldwide.com
www.igiworldwide.com

HEARTS & ARROWS DIAMOND REPORT

This report is a statement of the diamond's identity and grade including all relevant information.

① NUMBER　M1D12345　　　② HONG KONG, June 1, 2007

LABORATORY REPORT (ORIGINAL)　　TO WHOM IT MAY CONCERN.

The diamond described is commonly referred to in the trade as «Hearts & Arrows»
Tested with «Hearts & Arrows» gemscope
The symbols do not usually reflect the size of the characteristics.
Red symbols indicate internal characteristics.
Green symbols indicate external characteristics.

③ DESCRIPTION　　　NATURAL DIAMOND
④ SHAPE AND CUT　　ROUND BRILLIANT

⑤ CARAT WEIGHT　　1.10 CARAT
⑥ COLOR GRADE　　　E
⑦ CLARITY GRADE　　VVS 1
⑧ CUT GRADE　　　　EXCELLENT

⑨ POLISH　　　　　　EXCELLENT
⑩ SYMMETRY　　　　EXCELLENT

⑪ Measurements　　6.61 - 6.64 x 4.05 mm
⑫ Table　　　　　　57%
⑬ Crown Height - Angle　14.5% - 34°
⑭ Pavilion Depth - Angle　43% - 40.7°
⑮ Girdle Thickness　THIN TO MEDIUM (FACETED)
⑯ Culet　　　　　　POINTED
⑰ Total Depth　　　62%
⑱ FLUORESCENCE　　NONE

⑲ COMMENTS　　　Hearts & Arrows
"IDEAL CUT ROUND BRILLIANT"
Laserscribe on Girdle:
IGI M1D12345

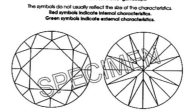

(Insignificant external details, visible under high magnification only, are not shown)

⑳

IGI M1D12345

㉑ CLARITY GRADE:　Internally Flawless　VVS₁　VVS₂　VS₁　VS₂　SI₁　SI₂　I₁-P₁　I₂-P₂　I₃-P₃

㉒ COLOR GRADE :　D　E　F　G　H　I　J　K　L　M　N　O　P　Q　R　S-Z　FANCY COLOR

PROPORTION - MARGIN: ± 1%
MEASUREMENTS - MARGIN: ± 0.02mm

The gemological analysis of diamonds, precious stones and other minerals must be carried out by gemologists with many years' experience in this field who have a keen sense of the professional code of ethics governing their work as well as a thorough knowledge of crystallographic, optical and physical phenomenon.

The identification of the various species and varieties of stones, the distinction between natural and synthetic material, as well as various treatment methods currently encountered are all very sensitive factors. More specifically for diamonds, the laws of refraction and dispersion of light, the related geometric data as well as knowledge of all aspects involved in the cutting process are essential.

This gemological report is provided upon request of the customer and/or the owner of the gem. By making this report I.G.I. does not agree to purchase or replace the article. Neither I.G.I. nor any member of its staff shall, at any time, be held responsible for any discrepancy which may result from the application of other grading methods. Neither the client nor any purchaser of the gem shall regard this Report as an appraisal nor as a guaranty or warranty.

This report is subject to the terms and conditions set forth above and on reverse.
© 2006

IGI 鑽石鑑定證書。（圖片提供：IGI 上海實驗室）

編號位置	項目	說明
1	證書編號	與每顆鑽石腰部的雷射刻字對應，且此編號是唯一的，可憑此號碼上網查詢，用十倍放大鏡也可在鑽石腰部看見這個號碼。
2	證書出具的時間、地點	
3	鑽石描述	
4	切工形狀	
5	克拉重	鑽石裸石的重量。
6	顏色等級	IGI 將鑽石從完全無色到黃色用字母從 D 到 Z 表示，最好的無色鑽石是 D 色，Z 色等級最低。
7	淨度	IGI 根據鑽石內部瑕疵的性質、數量、可見程度，將鑽石的淨度分為 IF-VVS-VS-Si-I 幾個大等級，淨度逐漸降低。
8	切工	打磨切割達成的比例，決定了鑽石能否呈現良好的火彩和閃光。
9	拋光	
10	對稱	
11	尺寸	
12	桌面百分比	
13	冠部角度百分比	
14	亭部角度百分比	
15	腰圍厚度	
16	尖底	
17	總深度	
18	螢光反應	
19	備註	此粒鑽石為八心八箭。
20	腰圍雷射刻字	證書編號
21	淨度尺規	
22	顏色尺規	
23	雷射標籤	此為證書的防偽標誌。

IGI 小證書 1 克拉以下（圖片提供：IGI 上海實驗室）

IGI 大證書 1 克拉以下（圖片提供：IGI 上海實驗室）

4. 中國國家珠寶玉石質量監督檢驗中心（NGTC）

NGTC是中國依法授權的國家級珠寶玉石質檢機構，通過了國家級產品品質監督檢驗機構的資質認定（計量認證、授權認可）、實驗室認可，為中國珠寶玉石首飾檢測方面的權威機構，並被指定為國家級科技成果鑑定機構、進出口商品檢驗實驗室、中消協商品指定實驗室。

中心在北京、深圳、上海、番禺、香港等地設有一流的實驗室，是中國首家全面實現網路化管理的珠寶檢測機構，在管理體系、技術力量等方面皆達到國際領先水準。可以說，如果鑽石想要在中國銷售，除了具備國際上的權威鑑定證書外，NGTC的證書是必不可少的。

提供服務包含質檢、工商、公安、司法、海關等政府部門的監督抽查檢驗、仲裁檢驗、委託檢驗；進出口珠寶玉石首飾的檢驗；或為各珠寶公司、加工廠、批發商、零售商提供批量委託檢驗服務；亦可為消費者提供委託檢驗，同時也致力於珠寶知識的諮詢普及。

中國國檢證書封面。

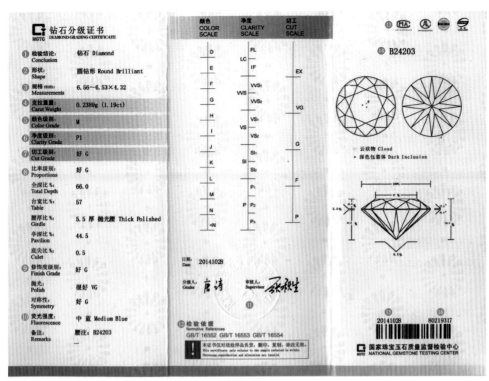

1 克拉證書（大證）。

編號位置	項目	說明
1	檢校結論	被檢驗物品的類別，此證書是鑽石的檢驗結果。
2	形狀	鑽石的琢型，一般以標準圓鑽型為主，也有花式切工的鑽石。
3	規格尺寸	記錄鑽石的最大直徑及全身各部位的尺寸，表示方法為最大直徑 × 全深，以公釐為單位。
4	克拉重量	裸鑽的質量單位為克拉（ct），也可用克（g）做為單位；鑲嵌鑽石通常以總重量表示。
5	顏色級別	依《鑽石分級標準》（GB/T16554-2010）的顏色分級原則，從完全無色的 D 到帶有黃褐色的 Z，共分二十三級。其中 D、E、F 級屬於無色範圍；G、H、I、J 級屬於接近無色範圍；K、L、M 為微淡黃色；N 以下為淡黃。
6	淨度級別	鑑定分級師在十倍放大鏡下觀察鑽石的內、外特徵，從而確定級別：LC（無瑕）、VVS（極微瑕）、VS（微瑕）、SI（小瑕）、P（重瑕）五個大級別或十一個小級別。
7	切工級別	分為極好、很好、好、一般等。
8	比率	應有全深比、臺寬比、腰厚比、亭深比、底尖比等參數的測量值。
9	修飾度級別	分為極好、很好、好、一般、差等。
10	螢光強度	按鑽石在長波紫外光下發光強弱分為強、中、弱、無四個級別。
11	鋼印	NGTC 鋼印，觸摸有凹凸感。
12	檢驗依據	鑽石分級證書還須標明所依據的國家標準，具體有 GB11887（貴金屬純度的規定及命名方法）、GB/T18043（貴金屬首飾含量的無損檢測方法 X 射線螢光光譜法）、GB/T16552（珠寶玉石名稱）、GB/T16554（鑽石分級標準）等。
13	證書認證標誌	
14	證書編號	
15	發證日期	
16	校驗編碼	

中國檢定鑽石分級證書上常見的認證標誌

中國的鑽石鑑定與分級證書上常有「CMA」、「CML」、「CNAL」標誌，這些認證標誌可以判斷該證書的權威性及可信性。

一、計量認證標誌── CMA 標誌

《中華人民共和國計量法》規定，為保證檢測資料的準確性和公正性，所有向社會出具公證性檢測報告的品質檢測機構必須獲得「計量認證」資質，否則構成違法。計量認證分為國家級和省級，分別適用於國家級品質監督檢測中心和省級品質監督檢測中心。在中國境內從事面向社會檢測、檢驗產品的機構，必須由國家或省級計量認證管理部門會同評審機構評審合格，依法設置或依法授權後，才能從事檢測、檢驗活動。

二、國家質量審查認可的檢測、檢驗機構認可標誌── CAL 標誌

具有此標誌的機構有資格做出仲裁檢驗結論，具有 CAL 主要意味著檢驗人員、檢測儀器、檢測依據和方法合格，而具有 CAL 標誌的前提是計量認證合格，即具有 CMA 資格，其次機構的品質管制等方面也符合要求，由此可以具有 CAL，這比僅具有 CMA 的機構，在工作品質和可靠程度方面更進一步。

三、中國實驗室國家認可標誌── CNAL 標誌

這是中國實驗室國家認可委員會的機構標誌。當 CNAL 下面註明代號時則是某實驗室被認可的標誌。中國實驗室認可委員會是中國唯一由政府授權、負責對實驗室進行能力認可的機構。獲 CNAL 認可後，由 CNAL 授權的簽字人簽發的報告才可以使用 CNAL 標誌。「實驗室認可」目前是國際上通行的做法，也是供需雙方乃至政府、軍方、法庭等選擇實驗室時，對實驗室能力進行判斷、進行信任的最有效途徑。

四、國際實驗室認可合作組織認證標誌── ILAC 標誌

國際實驗室認可合作組織成立於 1996 年，其宗旨是透過提高對獲認可實驗室出具的檢測和校準結果的接受程度，以便在促進國際貿易方面建立國際合作。其章程是在能夠履行這項宗旨的認可機構間建立一個相互承認協定網路。中國實驗室國家認可委員會於 2001 年 1 月 31 日與國際實驗室認可合作

組織簽署多邊相互承認協定，並於 2005 年 1 月獲得了 AC 批准使用「ILAC—MRA」國際互認標誌的許可，這表明經過 CNAL 認可的檢測實驗室也可使用 ILAC—MRA 標誌。

五、中國合格評定國家認可委員會認證標誌—— CNAS 標誌

中國合格評定國家認可委員會於 2006 年 3 月 31 日正式成立，是在原中國認證機構國家認可委員會（CNAB）和原中國實驗室國家認可委員會基礎上整合而成的。它是根據《中華人民共和國認證認可條例》的規定，由國家認證認可監督管理委員會批准設立並授權的國家認可機構，統一負責對認證機構、實驗室和檢查機構等相關機構的認可工作。

鑽石分級證書的真偽主要從以下幾個方面進行判別：

一、鑽石分級證書必須有單獨的編號、鋼印及防偽標誌，倘若對證書上的內容有所懷疑，可以電話查詢珠寶首飾是否由該檢測機構出具，上網將證書編號輸入該機構的證書查詢系統進行查詢。

二、鑽石鑑定與分級證書上必須有該檢測中心的地址、電話、傳真等聯繫方式，如果對該機構有所懷疑，可以致電當地工商部門核實這個鑑定機構是否存在。

三、鑽石分級證書必須有兩個以上鑑定師的簽名，簽名是鑽石分級師本人手簽，最好不要列印。

各地區實驗室資料

北京	單位：國家珠寶玉石質量監督檢驗中心 地址：北京市北三環東路 36 號環球貿易中心 C 座 22 層 郵編：100013 電話／傳真：+86-10-58276000
深圳	單位：國家珠寶玉石品質監督檢驗中心深圳實驗室 地址：羅湖區貝麗南路 4 號珠寶檢測中心大廈 15 層 郵編：518020 電話／傳真：+86-755-82912709
上海	單位：國家珠寶玉石品質監督檢驗中心上海實驗室 地址：上海市浦東新區世紀大道 1701 號鑽石大廈 11 層 郵編：200122 電話／傳真：+86-21-50470957
番禺	單位：國家珠寶玉石品質監督檢驗中心番禺實驗室 地址：廣州市番禺區沙灣鎮福湧珠寶產業園綜合大樓 3 樓 郵編：511483 電話／傳真：+86-20-84733922
香港	單位：國家珠寶玉石品質監督檢驗中心實驗室（香港）有限公司 地址：香港中環都爹利街 8-10 號香港鑽石會大廈 5 樓 A 室 電話／傳真：+852-21218517、+852-36918599

出門篇

1 │ 鑽飾的選購

　　鑽石首飾的無窮魅力讓所有女性為之傾倒，希望透過佩戴鑽石飾品來展現自己不同的個人氣質。如果佩戴了合適的首飾，會讓你光彩奪目，成為萬眾矚目的焦點；而如果選擇了不合時宜的首飾，則會讓形象大打折扣。但每個人的外表、氣質、年齡、職業不同，所處的社會環境、生活狀況也千差萬別，因此選購鑽石飾品也是一門技術。

圓明亮白鑽石戒指與吊墜，主題明晰，簡單直接，風格大氣、時尚。（圖片提供：鑽石小鳥）

如何選購鑽戒？

多數人求婚會刻意安排浪漫。有個廣告場景是夏季的夜晚，有一對年輕人在游泳池旁談情說愛，忽然天空掉落一顆流星到游泳池裡。這時男主角立刻跳到游泳池裡，隨手拿出一顆閃亮的鑽戒向女主角說：「妳願意嫁給我嗎？」每一個女孩都會被這個場景感動，說出「I do」（我願意）。這個廣告播出後，臺灣因新婚而買鑽戒的比例提高二～三成。

鑽戒可以自用、求婚，也可以當小孩的成年禮、結婚週年紀念品等，用途非常廣泛。你們會好奇阿湯哥結婚時用什麼樣的鑽戒嗎？我選的是一個18K白金對戒，自己挑的裸石，自己設計款式，自己找鑲工，總共花了約55,000元。你們可能會疑惑阿湯哥為什麼不買1克拉的鑽戒呢？我覺得低調的人如果戴1克拉的鑽戒，無論工作還是到野外都很不方便，稍不注意就會撞傷、損壞戒指。況且，大小沒有關係，重要的是夫妻同心。目前，年輕人都買得起30分的鑽戒，等結婚十週年、二十週年可以再挑1克拉或者2克拉的，比較有紀念價值。

1. 少女（求學階段）

年輕的女孩子正處於活力四射、展現青春魅力的時候，正在建立穿戴風格。

大顆的梨形切割白鑽戒指，求婚成功指數百分百。（圖片提供：鑽石小鳥）

花式切割白鑽戒指，與白晰的手指搭在一起，羨煞多少追求美好氣質的女人。（圖片提供：鑽石小鳥）

但這個年齡的消費者，經濟能力有限，建議選購新潮、時尚，克拉比較小的花式切割鑽石。最好不要佩戴風格偏於傳統、高檔名貴的珠寶首飾，以及三件以上的多件成套首飾。

皮膚偏黑的女孩，適宜佩戴透明度好、顏色較淺的鑽石，或戒面較寬的戒指，這類色調的美麗流入表面，晶瑩中閃動著柔情，能充分表現瀟灑的個性，以及調和之美；膚色偏黃的人，不適合戴紫色和玫瑰色的戒指，如果特別喜愛的話，選擇金色系的戒指，可以掩飾顏色不搭的缺點；膚色較白的女性，選擇較多，不過適合自己的才是最好的。

2. 家庭主婦

對於成熟女性而言，端莊經典的設計款式是最佳的選擇，不宜佩戴顏色豔麗、造型太特別的鑽石首飾。手指修長的纖手戴寬闊的指環、鑲單粒長方形或橄欖形鑽石，會使手指更有吸引力。手指豐滿而指甲修長者則可選擇圓形、梨形和心形的鑽石。

款式方面可大膽創新。手指短小的女性應盡可能挑有稜角和不規則的設計，鑲有單粒梨形和橢圓形鑽石的戒指，可使短小的手指顯得較修長。此外還需注意鑽戒的寬度，寬闊的戒指環會使手指看起來顯得更短小。

我的表姐有次請我幫她清洗鑽石，順便估量鑽石是否磨損。結果我用放大鏡觀察，發現裡面非常乾淨，沒有什麼雜質，用導熱探針幫她檢測一下，也沒有發出「嗶嗶」聲反應。我驚覺這不是真鑽，是「蘇聯鑽」，也就是方晶鋯石。表姐得知後非常生氣，因為已經被騙了幾十年，差點鬧離婚。所以我提醒大家，學點鑽石鑑定知識是非常有用的，千萬別被人唬弄了。

3. 職業女性

這一年齡段女性的最大特點是個人風格已基本定型，應有自己與眾不同的獨特之處，才更顯成熟的風韻。例如從事攝影師、畫家、設計師等藝術類職業的女性，可以選擇較特別而個性化的飾物，表達自由、浪漫的風格；而行政人員、律

簡約造型、四爪鑲圓明亮白鑽戒指。我喜歡坐在咖啡廳靠窗的位置，與三五好友一起，戴著老公送的定情戒指，度過甜蜜的下午茶時光。（圖片提供：鑽石小鳥）

師、教師等工作性質較嚴謹和嚴肅的女性，則適宜佩戴線條簡潔、造型簡約的款式，顯得沉穩大方，做事穩重。至於鑽石切割形狀，憑第一感覺，喜歡就下手吧！

4. 貴婦

出席一些晚會、酒會、婚禮等重大的場合時，人們一般都會穿著正式禮服，這時要選擇一些較名貴或奢華的鑽石飾品款式來與之相襯。建議佩戴密鑲鑽戒和高級訂製美鑽項鏈，搭配輕柔質地的洋裝，展現成熟與自信，既與眾不同又讓人感到親切。大顆的彩鑽，不管是黃彩鑽與粉紅彩鑽都可以在晚宴中迷倒很多來賓，也顯示夫家的事業地位。

如何選購鑽石吊墜？

戴比爾斯有個廣告：一個女孩在窗戶旁邊利用玻璃來看她的鑽石吊墜，結果鑽石的光芒反射到店裡，吸引了正在剪頭髮的帥哥，他一扭頭，結果頭髮被剪掉一半，這就是「都是鑽石惹的禍」。這個廣告在臺灣推出了三個作品，賣了幾億的業績，而且滿街都是仿冒品。

簡約造型白鑽
吊墜，適合情
竇初開的小資
女。（圖片提
供：鑽石小鳥）

美麗的白鑽吊墜，使得佩戴者閃
閃發亮。（圖片提供：Hearts on
Fire）

　　如今，吊墜也成為女性朋友們的一大愛好。有些人工作戴戒指不方便，也更加偏愛吊墜，我很多朋友都不太愛戴戒指，更喜歡 30 ～ 50 分的鑽石吊墜。多數人不知真假，而且吊墜最適合送禮，因為不需要量尺寸，短的 14 ～ 16 英寸，長的 18 ～ 20 英寸。

　　我三十歲時，在爸媽結婚四十週年用 15 萬（我三個月的薪水），買了一顆鑽石吊墜送給媽媽當作紀念品。媽媽很開心，她並不知道價錢，也不捨得戴，只有在重要場合才戴，並且逢人就說是兒子買給她的。沒想到一次回家時，媽媽告訴我吊墜弄丟了，因為她把吊墜和其他飾品放在一起，大姐的孩子來玩耍時弄丟了。我跟媽媽說明價錢後，她很心急，也很自責，直說要把錢還給我。在這裡要告誡擁有珍貴吊墜的朋友們：珍貴的東西都要小心地放在保險箱，不要和其他的物品或者飾品堆放在一起。

　　年紀較輕的小資女，吊墜愈簡單愈好，可以用 10 ～ 20 分小鑽搭配不同造型 K 金款式；職業婦女則可以用 30 ～ 50 分鑽石搭配一圈或垂釣小鑽；至於貴婦則可以穿低領衣服，走華麗奢侈風，1 ～ 2 克拉主石，鑲滿二圈鑽石，多任性啊！

　　身材嬌小的人可以選擇簡單而靈動的款式，抑或是細長形的項鏈，有拉長身形的效果，看起來更加高䠷；但是不太適合巨型複雜款的鑽石吊墜，會讓身形更顯得小，自身氣場壓不住首飾帶來的光芒。如果是身材勻稱的人，則可以選擇鏈

條複雜或是鑽石花俏的款式，彰顯自己的優點，也能突出飾品的效果。

　　佩戴鑽石吊墜，除了要與身形合理搭配，與服裝相互呼應也是不可少的。鑽石吊墜戴在頸間，最主要的就是與衣服的領子搭配。例如常見的小翻領衣服，如果搭配的吊墜過短，本來開口很小的衣服就會顯得更擁擠，而項鏈過長又會被衣服遮住，所以吊墜的長度選擇垂至衣領口中間部位最適宜；而一字領的禮服，如果選擇過長的吊墜，會和衣領沒有呼應而失去應有的效果，所以選擇長度與領口線剛剛好交叉的吊墜，效果最好；而 V 字領的領口線條十分簡潔而明快，吊墜也要與這種風格呼應，簡潔大方、具有時尚感的吊墜款式是最佳選擇。

如何選購鑽石耳環？

　　耳環不僅是女性的專利，現在男生也愛戴耳環，耳環分為耳釘（後面有鎖扣）、耳掛（直接穿過去掛著就行）。多數人喜歡簡潔的 30 ～ 50 分鑽石耳環，貴婦通常選擇 1 克拉左右的；男士喜歡戴單邊耳環；還有人在耳朵上打很多耳洞（一整排），但通常不用真鑽，而用假的飾品。

　　我最喜歡復古流蘇形耳環，既端莊又雍容華貴，還能表現出婉約的氣質，最吸引男性。有些耳環因為耳扣鬆動很容易掉，例如後扣式耳環不鎖住就容易掉落，所以戴這種耳環的朋友們請小心。

　　在耳環選擇上，方形臉或三角形臉的女性，選擇圓形或樹枝狀耳飾能夠調整觀者的視覺，使方形或尖形的下顎不那麼突出；對於橢圓形、鵝蛋形臉或瓜子臉的女性而言，佩戴吊墜款式和長形款式效果較佳，因為吊形和長形的耳飾與橢圓形臉更覺相配，能使尖削的下巴看起來顯得寬大一些；圓形臉的女性應盡量避免圓形的鑽石耳飾，正確的選擇是方形或其他梨形、橄欖形的款式，而

記得初次相遇，你送我的耳釘嗎？我仍然珍惜如昨日，即便你不在身邊，看到它便記起你的樣子。（圖片提供：鑽石小鳥）

且要緊貼面龐佩戴，這樣圓臉看上去就沒有那麼渾圓了。如果顴骨較高，那麼適宜選擇一款細小的鑽石耳釘，最好是珠形的或圓的，使臉部輪廓顯得較柔和。

不管我如何建議，還是自己或老公看了喜歡最重要，還有不要讓頭髮遮住漂亮的耳環，不然就白費力氣了。

如何選購鑽石手鏈？

手鏈一般在夏天配戴，合適的手鏈也能吸引大眾目光，我姐姐公司有個同事，夏天時很愛戴手鏈，尤其鍾愛垂吊式手鏈，自從佩戴這種手鏈，她的異性緣就非常好，結果那一年冬天就交到了男朋友，隔年就結婚，現在已經是兩個孩子的媽媽了。

相信現在你也想擁有這麼一條彰顯自己魅力的手鏈，在選擇手鏈時要注意了！手腕纖細、骨骼不明顯的女性，適合佩戴任何基本鏈、造型鏈或主題鏈；手腕纖細、骨骼明顯的適合佩戴兩條基本鏈，讓手腕更柔美；手腕豐潤、骨骼不明顯的女性適合款式稍寬的造型鏈或主題鏈，亮麗大方；而手腕豐潤、骨骼明顯的則適合個性化的造型鏈或主題鏈，將注意力從手腕轉至手鏈。總而言之，在鑽石手鏈的佩戴上，也需搭配身上的服飾及其他珠寶，才能彼此相互輝映，增添個人魅力。

如果你還在戴翡翠手鐲，那就 out 了。夏天來了，為自己買條鑽石手鏈，要談業務，要約會，都是必勝的武器。（圖片提供：鑽石小鳥）

這一款鑽石手鏈，可以做為父親送給女兒的大學畢業禮物。在自己人生成長過程中的每一個關鍵時刻，鑽石凝聚著親人對我們永恆不變的愛，給我們引導和力量。（圖片提供：鑽石小鳥）

如何選購鑽石套鏈？

　　套鏈是明星出席某些重要場合的必備裝飾品，我認為范冰冰佩戴各種套鏈都很漂亮，但並不是所有人都適合佩戴套鏈。我曾經參加一個上司子女的婚禮。婚宴在五星級酒店舉辦，富麗堂皇，但最奪目的還是新娘佩戴的一套超過 20 克拉的豪華套鏈，粉紅色的鑽石套鏈搭配白色婚紗，秒殺在場的所有女性。當然，這與她的天生條件也有關係，最重要的是她很會搭配。因此，女性朋友們在搭配套鏈時也要根據自身的情況，不要盲目佩戴。

　　套鏈要與身材和服裝色彩保持和諧，才能相得益彰。身材修長、體態輕盈的女性應選擇鑽石顆粒較小、長度稍長的套鏈；體態豐腴的女性適合佩戴顏色較淺、顆粒較大的寶石套鏈。套鏈搭配好比穿衣服，體態胖一些的穿稍微寬大的衣服反而不顯得胖，如果胖子穿瘦衣便處處顯得緊繃，更不協調。與服裝色彩搭配方面，套鏈的顏色應該與服裝的色彩成對比色調，形成鮮明的對比。穿單色或素色服裝要佩戴色澤鮮明的項鏈款式，使首飾更加醒目，服裝色彩也顯得豐富。穿色彩鮮豔的服裝應該佩戴簡潔單純的項鏈，項鏈才不會被豔麗的服裝顏色所淹沒，並與服裝色彩產生平衡感。

白鑽套鏈，小碎鑽鑲嵌在幾何圖形內，給人無盡的想像空間，適合時尚圈人士佩戴。（圖片提供：鑽石小鳥）

不同髮型如何搭配鑽石？

1. 挽髻

　　挽髻的特點在於體現女性的端莊高貴之美，我建議可搭配小型鑽石耳環、圓戒或花戒，例如具有垂墜式或者吊燈式耳環，會給人留下深刻印象，更添女

頭髮完全挽起，膚色稍黑，可以佩戴簡單的花朵型耳釘，中間鑲嵌一顆 30 分或 50 分的鑽石，散發出魅惑之感。（圖片提供：鑽石小鳥）

下巴稍尖，瓜子臉，頭髮短中帶捲，佩戴簡單的四爪鑽石耳釘和 1 克拉以上的單粒鑽戒，顯出小公主般可愛和純真之美。（圖片提供：鑽石小鳥）

人味。同時應該盡量避免設計感十足的現代個性款鑽石首飾，以免破壞柔和溫婉的整體形象。

我有位鄰居林小姐，平日性格活潑外向，性格男性化，以最近中國的流行詞「女漢子」來形容她，非常貼切。豪爽獨立的性格為她帶來頗好的朋友緣，卻斬斷了多數桃花，導致已年近三十仍然單身，每天奔走於相親。即便是大型相親聯誼，不善化妝和著裝的她常在第一輪見面時便被發好人卡。

後來林小姐有了男朋友，大家直呼好奇，追問之下才知道她在一次相親前，一位好朋友強迫她臨時將馬尾變換為挽髻，同時戴上友人借給她的豪華吊燈式鑽石耳環。身著牛仔褲、白襯衫的她，在華麗古典的鑽石耳飾與端莊挽髻的襯托下，給很多男士留下了高貴獨特的印象，她的男朋友當然也在其中。

2. 短髮

短髮的女人總給人一種乾淨俐落之美，這種髮型顯然只要遵循「短配短」的搭配原則，就可以輕鬆打造出成功的商業女性形象。我建議短髮者可選擇 K 金鑲鑽項墜的細項鏈，以及鈕扣式耳環，加強精明幹練的特點。

對於短髮女性而言，單顆鑽石是必備品，此外短髮與各種簡單精巧的耳釘也是百搭組合，兩者相襯，質感倍出，讓人感受到職場女性的幹練之美。

3. 秀長捲髮

燙髮可以同時獲得時尚與嫵媚兩種特質，可以根據不同需求佩戴新潮個性或柔美華貴的首飾，從而打造出相襯的獨特個性或雍容氣質。我認為秀麗的捲燙髮與鑽石的搭配，最能體現出創意與個性的魅力。此時鑽石耳環是一種非常好用的祕密武器，千萬不要小看它的威力。

我身邊一位職場女性宋小姐就是捲髮與鑽石搭配的最佳典範。她喜歡跑party，但做為忙碌的上班族，下班後通常沒有時

頭髮稍捲，鵝蛋臉，戴菱形造型鑲滿小碎鑽的耳釘，嫵媚動人。（圖片提供：鑽石小鳥）

間換裝，要直接赴約。這對她不是難事，原因在於她有許多可以瞬間改變風格的絕佳武器，也就是各種華麗或搖曳生姿的耳環。她時而戴上群鑲小鑽的吉普賽耳環，搭配落肩捲髮，神祕魅力撲面而來；時而故意只戴一邊或者兩邊款式不同，打造出充滿創意的青春氣息，藉由捲髮與鑽石耳環的完美契合，被眾多上班族冠上party變裝女王的封號，迷人指數百分百。

4. 結辮

結辮可佩戴耳釘、髮夾、小型耳環、細項鏈，以襯托俊秀。

長髮挽起，可以戴有一排小碎鑽的耳釘，顯得更加小清新。（圖片提供：鑽石小鳥）

5. 披肩直髮

　　有著披肩髮或更長頭髮的人，需選用更引人注目的耳環，長髮與狹長的耳墜搭配可顯示淑女的風采。通常選用垂吊式耳環、K金鑲鑽耳環。同時色彩也要醒目一些，給人一種長髮飄飄，耳墜如風鈴般叮叮作響的美人圖印象。項鏈宜短不宜長，以增加現代感。

不同臉形如何搭配鑽石？

　　人的臉形各異，如何搭配才好？只要掌握最基本的搭配技巧就能美美地出門，成為一道亮麗的風景！

1. 鵝蛋臉或瓜子臉

　　如果您具有這種符合傳統的臉形，恭喜您完全符合東方女性的審美標準，可以嘗試佩戴各種款式的鑽石飾品，怎麼戴怎麼出色，例如林志玲、范冰冰。

2. 圓形臉

　　擁有圓形臉的女性通常臉下方顯得過寬，因此佩戴鑽石應該選擇能拉長臉部線條的流線形鑽石耳飾或項鏈，我建議選擇垂墜式耳環或T字形項鏈，如果再搭配上馬眼形或水滴形狀的切割鑽石，相信效果會更出色。

　　另外，提醒您不要輕易嘗試圓形、吊燈形的耳環，避開上窄下寬的三角形，還有盡量不要選擇粗、短的項鏈佩戴。我的朋友陳小姐和孫小姐都是珠寶的忠誠愛好者，我們三人連同其他朋友有機會拜訪斯

里蘭卡一位藍寶石礦主的珠寶藏品，其中一套 CP 值很高的鑽石鑲嵌藍寶石套飾格外奪人目光，大家都表現出極強烈的購買意願。但由於只有一套，最後只剩下購買意願最強烈的陳小姐和孫小姐，兩個人都表達出自己對這套首飾的深愛，難分伯仲，均不捨得放棄。兩人協商試戴這一套首飾，並決定由試戴最適合者購買。試戴前孫小姐信心滿滿，因為無論在容貌、膚色和年齡上，顯然比已近中年的陳小姐更有優勢，可是當兩人試戴過後，大家都表示這一套首飾更適合陳小姐，原因到底在哪裡呢？

原來這一套首飾形狀均是圓形，搭配同是圓形臉的孫小姐反而使得臉部更寬而臃腫，而戴在方形臉的陳小姐身上，卻恰好中和了陳小姐臉形的剛硬線條，使她煥發出女人溫婉高貴的氣質。最後在孫小姐本人也認同的情況下，陳小姐因臉形優勢成功地購買到喜歡的鑽石首飾。

3. 三角形臉

三角形臉的人通常臉部整體感不飽滿，需要盡力緩和下巴部分的線條，使臉部下方看起來更飽滿，通常短項鏈或橫條紋的鑽石飾品都是不錯的選擇，但我要提醒擁有這種臉形的讀者，請不要搭配過長的鑽石飾品，以免整體視覺有往下墜的效果，同時請慎重選擇尖線條的耳環或項鏈。

我曾在一次首飾設計大賽中看到一位年輕在校設計師的作品，以 V 字形元素為主體設計項目，透過巧妙地組合使首飾充滿一種時尚的靈性，同時不失大氣。可惜在最後的展示環節，設計者被分配到一位三角形臉的模特兒，首飾的主體尖線條與模特兒的臉部線條顯然發生了一定的衝突，使畫面看起來尖角形元素過多，產生不協調之感。幸而評委當場發現展示搭配上的漏洞，客觀地進行了分析，使這位年輕設計師的作品沒有因為搭配失誤而受到連累，依然獲得了三等獎。

4. 方形臉

與圓形臉相反，擁有方形臉的人通常看起來比較嚴肅，因此需要柔化整個臉部的剛硬線條，我建議優先選擇能緩和、修飾剛硬線條的曲線或者圓形鑽石耳環、項鏈。此外，佩戴V字形項鏈再加上一個吊墜可以增加臉部柔和感，看起來比較修長，也是一個不錯的選擇。

我們常看到許多幹練的職場女強人，能力強、成績卓越，卻容易被異性誤解為不容易接近；如果再有一張方形臉更是苦惱，真的不知該怎麼向世界表白自己也是嫵媚的女性。

我認識的陸小姐就有這樣的苦惱，她就職於國內一家知名的傳媒公司，一路憑藉高效執行力和解決問題的有效性稱霸職場。做為公司的主管人員，陸小姐發現新員工或剛開發的客戶對她都有一種生疏的敬畏感，這種尷尬的氣氛常使工作遭受不必要的小麻煩。她也被貼上了女強人的標籤，感情生活一直空白。在一次反思後，她決定徹底改變形象，原來的她是標準國字臉配上短髮，配飾也只是簡單的兩個單鑽耳釘，看起來異常嚴肅、強勢無比。改變後的捲髮大大柔化了臉形的生硬，同時巧用垂墜式鑽石耳環和動物造型的鑽石胸針，彰顯輕鬆的品味與氣質，展現專業也不失女人味，有氣勢而不強勢。她很快便擺脫了鐵面女強人的標籤，成功轉化為具有優雅迷人氣息、受人歡迎的新職場女性形象，那一年就認識了現在的老公，孩子現在都上小學一年級了。

鑽石的保養

1. 清潔液自行洗淨法

用一個小碗或茶杯盛裝溫水（38 ～ 40℃，通常是洗澡熱水的溫度），在水中調好適量的中性清潔劑，將鑽石浸泡在其中，用牙刷輕輕刷洗，再用一個網篩

兜住，在水龍頭下用溫水沖洗。最後用一條柔軟的無棉絨布擦拭乾淨即可。每個人都可以自行在家中清洗。若是天天佩戴，戒圈內或者吊墜背面可能會卡汙垢或灰塵，通常半個月清洗一次就可以讓它閃閃動人了。

2. 遠離漂白劑

請不要讓鑽石首飾沾上含氯的漂白劑，它雖不會損壞鑽石，但是會使鑲托褪色或變色。若是 K 金褪色，可以拿去珠寶店重新電鍍，大約 500～1,000 元，電鍍完就像全新的戒指一樣了。如果您是店家的老顧客，甚至可能不會收費。

3. 定期清洗

鑽石對油脂具有親和性，容易沾上皮膚油脂、化妝品及廚房油汙而失去光澤，因此應定期清洗，通常半年一次，也可以順便看看店家那裡有沒有最新的款式。

4. 做事時不佩戴

洗碗或做粗活時不要佩戴鑽石，鑽石雖然堅硬，但是若依其紋理方向受到重擊可能會有刮損的危險，有位朋友曾在吵架的時候不慎將鑽戒摔壞了。

5. 定期年檢

每年將您的鑽石飾品拿給珠寶商檢查一次，查看鑲托是否鬆脫與磨損，重新固定和擦亮，若感覺搖動就馬上送回店裡檢修，以免鑽石掉落。

6. 單獨放置首飾盒

收藏、保管鑽飾時應單獨放置，避免與其他首飾混合，否則堅硬的鑽石會將其劃傷，尤其應與黃金、珍珠、珊瑚、琥珀這些寶石首飾分離。因黃金較軟，如與鑽飾放在一起或佩戴在一起，很容易受損。另外，黃金也容易使白金變黃，影響色澤。

不同手指佩戴鑽戒的講究

戴戒指是有講究的。依照西方的傳統習慣來說，左手顯示的是上帝賜給你的運氣，因此戒指通常戴在左手上。國際上比較流行的戴法是：食指——想結婚，表示未婚；中指——已經在戀愛中；無名指——表示已經訂婚或結婚；小指——表示獨身。

戒指自古以來具有強烈的象徵意義，因此戴法很講究。在中國，每隻手指戴戒指的含義與國際標準有所不同。

左手：

小指——代表終身不嫁或不娶。

無名指——代表已婚，名花有主，宣示主權，一定要看清楚！

中指——代表訂婚，現代年輕人不一定會遵照傳統，正式舉行訂婚，所以也可以代表熱戀中。臺灣有送訂婚戒指的習俗。

食指——代表現在單身，是可以讓人追的標誌。

右手：

一般未婚女性應戴在右手的中指或無名指，否則會令許多追求者望而卻步。

還有一種戒指，無論戴在哪裡都不具任何意義，只是一般的花戒，全是小碎

女士新婚婚戒佩戴無名指，舉手投足之間都洋溢著幸福甜蜜的訊息。（圖片提供：鑽石小鳥）

這一款流線造型的訂婚鑽戒，簡約低調又不失優雅、精緻，盡顯女人的溫柔、端莊。（圖片提供：鑽石小鳥）

鑽，沒有主鑽。這種戒指主要是裝飾，可以戴在任何想戴的手指上。

　　戒指戴在不同的手指上能體現與性格有關的心理含義。喜歡戴在食指者，性格較偏激倔強；喜戴在右中指者，崇尚平淡的人生觀念；喜戴在左中指者，有責任感，事業心強，重視家庭；喜戴在小手指者，比較謙卑；喜戴在無名指者，無野心，隨和，平易近人。

　　戒指不宜隨便亂戴，按習俗戴在各手指的含義不一樣，是預設的語言，也是一種信號和標誌，所以在佩戴時要細心考慮，保守的人會很在意，以免鬧出笑話。

Tip

現在男女佩戴鑽戒，通常就是男左女右。拋開一切習俗，很多人想戴在哪兒就戴在哪兒。戴在大拇指就是任性有錢；戴在食指通常是藝術家或直銷人員；戴在中指表示訂婚；戴在無名指表示結婚；戴尾戒有時候表示防小人；兩手十指全戴滿就是炫富。

鑽戒直徑與佩戴參考

20 分	30 分	50 分	70 分	1 克拉	2 克拉
3.8mm	4.1mm	5.2mm	5.9mm	6.5mm	8.2mm

手寸與長度對照表

手寸	長度	手寸	長度	手寸	長度
6	44.1mm	12	51.7mm	18	59.7mm
7	45.2mm	13	53.1mm	19	60.9mm
8	46.5mm	14	54.3mm	20	62.2mm
9	47.8mm	15	55.6mm	21	63.5mm
10	49.0mm	16	57.2mm	22	64.7mm
11	50.3mm	17	58.4mm	23	66.0mm

（女生手指細 6～9 號，中細 10～12 號，大 13～15 號，粗 16～20 號；男生手指細 8～12 號，中細 13～15 號，大 16～18 號，粗 19～22 號。）

怎麼量手寸？

1. 準備工具尺、筆以及紙條等。
2. 將紙條繞手指一圈（不要太緊）用筆做出記號。
3. 展開紙條用尺量記號之間的距離，量出手指一圈的周長，對照手寸對照表得出適合的戒指型號。

不同星座適合戴什麼樣的鑽戒？

1. 鑽石是最佳心靈提升的夥伴

我們常常聽到形容各式寶石的說法，卻唯有「鑽石」能毫無疑問地坐上寶石之王的帝座，鑽石是王——獨一無二的王，從物理特性和商業價值都能找到支援的論點。

商業價值沒什麼好爭論，同一顏色的寶石中，鑽石一定最貴；商業買賣上，白色的貴寶石中只有鑽石有那樣的身價。說鑽石高貴，「高」有討論的空間；「貴」是事實。

從物理特性來說，鑽石擁有最高的折射率（2.417），最高的硬度（莫氏硬度：10），這些物理特性使鑽石與其他寶石比較，註定高人一等。其高折射、高硬度的物理特性，對人體能量共振上的優勢，是其他寶石無法匹敵的，以下分別解釋：

❶ 高折射

所謂折射率，是指「光在真空中的速度」相對於「光在介質中的速度」的比率。折射率愈高，會使得通過寶石、原石的光線折射程度愈大；寶石的折射率愈大，光線也愈不容易射出寶石外，而會一直因全反射而停留在寶石內，所以光線愈是不斷地在寶石內快速反射，振動的能量也愈快速。

一個人的思維決定振動頻率的高低，思想愈正面，振動頻率愈高；愈負面，振動頻率愈低，因此想利用寶石提升我們人體的共振頻率，選擇有最高的折射率的鑽石無疑能提升最高共振頻率。我們透過利用這種高振動頻率的外在物質，拉高人體的振動頻率，進一步增加正面思維的比重，讓我們有機會用更高的視野、更寬廣的心胸去看待事情。

❷ 高硬度

硬度愈大，能量共振傳導的速度就愈快。簡單地說，就是人體對鑽石能量的

接收性是又快又適應，這是很重要的一點。如同營養一般，再好的營養，人體不能吸收就是沒用；再高層次的振動頻率或思維，如果我們不接受，甚至收不到，也是無用。

鑽石成為人類最受歡迎的寶石，不只是因為商業價值高、物理特性優異，在心靈能量層面上，鑽石也高於其他彩寶。佩戴鑽石可以使人體以最快的速度、最適應的接受度，去接收或取得較高層次的思維與靈感。大家可以看看世界上功成名就的人，幾乎都佩戴鑽石。

可是鑽石顏色種類那麼多，切割的形狀也這麼多，到底要選哪顆做為我們最佳的夥伴呢？我們從西洋占星學的角度，為大家分析。

2. 如何依照星座選擇鑽石？

❶ 顏色的選擇

西洋占星學的十二星座，從空間上可以分為火象、土象、風象、水象四大元素，從時間分類上可以分為基本、固定、變動三大維度，十二星座剛剛好就是這些空間及時間的焦點。

四大元素星座分類
火象星座：牡羊座（白羊座）、獅子座、射手座
土象星座：摩羯座（山羊座）、金牛座、處女座
風象星座：天秤座（天平座）、水瓶座、雙子座
水象星座：巨蟹座、天蠍座、雙魚座

火、土、風、水四大元素是一切空間物質的原始組成分子，相對應的是四大基本原色——紅色、黃色、綠色、藍色。但也會有其他相應變化，少數有跨星座的狀況，在顏色的選擇上要多注意，接下來為大家詳細解剖其中的奧妙：

・火象星座：紅色

建議火象星座的人佩戴紅色系的寶石，最能與本源能量相輝映，共振效果最好，所以最好的選擇當然就是正紅色的彩鑽，其次才是粉紅色、紫色彩鑽。

紅色彩鑽戒指。（圖片提供：
侏羅紀珠寶公司）

黃色彩鑽戒指。（圖片提供：
侏羅紀珠寶公司）

・ 土象星座：黃色

土象星座的人在顏色種類選擇上建議佩戴黃色系的寶石，最能與本源能量相輝映，共振效果最好，所以最好的選擇當然就是金黃色的彩鑽，其次才是橙色、咖啡色彩鑽。

・ 風象星座：綠色

風象星座的人在顏色種類選擇上建議佩戴綠色系的寶石，最能與本源能量相輝映，共振效果最好，所以最好的選擇當然就是翠綠色的彩鑽，其次才是藍綠色、墨綠色彩鑽。

・ 水象星座：藍色

水象星座的人在顏色種類選擇上建議佩戴藍色系的寶石，最能與本源能量相輝映，共振效果最好，所以最好的選擇當然就是藍色的彩鑽；其次才是紫色、灰色彩鑽。

有人一定會問，白鑽就沒用了嗎？當然不是，在顏色光譜上黑色和白色都是所有顏色的集合體，只是振動頻率高就會形成白色，振動頻率低就會形成黑色，簡單地說白色是「通用色」，不管是火、土、風、水哪種星座的都適合佩戴白鑽，不過效果沒有針對四大元素去搭配的顏色效果好。

綠色彩鑽吊墜。（圖片提供：侏羅紀珠寶公司）

藍色彩鑽戒指，適合水象星座的人佩戴。（圖片提供：侏羅紀珠寶公司）

綠色彩鑽胸針。（圖片提供：侏羅紀珠寶公司）

❷ 形狀樣式的選擇

基本、固定、變動三大維度，在時間軸上分別演示現在、過去、未來，選取形狀樣式在這裡是就主石的形狀以及首飾的設計而言。

三大維度星座分類
基本星座：牡羊座、摩羯座、天秤座、巨蟹座
固定星座：獅子座、金牛座、水瓶座、天蠍座
變動星座：射手座、處女座、雙子座、雙魚座

・基本星座：簡潔、凸顯主題

基本屬性在時間軸上的意義指的是「當下」、「現在」，因此建議選取主石圓形明亮式切割的鑽石，配石的搭配盡量簡單，整體首飾設計目標凸顯主題（主石）風格，讓人一眼就被主石吸引，這樣的風格最適宜搭配基本型星座的人。

- **固定星座：豐富、傳統設計**

固定屬性在時間軸上的意義指的是「過去」、「歷史」，歷史是既定的、不可改的、豐富的，因此在選取主石的形狀以及首飾設計上，建議以已經存在於珠寶界的「經典款」為宜。無論你的主石是選擇圓形、方形、橢圓形等，最好已經有實體設計。先選款式、再挑主石，首飾的設計可以走豐富、奢華的風格，配石的使用不用顧忌搶奪主石風采，甚至無主石設計也可以。

- **變動星座：前衛、新型態設計**

變動屬性在時間軸上的意義指「未來」，未來是過去不存在的，是全新的、新鮮的，可以挑異形鑽做為主石，例如心形切割、橄欖形切割（又稱馬眼）、梨形式切割等的鑽石。在首飾設計上建議採取比較前衛、新型態的設計，也可以改動經典款，創造全新的風格。

一個適合我們自己的首飾，愈戴愈喜歡、愈戴愈愛戴，不只可以增強自信，塑造自我風格，對於人生正面思維也有幫助。希望大家都有機會買到最適合自己的鑽石首飾。

這款綠鑽戒以綠鑽做主石，周圍有花瓣造型的白鑽做點綴，造型簡約、凸顯主題，適合基本星座如天秤座、巨蟹座佩戴。（圖片提供：侏羅紀珠寶公司）

橘鑽裸石。（圖片提供：侏羅紀珠寶公司）

這款粉彩鑽戒造型相對豐富、花瓣層疊圍繞主石，但是並不奪主石的鋒芒，適合固定星座如獅子座、金牛座佩戴。（圖片提供：侏羅紀珠寶公司）

順序	星座名稱	星座屬性	建議主石顏色	建議主石與首飾的風格
1.	牡羊座	火／基本	正紅色、粉紅色、紫色	圓形主石、首飾簡約風格
2.	金牛座	土／固定	金黃色、橙色、咖啡色	先選款式再選主石，豐富、奢華風格
3.	雙子座	風／變動	翠綠色、藍綠色、墨綠色	異形鑽主石，首飾前衛設計
4.	巨蟹座	水／基本	藍色、紫色、灰色	圓形主石、首飾簡約風格
5.	獅子座	火／固定	正紅色、粉紅色、紫色	先選款式再選主石，豐富、奢華風格
6.	處女座	土／變動	金黃色、橙色、咖啡色	異形鑽主石，首飾前衛設計
7.	天秤座	風／基本	翠綠色、藍綠色、墨綠色	圓形主石、首飾簡約風格
8.	天蠍座	水／固定	藍色、紫色、灰色	先選款式再選主石，豐富、奢華風格
9.	射手座	火／變動	正紅色、粉紅色、紫色	異形鑽主石，首飾前衛設計
10.	摩羯座	土／基本	金黃色、橙色、咖啡色	圓形主石、首飾簡約風格
11.	水瓶座	風／固定	翠綠色、藍綠色、墨綠色	先選款式再選主石，豐富、奢華風格
12.	雙魚座	水／變動	藍色、紫色、灰色	異形鑽主石，首飾前衛設計

　　非常感謝盧威任整理「星座搭配鑽戒」的文字，他最早研究西洋古典天文學將近十年，師承學派為靈魂占星學，後來由因緣際會跟隨湯老師學習寶石學，特別熱愛彩色寶石，尤其是鑽石。經過五年研究，以國外的寶石能量資料，結合星座推衍個人的特質，來探討最適合每個人佩戴的寶石。（目前任教於臺灣的創覺心靈啟發股份有限公司。）

2 | 鑽石設計師

林曉同：「林曉同設計師珠寶」品牌創始人

1. 從事珠寶設計經歷與個人創立品牌的初衷為何？

　　我從 1990 年開始從事珠寶設計，曾為知名品牌 De Beers 設計男性鑽石珠寶，多次獲得國際設計比賽大獎。而當朋友要結婚時，市場上卻沒有太多婚戒的選擇，為朋友量身設計婚戒的過程中，開始思考為何臺灣沒有著重創意設計的珠寶品牌，且大眾看待珠寶都僅著墨於寶石奢華、寶石價值的意義等。

　　我希望珠寶有新的視野，具有不同的生命力，在 2000 年成立「林曉同設計師珠寶」品牌，傳遞生活珠寶的態度。我深思自創品牌這條路需要不斷地突破、創新及面臨市場的變化與挑戰，但築夢踏實，沒有遺憾。

　　品牌成立後，曾受金馬獎邀請，為影帝梁朝偉、劉德華、黎明，影后吳君如、楊貴媚、李心潔等巨星，以電影膠卷為題，設計兩款別具創意的鑽石榮耀胸章。也為奢華轎跑品牌 Jaguar 的頂級貴賓設計藍寶戒指交車禮，並為名模王曉書等時尚名人量身打造婚戒。

　　創立品牌同時即成立自家珠寶工坊，致力結合原創設計與精湛珠寶工藝。我

的珠寶工坊就像是我的左右手，一件件設計圖能成為雋永經典的作品，都出自工坊裡的老工藝師之手，他們用心專注，以時間歲月敲鍛並淬煉出精采的作品。每一個敲打的響聲都像一種節奏，更是工坊裡最美、最動人的合奏。工藝是林曉同珠寶品牌的基底，更是文化及技藝的傳承。

2. 在珠寶設計中，對您最有啟發意義或帶來靈感的事情是什麼？

隨著年齡增長，體會到簡單微小的生活經驗，都是難能可貴的幸福時刻，也一次次發現生命的美好，皆是創作靈感的精采養分。

例如「隨玉而安」的青鳥系列，便是與兒子對談裡感受到的美好幸福。他七歲時，有次一起閱讀故事〈青鳥〉，純真的他問我：「爸爸，幸福是什麼？」當下一時語塞，不知如何確切回答，但這種父與子的互動就是最幸福的時刻，帶給我直接的心靈感動。生命裡精采的時刻幻化為「青鳥」系列珠寶，想傳達的就是這種近在咫尺的幸福。

而 Eric Jade Bear 系列的靈感則來自女兒一歲生日，我送的一隻玩具熊。十七年後的某一天，我走進女兒房間，突然發現這隻熊仍坐在女兒房裡的角落。陽光灑落在玩偶上，顯現歲月的痕跡。原來，它一直代替著我，日以繼夜地守護著女兒成長。腦海湧現的是女兒從牙牙學語到亭亭玉立，一幕幕的歡愉、純真、成長畫面。我就好像是 Pinocchio 的爸爸，以東方男士內斂的情感表達對女兒深深的愛與期待，賦予玉熊各種姿態與生命。之所以選擇玉石做為主要素材，除了玉石溫潤如月光的東方韻致，引人入勝的是它平安吉祥的守護寓意，期待能常伴佩戴者。

3. 您的設計風格是如何慢慢形成的？對自己作品的定位或期許？

因為早期累積的經驗與對市場的瞭解，開始時便切入分眾市場，希望與大眾珠寶市場有所區隔。結合極簡主義設計與華麗元素，以一筆成型的設計手法，凸顯作品個性，強調立體空間的層次變化。我從東方設計師的角度，將西方意象與象徵東方的元素加以融合，呈現於珠寶設計上，並融入生活態度，傳遞純真幸福的生活哲學，更希望隨著年齡增長，將許多積累的精采反芻於創作。

4. 身為珠寶設計師、品牌創立者，您滿意自己現在的成就嗎？未來有沒有什麼計畫？最想要突破的事情？

　　在臺灣，創立品牌是一種勇氣，需要不斷地突破、創新及面臨市場的變化與挑戰。一路走來，十五年的精采，秉持「堅持原創，始終如一」的精神，幸運地有舞臺為自己的夢想耕耘。期望隨著生命不斷地累積，將美好的生活感動幻化為一件件動人的珠寶作品。設計是直覺的事物，傳遞美好的概念，本就該是無國界的，希望創作出無國界風格的珠寶作品，以臺灣為基礎，跨足海外市場，與世界對話，願林曉同珠寶成為一個讓人充滿期待、持續成長的品牌。

5. 您設計的作品使用的素材相當多元，您是如何看待鑽石這個素材？又是如何將鑽石展現在珠寶設計上？

　　鑽石有「寶石之王」之稱，純粹美好，光芒璀璨，擁有畫龍點睛的效果，將它放置在對的位置，既可為作品加分，也更能展現鑽石的光彩。為了呈現心目中的完美設計，使鑽石裸面更廣，集光及折射效果更加璀璨，我與自家品牌工坊的工藝師反覆鑽研夾鑲工藝。我們時常運用「兩點夾鑲」手法於鑽石設計上，使它跳脫一般傳統珠寶的框架，單以兩個支撐點夾鑲鑽石，讓鑽石完整接受四面八方的光線，更能呈現其璀璨光芒。

　　此工藝雖在外觀設計上化繁為簡，使鑽石呈現懸浮效果，但在工藝技術層面卻面臨多重考驗。它考驗珠寶工藝師對不同金屬張力的掌握與角度控制的精準，這獨特的「兩點夾鑲」彷彿是鑲鑽師用鑷子夾取鑽石觀賞的最佳角度，也是品牌精湛的工藝之一。

6. 除此之外，您還想與讀者分享什麼？

　　我認為珠寶應該是一件紀念你生命中某個重要時刻的珍貴之物，陪伴你度過人生的喜悅，擁有豐富精采的生活記憶，以它的雋永來紀念生活。佩戴珠寶應該像生活一般簡單自在，男士呈現自在瀟灑的態度，女士則呈現優雅自在的姿儀。「珠寶之所以動人，是因為佩戴它的人」，絕不是鎖在保險箱的一種投資標的物

而已，不應一味地談它的價格、投資保值，一定要加上人的情感、生命的故事，如此一來，它就變成全世界獨一無二、無可取代的無價珍寶。我們一直在分享傳遞「生活珠寶」的理念。

阿湯哥觀點

曉同老師是臺灣鑽石設計最優秀的設計師之一，不但人長得帥，而且很多女粉絲崇拜他。第一眼看到他，就覺得他很有個性，其設計的作品也很獨特，在許多場合屢屢得獎。這次很難得邀請到曉同老師提供作品，讓大家欣賞他的五件優秀作品，這也是我的榮幸與驕傲。

林曉同設計作品

曉

設計理念：頸圈套鏈「曉」，一股向上提升的力量，光影乍現，小草引頸而望，凝結的是清新的起始之氣，昇華為廣闊而寧靜的美好片刻。抬頭昂首，當下就是永遠。集結五百八十顆漸層渲染的鑽石與藍寶石，彌漫成日夜交替，太陽初醒時的溫度，光彩由靜而動、由深至淺，在天地交集的片刻，「預曉 · 遇見美好」。

材質：白K金、托帕石、坦桑石、鑽石、藍寶、海水藍寶、彩色剛玉

感動系列

設計理念：感動系列源自為名模王曉書量身打造的結婚鑽戒。以「勇敢、幸福、浪漫、感動」為設計發想。作品皆以懸吊式「梨形鑽石」點綴在主鑽旁，讓婚戒的佩戴有更活潑的亮眼動感。獨特的設計靈感來自新娘被求婚時，因喜悅與感動所流下的淚滴，渴望在瞬間凝結成永恆，收藏在指尖。

材質：白K金、鑽石

青鳥花雨夜

設計理念：這幅作品用東方水墨手法表達西方意象，自然寶石光彩呈現暈染層次，不拘泥於物體外形具象的肖似，表現水墨渲染，遠景抽象、近處寫實的意境。顛覆西方珠寶既定奢華形象，強調以形寫神，投射出寧靜悠然的東方意境。

雨夜，只聞夜裡的花香，綻放暈染，透露著月光石、蛋白石、彩色剛玉的彩墨色調，如同月夜下的明珠，刻鑿蒼勁痕跡的黑色樹幹也緩和休憩，無聲投射千顆茶鑽所鋪陳的月影光華。驚鴻虛實之間，風度翩翩的翠玉青鳥飛上枝頭，悠然欣賞這座蒼翠、翁鬱的林園，褪去燦爛華麗的日光景致，呈現出雨水洗滌後的夜闌人靜。作品以西方珠寶工藝勾勒東方花鳥意境，以彩寶與翠玉作詩，繪成一幅曼妙、清麗的豁然寧靜景致。

材質：茶鑽、白鑽、黃色彩鑽、彩色剛玉原石、月光石、翠玉、K金

Eric Jade Bear No.5

設計理念：我的懷抱就像是純真的白色羽毛，輕巧而珍貴地擁著你的一切。細膩的呵護與陪伴是我與生俱來的天賦，隨時間流逝而漸趨濃烈。我特別喜歡看到你安穩的睡姿，不時轉身伸展，偶爾又露出淺淺笑容，連你的呼吸都牽引出我莫大的心滿意足。

以類復古掐絲工藝，塑形羽毛的輕柔觸動感，每一根羽毛都展演著截然不同的飄逸轉折。渾圓飽滿的玉熊依附其上，也一起變得優雅輕盈。

材質：K金、翡翠、鑽石

Eric Jade Bear No.6

設計理念：星空中弦月清麗高掛，月光是大地最溫柔的守護力量，鋒芒流瀉，寧靜指引著夢想的方向，輕灑下許多希望與期許。儘管它陰晴圓缺，卻從不吝嗇於黑暗中釋放明亮，希望你未來的人生，無論陰晴圓缺都能優雅地靠著月牙輕躺，愜意享受，笑臉迎接每個時刻。

作品呈現多面的融合，設計師結合爪鑲、密釘鑲、微鑲，不同鑲嵌方式雖有衝突性卻異常和諧；設計師使用切割過的寶石與未經修飾的彩色剛玉原石，錯落排列，在繽紛中綻放寧靜祥和的月夜之光。

材質：K金、翠玉、鑽石、彩色剛玉、藍寶、沙弗萊石、黃寶、黃色彩鑽、月光石

鄭志影：Zendesign 珠寶品牌創始人

鄭志影擁有多年的品牌珠寶設計與私人訂製經驗，以國際視野與創新精神先後獲得 DIA/Gold Virtuosi/EFD/HRD 等二十多項國際、國家級設計榮譽；作品「珠穆朗瑪」、「鑽石鬍子」入駐 2010 年上海世博會比利時館鑽石廊展出，「珠穆朗瑪」被媒體譽為「具驚人之美的傳奇展品」。

他在創作上不斷求新、求變、突破自我，不變的是十幾年對於珠寶設計品味的堅持，他的作品被歐洲國家元首及眾多私人收藏家收藏、佩戴。2014 年受邀參與中國文化部為中法建交五十週年舉辦的馬年生肖設計大展，最新作品「馬首系列」、「遠方的風」在巴黎展出。

鄭志影設計作品

珠穆朗瑪

簡潔對稱的結構賦予作品崇高的宗教感，綻放的雪蓮花是聖潔、高貴、吉祥的象徵。正如世界的最高點——珠穆朗瑪一樣，矗立在湛藍的天空與雪白的祥雲間，神祕而端莊，充滿著神奇的力量。

春風吹動你的髮梢

古希臘愛神從愛琴海中浮水而出，風神、花神迎送於左右；作品交織了愛琴海翻湧的海浪，女神優雅的體態，以及在微風中飄揚的金色捲髮等各種意象；流暢的線條構成優美的韻律，帶有古典式優雅與端莊。

鑽石鬍子

HRD Awards 2009「從前……我最喜愛的童話」世界鑽石設計大賽設計獎

在中國童話中，白鬍子是智慧與超自然力量的化身，閃耀著智慧與神祕的光芒，如同大自然賦予鑽石的神奇魔力；當優雅迷人的女模特兒戴上這個鑽石製成的鬍子，這種怪誕感與幽默感正契合了童話本身的荒誕美與戲劇性。

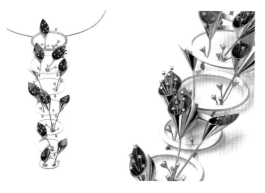

女高音

HRD Awards 2007「歌劇之夜」世界鑽石設計大賽設計獎

女高音藝術家純淨、甜美、明亮的音色，以及穿透黑夜的高亢力度，一如鑽石般璀璨。

將完美聽覺藝術以視覺化的方式表達，歌劇賦予鑽飾以靈魂，鑽石展現了歌劇的魅力，契合歌劇之夜輝煌華麗的氛圍。

蒲公英

2000 年 DIA 國際鑽石設計大賽入選作品的商業衍生設計。

洛可可公主戒指

靈感來自歐洲宮廷服裝元素；復古風格中彰顯時尚感，簡約中顯奢華；360° 無死角的戒面層次體現超凡的品質與細節之美，整體上追求一種公主般年輕而高貴的感覺。

阿湯哥觀點

鄭老師是中生代傑出的珠寶設計師代表之一，作品曾獲得許多國際大獎。我最欣賞的作品是「女高音」。這種兼具實用與展示的作品，堪稱時尚的領航者。

蔣喆：抽象派大師的經典代表

　　蔣喆師承於中國珠寶首飾設計大師鄒寧馨，2010 ～ 2013 年在中國國家珠寶玉石品質監督檢驗中心國檢珠寶培訓中心擔任珠寶設計部門主任；2013 年成為吉蕭工房文化諮詢（北京）有限責任公司的聯合創始人，並於同年成立吉蕭工房珠寶首飾設計工作室；2014 年至今任北京紅橋市場原創珠寶設計中心技術總監。

蔣喆設計作品

精衛填海

設計理念： 如何將虛幻的神話（文化代表）具象成一件首飾（實體）成為此類設計的關鍵點。精衛不畏艱難以及世俗對她的禁錮，以隻身之力對抗浩瀚的大海，為了使形態發展可以更加自由，選擇了頭飾這種首飾類型。為了體現大海的體積感以及尋求外形的美觀，作品主體保留水波的設計形式，以富於細膩變化的梭形做為整體結構，令「精衛」和大海的形態大小產生強烈對比。

表面運用形態不一的藍色「水泡」做為肌理，使得作品有晶瑩剔透的靈動感。在金屬框架上鑲嵌鑽石，運用富有彈性的 18K 白金支撐起珊瑚枝代表的「精衛」，其嘴上銜接的鑽石隨著佩戴者的走動而擺動，讓「精衛」扔石的動作生動起來。

材質： 925 銀、亞克力、鑽石、白 K 金、珊瑚

竹音

設計理念：作品靈感源於兩片竹葉開闔的形狀，在繁複嘈雜的燈紅酒綠之中，青竹的桀驁和堅韌喚起人們純真的情感，使佩戴它的女性成為派對上低調的焦點。同時，這也是作者對年少時用竹葉取音的緬懷。

材質：白K金、鑽石

乍暖

設計理念：「一片蒼茫水墨之中，誰不為一點暖光心動，哪怕只是乍暖還寒，也擋不住那一瞬的奢華。」作品運用水墨畫的意境和色彩，加入現代首飾元素，將東方韻味融合國際潮流，嘗試將首飾與服裝元素完美結合，是一款時尚的禮服肩帶。

材質：鉑金、鑽石、紅寶石、羽毛、絲綢

阿湯哥觀點

　　蔣老師堪稱時尚界的佼佼者，她的作品融合多種不同元素，是抽象派的極致表現，同樣在國際大賽上獲得很多獎項。

李雪瑩：Bestforu 珠寶首席設計師

1. 您從什麼時候開始學設計？師從誰？或者誰帶您進入這個領域？

我從小喜歡畫畫，高考的時候，面對許多選擇，例如平面、服裝、廣告、新媒體等，真的沒有主張。到報考的前一天了，從清華美院一位教授那裡得知還有珠寶首飾設計這個專業，突然覺得「就是它了」，到現在我也沒明白為什麼有這個想法。2005 年順利應屆考上中國地質大學（北京）首飾設計專業，懵懵懂懂開始了與珠寶相伴的日子。更加幸運的是，四年的努力換來了保送研究生的機會，更可以師從中國首席珠寶首飾設計大師、珠寶學院教授任進，開啟一段嶄新的首飾設計生涯。「修行在個人」的前一句叫作「師傅領進門」，老師為我掀開一扇神奇的大門，一眼望去，珠寶的世界璀璨生光。

2. 在設計行業裡，您經歷最難忘、最有啟發意義或給您帶來靈感的事情是什麼？

在我已經是首飾設計專業的研究生時，一年秋天，走在北京落葉滿地的小胡同裡，忽然瞥見一扇老木頭門牆縫裡開了一朵白色小花，獨獨一朵。我低頭細看，花瓣柔軟慵懶，安靜又自然。我忽然覺得大自然的創造如此奧妙！那姿態、線條、色彩這麼美、這麼和諧，好像全部都有規律可循。首飾設計不一定都是花、草、魚、蟲的造型，卻一定要「很自然」。每一個戒指、每一個吊墜，都像是一朵花，在一種名叫「自然」的規律之下。

3. 您的設計風格是如何形成的？

設計風格的形成不是一朝一夕的事，三天打漁兩天晒網地畫圖，或囫圇吞棗似地把所有大師作品臨摹一遍，是成不了風格的。字如其人，設計風格也如此。我很傳統、安靜，不願多言，愛好觀察自然，欣賞傳統，從中吸取養分，從而提煉出自己最欣賞、最符合現代人審美的元素，加以利用。所以我的設計風格會偏於古典風格，清新細膩、有跳躍感但不失穩重，和我的性格相符。

4. 從事設計您覺得滿意嗎？物質和精神能夠滿足嗎？

從有記憶開始我就在畫畫，打骨子裡就喜歡畫，不管學業壓力多大都從未間斷過。雖沒有實現當畫家的夢想，但是成為優秀的設計師卻是我畢生的追求。而今設計不僅是我的愛好、專業，更是我謀生的技藝。試問有多少人能堅持兒時的夢想，並成為自己的事業呢？我很幸運，當然也很滿足。

5. 未來有沒有計畫或者最想突破的事情？

希望擁有足夠的優質作品，辦個人展，成為中國最優秀的珠寶首飾設計師。革命尚未成功，仍需加倍努力，呵呵。

6. 您認為鑽石適合什麼樣的人來搭配？對當下年輕人選購鑽石有沒有什麼建議？

有人認為月薪22,000元就離時尚圈很遠，離珠寶圈更遠，其實不盡然。就像戴妃款的戒指一樣，你覺得它是最普遍的款式，街邊小飾品店也找得到，卻是高級珠寶店永恆的經典時尚。佩戴鑽石是不受年齡、性別、膚色、職業、閱歷等限制的。如果男人戴珍珠，你會覺得他很娘，但鑽石不會。不同的鑽石款式詮釋著不一樣的個性，只有服裝與鑽石的搭配相得益彰，才能顯示出獨特高貴的個人氣質。例如設計比較女人味的服裝可以搭配款式柔和、造型小巧別緻的鑽石款式；傳統旗袍或者中式服裝可以選擇穩重典雅、有對稱感的鑽石款式；職業服裝是職場女性工作時的著裝，一定要體現出莊重、幹練的氣質，因此鑽石的款式不宜過

於繁雜，應選擇大小適中、形狀線條簡潔、適度時尚的款式。年輕人選購鑽石，一方面是用作裝飾，滿足對美的追求，另一方面是結婚之用。希望大家根據自己的經濟基礎來選擇，畢竟鑽石屬於奢侈品。此外買鑽石前，要瞭解鑽石「4C」標準，到可靠的商家選購，並且索取鑽石鑑定證書。

7. 除此之外，您還想與讀者分享什麼？

把我的座右銘分享給大家：「天資差，不足畏，天道酬勤；堡壘艱，不足畏，專可攻之。」在你迷茫、徘徊的時候多堅持一下吧，一定會柳暗花明的。

李雪瑩設計作品

執著

設計理念： 不惑之年的男士選擇克拉黃鑽，必然已經事業有成。他們成熟的心理、做事的理性化以及較為含蓄的個性，反映到戒指的款式，就追求大方莊重並稍加個性，注重品質、價值和高貴感，以顯示自己的社會地位和修養。所以多層次、幾何感的寬戒臂設計，不僅表現精緻的工藝美感，而且造型的微妙變化也能增添各設計項目之間的和諧感。大顆粒高品質的配鑽更能提升戒指的附加值。

女人花

設計理念：這朵鑽石花運用了兩千顆黃鑽和白鑽群鑲，張揚卻不焦躁，婉約卻又不平凡，在珍珠串起的朵朵浪花中怒放。花有情，水有意，鑽石花可作胸針單獨佩戴，也可搭配一條或多條珍珠項鏈，縈繞頸間。靈活多樣的佩戴方式不僅平添情趣，百變造型更能應對不同的妝容、服飾和場合。

寄託

設計理念：兩人一世界，在彼此真愛的時空裡，結婚對戒鎖定了互古不變的愛情誓言。男戒上高低錯落的「山」字形鑽石，暗喻著男人是山，在婚姻中要擔當起如「山」一樣的責任。女戒的主鑽安然穩坐在皇冠之上，如女王般主宰著自己的愛情。底托「V」字形的結構設計，祝福著這對新人的婚姻美滿。花體的英文字母是新人的名字縮寫，增添了訂製婚戒的專屬性。

「寄託」男士款對戒

「寄託」女士款對戒

阿湯哥觀點

李老師是新生代比較有潛力的設計師，她的作品有為有守，作品柔中帶剛、剛柔並濟，熔婉約與陽剛於一爐。她的鑽石胸花作品相當有立體層次感，工藝已經超越了與她同時代的很多設計者，很實用。她屬於務實派的優秀設計師。

Joanne Chang：古典風格代表設計師

　　Joanne，原名張詠婕，父親從事古董珍品、翠玉寶石買賣，從小耳濡目染，對於珠寶擁有深厚的鑑賞力。曾定居加拿大，由於割捨不掉對珠寶設計的這份愛，回臺灣後便著手創立維多利亞珠寶設計品牌，後與夫婿創立喜寶珠寶，任設計師總監，擅長設計頂級翡翠，更從加拿大定位出自我風格——維多利亞／花園／古典，使其珠寶設計東西並蓄，色彩豐富。

　　Joanne 柔美的外表下，卻有著率性、有個性的心，不願隨波逐流。總會看到她身上的兩個元素：蕾絲和帽子。蕾絲顯現了她外表的溫和浪漫，然而帽子則體現了她內心率直真情的一面，從此就可以一窺她的設計。

　　她喜歡嘗試新的東西，充實自我，喜歡和年輕人接觸學習，雖然時光不斷流轉，歲月終將衰老，她的心卻依舊年輕。喜愛珠寶設計已經三十多年，可看出她對每一件作品的用心。

　　她眼中沒有醜（不好）的珠寶（石），只有不好（不懂）的設計，其設計低調卻有氣度，精巧奪人眼目，注重顧客的「型」勝於「美」。她認為找到屬於個人的型（格），會使人更賞心悅目、歷久彌新，而美會被不斷輪轉的時間更迭，所以她的珠寶是要戴出每個人的「型」。

　　對於客人，她不止於客，而將他們當作朋友，幫他們設計，與他們互動，在這些交流之中，她學習、吸收並融入設計。她認為不斷學習是最重要的人生課題，如果停止學習就會躊躇不前、封閉跋扈，不能將心中最美的珠寶藝術呈現出來。

揮筆親自設計之外，設計製作的每一個過程，她堅持親眼鑑定，就算再小的配石都看在眼裡，不輕易放過任何環節。不論挑選、排胚等皆親力親為，這份執著一一呈現在她的珠寶藝術上。

Joanne Chang 設計作品

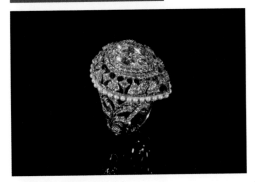

心形粉色彩鑽搭配小珍珠戒指。

流星花園粉紅色彩鑽戒指。

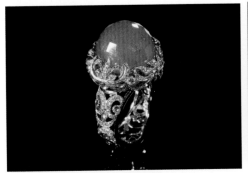

鑲鑽藍色寶石戒指，古典優雅風格，造型獨特。

梨形切割粉紅色彩鑽吊墜，維多利亞風格，堪稱驚豔。

阿湯哥觀點

認識張老師是在香港珠寶展會上，恰巧同是臺灣人，彼此感到很親切。一看到她就會被其優雅舉止和談吐吸引。其風格是維多利亞式的古典風，經常用老礦工式與玫瑰式切工的鑽石來搭配，有蕾絲花邊的設計是古典風格的代表典範。阿湯哥很榮幸能夠邀請她及其作品為這本書增色。張老師也堪稱中生代歐美風設計師的代表。

3 | HRD 2013 設計得獎作品 Top5
──主題為「虛幻與真實」

NO.1 義大利 Paola Strammiello「神奇的蘑菇」

設計理念：幻覺的神祕蘑菇形戒指，欺騙了我們的視覺，像在一個奇觀裡，是蘑菇這個觸發器產生的神奇作用！以自然法為依據，鑽石被鑲嵌在首飾內部，如果你透過一定的視角觀察，只以蜃景的形式出現。真正的鑽石被隱藏起來，只有當觀察者在特定的視角觀察時才能看到，多虧了鏡子這個神奇的東西。在這個幻覺首飾上，你所看到的並不是真實的，真實的是看不到的；所有的鑽石都像每一個幻想家的神奇內部世界。

NO.2 香港溫希彤「花瓶」

設計理念：驚喜源自被推翻的假定。人都以片面的因素來判斷，我們所看到的只是其中一面。然而，經過親身接觸，看到的又不一樣了。花瓶靈感來自中國的青花瓷，表面看似花瓶，其實是以手鐲、頸圈、耳環組成的一系列配件。它以骨瓷表現出權力，以鑽石來襯托出女性的高貴氣質，體現現代女性的剛柔並濟。

NO.3 荷蘭 Evi Bakker「和影子約會」

設計理念：設計靈感來自我們常見的手影藝術，
透過手影表演傳達一個故事。作品運用鑽石和燈
光的明暗和戒指的影子來表現現實與幻覺的巨大
差異。影子可以代表任何你能想像到的東西，這
款戒指的影子可以說是一隻鳥、一個怪獸，或是
一件珠寶。

NO.4 中國奉深「易如反掌」

設計理念：該作品為戒指，靜止擺放的時候是
一棵被砍伐的樹墩，令人惆悵；而反過來佩戴在
手上時，你看到的卻是一棵茁壯成長的樹，令人
愉悅。同時也表達出環保的概念，寓意只要人人
都行動起來，保護環境實際上易如反掌。

NO.5 中國馬超「針和線」

設計理念：創意靈感來自生活中縫補衣服用的
針和線。將鑽石做為「線」，用針做為牽引縫製
在衣服上，就像是衣服縫補的痕跡，惟妙惟肖。
鑽石以單個或是數個為一組，用針依次穿插縫製
在衣服上，而且是可以活動、拆卸的，可以隨意
變幻形狀。用於穿插的繩線全部位於衣服和鑽石
下，我們表面上只看到一段一段的「鑽石線」。

4 |2014、2015 中國珠寶首飾設計與製作大賽獲獎作品

　　中國珠寶首飾設計與製作大賽自 1998 年開始，秉承「原創中國、精工佳作」的主旨，挖掘大批獨具創意的設計師，提升中國原創珠寶首飾的國際影響力；培養了一系列能工巧匠，將中國珠寶首飾工藝推向新的高度。

最佳首飾創意獎：左雅設計師「魚悅」

提供：深圳市甘露珠寶首飾有限公司
製作：深圳市甘露珠寶首飾有限公司

設計理念： 尋根於民族文化，將富有中國文化底蘊的鯉魚元素糅合到設計中，承襲傳統、創意求新，整合東西方美學觀念，讓神祕、美好的中國風情在國際珠寶舞臺上奢華綻放。產品採用專利工藝，使得鯉魚的眼睛、魚鰭，甚至到每一個鱗片都可以活動，手鐲的開合方式也採用了彈力金片，使得鯉魚的形象更加生動，活靈活現。

婚禮主題首飾設計大獎：
朱文俊「融・溶」

提供：上海金伯利鑽石有限公司
製作：上海金伯利鑽石有限公司

設計理念： 靈感源自 2013 年 7 月，
在北冰洋上空，我透過飛機窗外看到
的景象：蔚藍的海面上，浮冰在陽光
下璀璨奪目、震撼心靈。這幅畫面在
我腦海裡印象深刻，浮冰溶於海，愛
情融於婚姻。利用拋光、拉沙及鑲嵌
工藝，將璀璨的鑽石與純淨的鉑金完
美地結合在一起，打造浮冰與水珠的效果。

婚禮主題最佳首飾創意獎：沈罕「心靈二維碼」

提供：北京菜市口百貨股份有限公司
製作：北京菜市口百貨股份有限公司

設計理念： 靈感源於現代社會上一
種新興的電子傳播方式「二維碼」。
小小的二維碼訊息量比傳統紙質宣
傳品要豐富得多，也是未來會廣泛發
展的「小方塊」。該設計將有重要意
義的資訊經過設計排列，即成為裝飾
圖案的珠寶，也成為記錄自己有紀念
意義資訊的載體，成為有雙重意義的
新時代珠寶。

最佳工藝表現獎：曾源德「浪漫時光」

提供：深圳市緣與美實業有限公司
製作：深圳市緣與美實業有限公司

設計理念： 選擇浪漫的花草紋和絲帶元素，用爪鑲和多圍一顆鑽鑲嵌工藝。捲紋線條部分採用虎爪微鑲，星星點點花朵是爪鑲拼出的花瓣效果，下部分用細細的金線連接多圍一的鑽石，營造蕾絲效果，非常適合搭配婚紗蕾絲，呈現純潔浪漫。

品牌文化影響力──傳承文化獎：星光達御寶薈團隊「絕色風華」

提供：深圳市星光達珠寶首飾實業有限公司
製作：深圳市星光達珠寶首飾實業有限公司

設計理念： 於中式旗袍中汲取靈感，黑與白的渲染，點綴紅梅的妖嬈，完美復甦時尚東方之美。黑白鑽交相輝映，勾勒出旗袍最具特色的領子輪廓。精湛微鑲工藝使產品外觀只見鑽石不見金，愈顯精緻與璀璨，彈金工藝改變貴金屬的延展力，無搭扣設計的產品呈自然弧度彎曲，渾然一體，大方美觀。

本篇圖片與文字由「2014/2015中國珠寶首飾設計與製作大賽組委會」提供。

Asulikeit 古董典藏系列鉑金鑲鑽石項鏈 1900 年
單價 1300 萬（圖片提供：Asulikeit 高級珠寶）

—— 實戰篇 ——

1 | 鑽石婚戒去哪兒買？

　　目前鑽石用量最大的就是結婚用鑽石，其次是珠寶用的配鑽。很多人第一次接觸鑽石就開始上網查詢如何挑選，眾多品牌該選哪一家公司的？到底要看切工還是挑品牌？還是向學鑽石鑑定的同學開的工作室購買，哪個比較可靠呢？

　　兩年前到上海，朋友帶我去看鑽石小鳥體驗中心。它藏身在一個辦公大樓內，豪華的裝潢與亮麗的燈光，在週末甚至需要抽號才進入，在等待的時間裡可以自行查詢喜歡的鑽石等級與價位，也方便情侶們挑選喜歡的鑽石和戒托，訂製婚戒。據我所知，鑽石小鳥的上海體驗中心現在已經成為全亞洲最大的鑽石珠寶

鑽石小鳥上海旗艦體驗中心，大廳很寬廣，可以容納很多人，環境優雅，在購買鑽戒時享受一次奢華的體驗。（圖片提供：鑽石小鳥）

體驗中心，可見這種嶄新的購買形式很受歡迎。

通常消費者已經設定好心理價位，只是到實體店鋪再去看一下鑽石的真實狀況。進到店裡的結婚新人，排隊等了將近一小時，九成都會購買，不像在臺北買鑽石，有些人會說「我

鑽石小鳥體驗中心，有豪華的休息室，情侶在選購鑽戒的時候如果感到疲憊可以休息一下，很人性化的設施和服務。（圖片提供：鑽石小鳥）

再回家考慮一下」、「我問爸媽」。我在臺北演講時常提鑽石小鳥的例子，地鐵坐到上海南京東路站，甚至還會廣播「南京東路站到了，鑽石小鳥請上幾樓」。

朋友說，上海人結婚挑選鑽石有六、七成都是要 1 克拉的，兩、三成要 50 ～ 90 分鑽石，只有一成左右是挑選 30 分。與臺灣恰好相反，30 分鑽石占了約六成，50 分大概兩、三成，1 克拉鑽石應該不到一成。據朋友說一次中國婚博展上，知名廠商甚至可以賣出好幾百顆 1 克拉鑽石。

2011 年我到北京，朋友帶我逛了位於百貨公司內的「全城熱戀」鑽石專賣店。光是展示空間就讓人歎為觀止，鑽石依照大小等級不同來分櫃子。30 分就有好幾個櫃檯，接著還有 50 分的櫃子。最後 1 克拉的「鑽石島」也有好幾個櫃檯，然後不同切工的 1 克拉鑽石還有好幾個櫃檯。親切服務與豪華裝潢讓人來到這裡就感到無比的尊貴與時尚。這樣大手筆的賣鑽石展示廳，全世界大概也只有中國才能做得到。

就我所知，中國許多六十歲以上的父母挑選鑽石送子女，還是會到百貨公司大品牌的黃金、鑽石專賣店消費，主要是怕買到假貨，沒辦法保證品質。二十～四十歲的消費族群會上網比較價錢，然後到實體店鋪挑選喜愛的品牌。少數人會找有珠寶專業的朋友幫忙挑選，在價格上會比網路品牌便宜一些。結婚是一輩子的大事，挑選婚戒已經和拍婚紗照、度蜜月一樣不可少。如果您還是剛入社會的月光族也沒關係，畢竟沒有鑽戒也是可以領證完婚的。打拚個三、五年，一樣可

以補送愛人一顆代表傳家的鑽戒，做為一輩子的愛情見證。

國際網路票選十大鑽石品牌

1. De Beers 戴比爾斯
創立於 1888 年，世界最大、歷史最悠久的鑽石供應商。
網址：http://www.debeers.tw/

2. Harry Winston 海瑞溫斯頓
始於 1890 年，世界頂級珠寶品牌，珠寶行業領導品牌之一。
網址：http://www.harrywinston.com/en

3. Cartier 卡地亞
1847 年創立於法國，世界頂級珠寶品牌，著名奢侈品品牌。
網址：http://www.tw.cartier.com/

4. Tiffany 蒂芙尼
創立於 1873 年，世界品牌 500 強，世界著名珠寶品牌，全球頂級奢侈品。
網址：http://zh.tiffany.com/

5. Graff 格拉夫
世上絕美華麗珠寶的代名詞，世界頂級珠寶品牌。
網址：https://www.graffdiamonds.com/zh-hant/

6. 金伯利
上海市著名商標，中國最大的鑽石銷售商之一，中國珠寶業最具競爭力品牌之一。
網址：http://www.kimderlite.com/

7. 周大福
1929 年始創於香港，亞洲大型珠寶商，中國最著名及最具規模的珠寶首飾品牌之一。
網址：http://www.ctf.com.cn/zh-hans

8. 周生生
創立於 1934 年，中國最大的珠寶零售商之一，亞太地區著名品牌。
網址：http://cn.chowsangsang.com/sc/Home

9. 鑽石小鳥
創於 2002 年，中國知名珠寶商，最受年輕人喜愛的婚戒訂製首選品牌。
網址：http://www.zbird.com

10. 謝瑞麟 TSL
1971 年創建於香港，上市公司，亞洲地區最大規模的珠寶零售及製造商之一。
網址：http://www.tslj.com/zh-cn/home.aspx

臺灣

1. 百貨公司專櫃

❶Hearts on Fire

1996年，Mr. Glenn Rothman為了改變消費者選購鑽石的經驗，在選購時，先看鑽石美麗與否，再依個人需要決定其重量、顏色及淨度。並與比利時鑽石切割大師共同研發數年後，打造出全世界車工最完美的鑽石，並正式推出Hearts on Fire鑽石品牌。

一顆鑽石真正的美麗並不只於本身，Hearts on Fire以創造完美時刻以及承載無限情感為鑽石帶來眾不同的內涵，欣賞鑽石每個角度的完美火光接觸的剎那皆是滿滿的愉悅與感動。這就是為什麼Hearts on Fire能夠成為全球最值得信賴的鑽石品牌、能夠擁有全世界車工最完美的鑽石，為消費者提供他牌無法比擬的鑽石價值。如今，HOF美鑽已成為求婚或紀念生命中重要時刻的完美表徵。

為歡樂時刻留下印記的鑽石手鍊。（圖片提供：Hearts on Fire）

Mirror 鑽石對戒。（圖片提供：Hearts on Fire）

❷ 點睛品（周生生集團）

周生生之名源自中國傳統典籍《易經》的「周而復始，生生不息」，是創辦人周芳譜先生命名品牌的理念，也是品牌的核心精神，屢次創下突破性創舉，例如是首家珠寶企業在香港聯合交易所上市（股票代號116）、首個商業機構獲得「香港實驗所認可計畫」（HOKLAS）的純金認證、首個香港珠寶公司建立品牌網站及網上銷售店等。

為了確保卓越的珠寶品質，周生生會在自設的世界級檢測實驗室中，利用最先進的儀器對每顆鑽石進行檢測，再由寶石專家進行人手檢測，大部分鑽石飾品都附有 IGI 和 GIA 國際證書，保證符合國際認可機構的品質標準。

❸ Just Diamond

Just Diamond為Just Gold鎮金店的品牌，成立於1994年11月。而Just Gold鎮金店為香港太子珠寶鐘錶（Prince Jewellery & Watch Company）旗下機構，該集團於1984年成立，2011年7月收購Just Gold鎮金店。

Just Gold鎮金店的卓越成績促成業務迅速發展。Just Diamond以「真女人」的概念、多元的設計，成功延續了Just Gold的流行定位。Just Gold和Just Diamond在臺灣、中國、香港約有六十間專門店。

❹ D&D Jewelry

臺灣珠寶品牌D&D Jewelry成立於1999年，以Design & Desire做為品牌宗旨，強調「設計來自內心的渴望」，鑽石是D&D創意首要表現的領域，有著堅強的設計師團隊，強調創意的設計理念，不論是流暢的戒座線條搭配、與時精進的鑽石鑲嵌方式，讓D&D的鑽飾散放著與眾不同的晶亮光芒！

D&D也是臺灣第一個天然珍珠品牌，以AA級以上的天然彩色珍珠為主要素材，簡潔的設計搭配貴金屬、各式流行的複合材質，創造品味獨特、實用易搭配的天然彩色珍珠飾品。南洋珠系列每一顆珍珠均出自長達兩年深海培育的天然蚌貝，其頂級珍貴的無瑕光澤，是該公司對品質的高度堅持。

❺ 蘇菲亞

　　蘇菲亞珠寶公司創立於1970年，從高雄大統百貨開幕設立第一家店開始，歷經四十五年一步一腳印的踏實經營，至今已在臺灣成立二十六個據點，成為臺灣百貨珠寶第一品牌。

　　蘇菲亞珠寶擁有多元化商品線，無論是婚戒、日常佩戴輕珠寶，或者頂級珠寶等，都可以在預算內找到滿意的商品。每件由香港、東京等地專業設計團隊傾力挑選、打造的珠寶飾品，無論在款式或價位的選擇上都提供給消費者更好的選擇。

　　二十一世紀的今天，他們秉持過去四十年的光榮傳統以及永續經營的企業理念，本著蘇菲亞「品質、服務、創新」的一貫信念，立足臺灣，放眼世界，開創更璀璨耀眼的明天。

幸福相擁的新款鑽戒。（圖片提供：蘇菲亞珠寶公司）

款式典雅的男女對戒。（圖片提供：蘇菲亞珠寶公司）

❻ 今生金飾

今生金飾是臺灣第一個黃金飾品自創品牌，前身以實驗店性質於1993年成立，1995年正式成立今生金飾公司。今生金飾曾在2005～2008年連續四年獲得「讀者文摘全亞洲調查之非常品牌金牌獎」，可見今生金飾在品牌推廣上付出之心力。

今生金飾的品牌定位如同它的名字一般，要與消費者相約今生今世。希望提供給消費者除了商品本身之外，還有一份永世不變的浪漫承諾。

今生金飾總經理蔡國南強調珠寶飾品產業所提供給消費者的核心利益，就是讓消費者在佩戴上產品後，更美麗、更有氣質，因此，不斷投入商品研發設計，以開發出最好的商品，漸進的產品改善與創新才是吸引消費者忠誠度的驅動力。

戒指圈上優美動人的線條配以精巧別緻的美鑽，點綴著戀人間的生活點滴，以純淨的鑽石將戀人間的愛戀時刻，永恆地烙印在指尖。（圖片提供：今生金飾）

大方俐落的線條，簡潔而富有變化的造型特色，賦予美鑽無限的魅力。（圖片提供：今生金飾）

品牌	重量	顏色	淨度	3EX	證書	戒臺材質	價格	網址	店址	電話	百貨店數	備註
點睛品								http://www.emphasis.com.tw/tc/Home			24	價格請洽門市部
Just Diamond	0.30						7～8萬	http://www.justgold.com.tw/justgold/html/tw/ct/home/index.jsp	新光三越南西站	02-25419280	15	
	0.53	G	VS1				301,200					
	1.01	F	SI				587,400					
D&D Jewelry	0.51	F	VS1	有	G2A		172,832	http://www.ddj.com.tw/	新光三越南西站	02-25416600	6+1（旗艦店）	有做網路購物
	1.11	F	VS1	有	G2A		510,000					
林曉同	1.00	F	VS1			18K	621,600	http://www.lin-shiao-tung.com.tw/	新光三越南西站	02-2511-5571	4+1（旗艦店）+1文創店實體實面	

2. 網路

購物中心：雅虎、MOMO購物、PC-Home

❶ 網路品牌網頁（線上可查詢報價）

品牌	重量	顏色	淨度	3EX	證書	戒臺材質	價格	網址	電話	實體店數
大亞	0.30	F	VS1	有	GIA	18K	14,322（裸鑽）+18,600（最低價戒臺）	http://Dy-jewelry.com	02-27370965	5
	0.50	F	VS1	有	GIA	18K	48,543（裸鑽）			

宏記	0.31	F	VS1	有	GIA		14,823（裸鑽）	http://Bestdiamond.com.tw	02-23936644	1
	0.50	F	VS1	有	GIA		48,620（裸鑽）			
法蘭克	0.30	F	VS1	有	GIA		13,939（裸鑽）	http://www.happydiamond.com/index.asp	02-89541313	2
	0.50	F	VS2	有	GIA		47,254（裸鑽）			
Diamond Bank	0.30	F	VS1	有	GIA	18K	16,851（裸鑽）+10,800（六爪鑲臺）	http://www.diamondbank.asia/	02-27761177	1
	0.50	F	VS1	有	GIA	18K	57,775（裸鑽）+10,800（六爪鑲臺）			

❷ 雅虎拍賣購物中心比較

品牌	重量	顏色	淨度	3EX	證書	戒臺材質	價格	電話
A-LUXE	0.3	F	VS2	有	公司證書	18K	24,000	02-27815659
	0.5	F	VS1	有	GIA	18K	75,000	
彩糖鑽工坊	0.3	F	VS2	有	GIA	14K	19,800	0800-520510
	0.5	F	VS2	有	GIA	14K	92,099	
亞蒂芬奇	0.3	F	VS2	無	GIA	14K	29,742	04-22218788
	0.5	F	VS2	有	GIA	18K	108,800	
Sophia	0.3	F	VS1	有	公司證書	18K	25,800	0800-221888
	0.5	F	VVS1	有	GIA	PT900	63,800	

3. 連鎖實體店面

品牌	網址	電話
京華	http://www.emperor-diamond.com.tw	0800-213355

4. 展覽會

❶ 臺北婚紗博覽會

婚紗博覽會主打的是婚紗攝影與喜宴，副產品是婚鑽與喜餅。每一年每一季都會舉辦，吸引都會區即將步入禮堂的準新郎、新娘參觀。多數準新人都在網拍或珠寶連鎖店、銀樓購買結婚鑽戒，來到婚博會購買婚鑽的新人大多沒有事先瞭解鑽石 4C 與價錢，往往是看了婚紗攝影就順便購買鑽戒與金飾。我給大家一點意見。

（1）按照自己預算，如果預算 1 萬多，就可以挑一對鑽戒，上面單顆小鑽。若是預算 2 ～ 3 萬，可以買 30 分鑽戒。預算 6 ～ 9 萬可以挑選 50 分女鑽戒，或者兩顆 30 分對戒。1 克拉鑽石戒子起碼都要 18 萬起跳，最好都能附 GIA 證書。

（2）品牌大同小異，除非有打廣告的品牌，不然就是以鑽石品質為主。

（3）不同的鑽石證書不能相比，因為等級差一級價差很大，每一間鑑定所的鑑定標準不一樣。

（4）保存好鑑定證書與公司保證卡，日後可以找公司清潔與保養。

（5）款式以大眾款為主，旁邊小鑽愈多，單價愈高，通常四爪與六爪款式都熱銷。

（6）等級建議可以挑顏色 G ～ H，淨度 VS ～ SI，八心八箭，3EX，無螢光反應為佳。

（7）重量若是剛好 1 克拉整，價位會比較便宜，但是最好挑 1.03 克拉以上的鑽石。

臺北國際婚紗喜宴博覽會

時間：請隨時注意電視與網路媒體公告

地點：臺北世貿三館臺北市信義區松壽路 6 號

參觀方式：免費參觀

電話：（02）2759-7167

參加廠商：C C Diamond 、Always 鉑金鑽飾、金瑩銀樓等廠商

精選十大婚戒款式

sophia 是國內知名鑽石品牌，全
省連鎖。（圖片提供：Sophia 珠寶）

單顆 1 克拉鑽是女人一輩子的夢
想。（圖片提供：Sophia 珠寶）

愛一個人就必須一輩子相愛在一
起。（圖片提供：Sophia 珠寶）

簡單的設計可以擄獲女人的芳心。
（圖片提供：Sophia 珠寶）

「動心 II」群鑽直臂六爪鑽戒。
（圖片提供：鑽石小鳥）

「享悅」群鑽扭臂六爪鑽戒。
（圖片提供：鑽石小鳥）

「沉蕊」獨鑽扭臂四爪鑽
戒。（圖片提供：鑽石小鳥）

「愛的皇冠」群鑲直臂六爪鑽
戒。（圖片提供：鑽石小鳥）

「共舞」獨鑽扭臂六爪鑽戒。
（圖片提供：鑽石小鳥）

Elegant 群鑲直臂四爪鑽戒。
（圖片提供：鑽石小鳥）

❷ 臺北珠寶展（2016 年）

主辦單位：上聯國際展覽有限公司

展出日期：2016 年 9 月 23 日（五）～ 9 月 26 日（一）

展出時間：11：00 至 19：00

展覽地點：臺北世貿三館（台北市信義區松壽路 6 號）

服務電話：（02）2759-7167

首次兩岸合作，兩岸知名珠寶玉石大廠、專家齊聚一堂，囊括國內外知名品牌、收藏名家，不論是想一窺兩岸珠寶玉石的獨特文化、風情，還是想一睹各家典藏的珍寶，都不能錯過此次的珠寶玉石盛會。現場也舉辦多場講堂、首飾創意等 DIY 課程等活動。

此次與知名雜誌《珠寶世界》寶之藝文化一同主辦，集結臺灣在珠寶玉石界的頂尖人才，讓更多人可以看到臺灣珠寶玉石的文化特色，並與世界各地的特色珠寶、玉石多所交流，藉此打造臺灣與各地珠寶玉石界的市場實力。

2017 年的展覽資訊請上網查詢。

2016 年珠寶玉石展，眾星雲集慶開幕。

2016 年珠寶玉石展，草山金工專題演講。（圖片提供：《珠寶世界》）

大多數人都是結婚前接觸到鑽石，平常也沒有購買經驗。鑽石知識透過網路或是親友、同事介紹居多。連多大克拉數要花多少錢都沒概念。也不知道為何這麼小的石頭居然要花好幾萬新臺幣，真是「貴三三」。

通常顏色不管有無訓練過，比較容易看出來，如果自己要求高品質就選 D、E、F，中間品質就選 G、H、I，差一點品質，肉眼就看出偏黃顏色，J 以下。淨度方面要求高品質則 IF、VVS 等級，中上品質為 VS，中下品質選 SI。切工當然要 3EX，最好能無螢光，若是強藍螢光則可以有個 3～5% 折扣。

再次提醒，GIA 鑽石並不會貴到哪去，非 GIA 證書就不能與 GIA 證書互相比較價錢，因為等級認定各有不同。在品牌部分，國際品牌例如：香奈兒、卡地亞等，百貨公司品牌：蘇菲亞、Just Diamond 等，網路與實體店品牌：大亞、法蘭克等，實體店通路：京華。在工藝上現在差異不大，除非是國際品牌。設計上大多大同小異，有些款式甚至是共同款。鑽石的品牌與切工是價錢最大的差異，精打細算的人會先上網查詢相關知識與價位，再到現場挑選款式，不在意價錢的人則寧願相信品牌的服務與加持，各有各的擁護者，就像五星級飯店與路邊攤一樣，都有各自的客群，您說是不是呢？

❸ 高雄珠寶展（2016 年）

主辦單位：臺灣區珠寶工業同業公會

展出日期：2016 年 4 月 30 日（六）～ 5 月 3 日（二）

展出時間：10：00 至 18：00

展覽地點：高雄展覽館 （高雄市前鎮區成功二路 39 號）

服務電話：（07）213-1188

高雄國際珠寶展花絮。（圖片提供：《珠寶世界》）

高雄市長陳菊親臨高雄珠寶展現場。（圖片提供：《珠寶世界》）

南臺灣最大珠寶展覽會，共有兩百多家廠商聯合展出！邀請國內外廠商及設計師參展，發表最新流行趨勢，創新活動規劃吸引人潮，創造最具批發零售功能的交易平臺，為高雄打造一流精品珠寶盛會。展區項目分珠寶區、寶石珊瑚區、國際區、舞臺論壇區、臺灣三寶、天然寶石加工示範區、第二屆傳家寶金工設計大賽得獎作品展示區。

2017 年的展覽資訊請上網查詢。

中國

1. 微商買鑽石省最多

首先看你的預算有多少，然後由你的預算來決定要買的鑽石克拉數，然後是款式，再來就是去哪兒買。

最省錢的是在微信朋友圈買，可以買裸石再自己找鑲嵌，或者由賣家幫你完成製作。自己認識的朋友可以信賴，有問題能及時溝通。提醒大家在朋友圈買必須先付錢，沒辦法看到實物，只能看圖片，要是寄來的婚戒與想像有一些落差，不能退貨。若是款式沒那麼喜歡，只能重新花錢再訂，但戒圈的大小不合適，可以免費調整。在微信圈買婚戒，主要是買有 GIA 證書的產品，等級大家都清楚，不會有落差。優點是最便宜、性價比最高、有 GIA 證書，缺點是沒有品牌。

為什麼在微信朋友圈買鑽石省最多？首先這些賣家沒有店面，鑽石直接從印

哪些人適合在微信朋友圈購買？

- 懂 GIA 證書，瞭解鑽石的 4C 分級的人
- 不想花大價錢的人
- 信得過朋友的人
- 懶得逛商場的人
- 對鑽石品質有要求，但是對品牌沒要求的人
- 已經對很多賣家做過價格比較的人

度或香港進口，公司通常只有兩、三個員工，靠著網路、朋友圈口耳相傳，行銷推廣。有些人甚至在家裡或咖啡廳就可以工作，省去租金的壓力。這些微商也和一些大型的鑲嵌工廠合作，可以直接做出成品，不用承擔養鑲嵌師傅的費用，省去許多營運的開銷。另外，微信圈的商家一般利潤只有 2% ～ 3%，薄利多銷。若是要發票，需另付 5% ～ 7% 稅金。

　　建議大家在買婚戒之前可以多詢價，畢竟省錢就是賺錢，我建議好多出版社同事與朋友先詢價，貨比三家不吃虧。

阿湯哥提醒

如果沒有把握，就不要在微信朋友圈買，錢花出去就回不來了，避免詐騙。對不認識、不瞭解、不信任的賣家，請勿用自己的錢打水漂。

2. 地面店＋淘寶等電商平臺

　　平常喜歡在淘寶買東西或者搜尋價錢的人適合在網站購買，他們通常會選擇評價較高的商家，然後再按照自己的需求去比較價格。這些廠商通常會提供不同的證書，比方說 GIA、HRD、國檢、武漢地質大學（GIC）等證書。不同證書也代表不同的意義。會在網站買的人通常也在網站搜索鑽石 4C 的一些基本知識。

　　在網站購買的優點是產品還是有品牌的，部分電商有實體店，成本就會增加。如果沒有實體店的商家，就要看看它的中評或者差評，看是否存在商品描述和實際收到的商品品相不符。不過也不要擔心，因為一般七天內可以退貨或者取消支付，可以保障自己的權利。因而有些電商經常會遇到退貨的消費者，為了維持聲譽，還是會盡量滿足消費者退貨、換貨的需求。

　　值得注意的是，若是有電商標明不能退貨，從消費者角度來說，我建議您就換一家廠商吧。電商的價錢還是會貴一些，因為他們會雇一些客服人員，有獨立辦公室。如果兼有店面，成本就會再增加。另外，網店的利潤在 10% ～ 15%，消費者在購買的時候可以問商家價格裡含不含發票。

我推估互聯網電商加上實體店在未來的鑽石銷售業績會更加快速成長，年輕族群上網消費比例愈來愈高，以後 1 克拉以下的鑽戒成品，相信有大半江山都是電商的天下。消費者最後會是最大贏家，可以買到便宜實惠的鑽戒。

2015 年初所查詢到百貨公司有品牌鑽石的價位，依照重量、顏色等級、淨度等級、證書去區分。

以 30 分為例，可挑選臺幣 2.5 萬～ 3.5 萬價位的婚戒；50 分大小可挑選 7 萬～ 12 萬價位的婚戒；1 克拉大小可挑選 18 萬～ 45 萬價位的婚戒。

為了保證你的利益，請挑選有 GIA 證書的鑽石，這樣並不會花費更多。1 克拉鑽戒價差相當大，請參考本書提供的克拉報價表，或自行上網站查詢當月鑽石報價表。

以上電商請自行搜尋網址，價格會有時間波動，詳細情形請上網與店家詢問，表格價錢僅供讀者參考。

3. 百貨商場

多數上了年紀的長輩幫子女買婚戒就直接到百貨商場，找幾個知名的店家挑選款式。但年輕人不懂鑽石 4C，擔心買到假的，怎麼可能在網路上買呢？百貨商場的鑽石是一些老品牌和擁有好幾千家的連鎖品牌，或剛創業的品牌。百貨商場通常要抽三到四成的稅金，還要發票，因此再加上人事成本，想買便宜一點的就別去百貨商場。通常扣除商場的運營成本還需要有 30% ～ 50% 的利潤，因為他們的人事成本開銷太大了。

在百貨商場買婚戒的優點

- 送禮有面子，對方知道價錢（因為有發票）。
- 服務態度親切，「以客為尊」的購物體驗，心情愉悅。
- 會有廠商的發票、保單和鑑定書，不怕買到假的。
- 遇到週年慶或節假日還會有折扣優惠。
- 非常省事，當場挑選，直接購買，可以刷卡。

4. 實體熱門品牌

❶ 周大福

周大福集團是鄭裕彤博士及其家族擁有的實力雄厚的私人商業集團。集

團總資產值超過五十億美元，所經營的業務遍布全世界，共雇用員工約八萬人。集團業務主要由兩間公司經營。周大福珠寶金行有限公司在香港及中國的珠寶首飾行業裡，每年銷售額占市場第一位。周大福在中國的店鋪數量超過兩千家。

❷ 鑽石小鳥

鑽石小鳥創立於 2002 年，國內知名珠寶品牌，婚戒訂製首選。鑽石小鳥售出了中國互聯網上的第一顆鑽石，並開創了「滑鼠 + 水泥」的珠寶銷售模式，是中國珠寶 O2O 模式的締造者和引領者。

鑽石小鳥擁有目前「全亞洲最大的鑽石珠寶體驗中心」，做為鑽石行業的領導品牌，率先推出婚戒訂製服務，為每一對情侶的愛情誓約打造專屬的閃耀信物，以對鑽石極致品質的追求打造璀璨臻品鑽戒，為消費者帶來卓越的鑽石體驗。成立至今，鑽石小鳥累積擁有百萬會員，已成為中國情侶的婚戒訂製首選品牌。

粉紅色彩鑽配鑽石掛墜項鏈、戒指、耳墜套裝 18K金鑲嵌、3.52 克拉梨形切割非常淡粉紅色彩鑽掛墜，邊緣配鑲圓形切割鑽石，連接圓形切割項鏈，另配同款設計戒指、耳墜，項鏈長約 43cm，指環尺寸 7，附 GIA 證書。
拍賣預估：17,200,000 ～ 22,516,000 元。（圖片提供：香港保利拍賣公司）

閃亮的求婚戒和吊墜。（圖片提供：鑽石小鳥）

四爪單顆主石鑲白鑽女戒。（圖片提供：鑽石小鳥）

5. 中國國際珠寶展（北京）

　　隨著改革開放的步伐，珠寶玉石首飾行業發展迅速，伴隨著行業的發展，中國珠寶展覽業有很大的發展。據不完全統計，中國各地的珠寶展由過去每年二十多場發展到現今每年幾百場，但其中最具代表性的珠寶展覽當屬中國國際珠寶展（北京）、上海國際珠寶首飾展覽會、深圳國際珠寶展，這三大展均由中國珠寶玉石首飾行業協會主辦，彙聚來自世界各地的知名珠寶製造商、批發商、零售商和加盟商，是珠寶品牌宣傳推廣的最佳舞臺，是商貿洽談、交易的重要場所，更是珠寶企業家、設計師、鑑定師、業內專業人士共話趨勢、尋求合作與發展的平臺，成為中國影響力最大的專業珠寶展。

2014 年中國國際珠寶展開幕典禮，中寶協常務副會長、祕書長孫鳳民發表講話。（圖片提供：中國國土資源部珠寶玉石首飾管理中心）

　　由中寶協主辦的珠寶展覽始於1992 年，起初展覽規模較小，展位數量在兩百個左右，參展的企業多是一些做玉石的小型個體戶。隨著行業的發展，根據需要，協會領導與時俱進，調整了思路，對中國珠寶展覽會做了長遠的規劃，要把珠寶展覽會辦成有規模、有品質、國際化的展覽會，使展覽會真正成為促進貿易發展、資訊交流，推動行業發展的平臺。他們於 2002 年決定每年在北京舉辦一次專業珠寶展，依據北京現有的展館設備，選擇了在中國國際展覽中心舉行。

　　2015 年中國國際珠寶展於 11 月 28 日～ 12 月 2 日在北京中國國際展覽中心和國家會議中心隆重舉行。為了進一步提升中國國際珠寶展的影響力，

珠寶胡同，人流量很多，賣的商品種類也很繁多，顧客可以自行選擇。（圖片提供：中國國土資源部珠寶玉石首飾管理中心）

本次展會在以往中國國際展覽中心全館開放的基礎上擴大規模，新增國家會議中心場館，總展覽面積六萬多平方公尺，總展位數量四千餘個，已成為中國大陸規模最大的珠寶專業展覽會。

6. 上海國際珠寶首飾展覽會

　　上海珠寶展在 2005 年以前一直沒有形成規模，且每年三到四個展覽不集中、未受重視，與上海這座國際大都市不成對比。上海是中國經濟最發達地區之一，中寶協 2005 年底在北京會長辦公會議決定，著力辦好上海國際珠寶展，與深圳珠寶展、北京珠寶展並駕齊驅，成為中國三大珠寶展之一。2006 年 4 月由中寶協帶領，聯合中國國土資源部珠寶玉石首飾管理中心、上海黃金交易所、上海鑽石交易所、上海黃金飾品行業協會、深圳市黃金珠寶首飾行業協會、上海寶玉石行業協會，聯合主辦「2006 上海國際珠寶首飾展覽會」，在上海浦東新國際博覽中心隆重舉行，並在業界產生了廣泛的影響。

　　2016 年上海國際珠寶首飾展覽會於 5 月 4 日～ 8 日在上海世博展覽館隆重舉行，展出面積近六萬平方公尺，展位數達二千七百個，將彙聚來自美國、以色列、德國、澳大利亞、泰國、韓國、法國、巴西、義大利、斯里蘭卡、尼泊爾、印度、緬甸、新加坡、波蘭等二十二個國家和地區的一千多家參展商，是上半年中國大陸品牌化、國際化程度最高的國際性珠寶展。

2015 年上海國際珠寶首飾展覽會新聞發布會現場。（圖片提供：中國國土資源部珠寶玉石首飾管理中心）

2013 年上海國際珠寶首飾展覽會開幕典禮眾多領導合影。（圖片提供：中國國土資源部珠寶玉石首飾管理中心）

7. 香港國際珠寶展

香港每年 3、6、9、11 月都有舉辦大型珠寶展。其中又以 9 月規模最大。如果您想與阿湯哥一起暢遊導覽香港珠寶展也可以微信聯繫。

❶ **香港國際珠寶展詳情（已到第三十二屆）**

展出時間：每年 3、6、9、11 月

展出地點：香港國際會展中心（灣仔）

展品範圍：珠寶首飾、銀首飾、製成首飾、古董首飾、翡翠首飾、鑽石裸石、貴重寶石裸石、寶石原礦、南洋珠及大溪地黑珍珠、淡水珍珠、珠寶零配件、珠寶陳列及包裝用品、珠寶鑑定儀器、珠寶鑑定機構與教育機構、珠寶雜誌刊物、品牌錶及時鐘與珠寶專題演講。

香港國際珠寶展聲譽昭著，歷史悠久，彙聚優質參展商，規模不斷擴大，2014年舉行時有超過兩千三百家來自四十三個國家及地區的商號參展，刷新紀錄。一些國家及業界組織更分別在會上設置展館，藉此凝聚同業力量，締造更多機會接觸優質買家，瞭解客戶對當代設計的訴求。大會網羅世界大廠的首飾和寶石，吸引超過四萬五千名來自一百四十個國家及地區的買家到場參觀。會上國際展商雲集，共設置二十二個地區及團體展館，數目為歷屆之冠，其中包括中國、杜拜、德國、印度、以色列、義大利、韓國、馬來西亞、新加坡、西班牙、臺灣、泰國、土耳其、美國，以及多個業內組織，計有安特惠普世界鑽石中心、國際寶石協會、以色列鑽石協會、日本（珠寶協會、珠寶設計師協會、珍珠出口商會、山梨縣水晶寶石協會）和國際鉑金協會。

香港國際珠寶展會場。

2015 年香港國際鑽石、寶石及珍珠展與香港國際珠寶展同時期在香港舉行,有一千五百多家參展商攜寶石及鑽石原材料參展,珠寶收藏家也達到兩千三百四十一家,並有超過七萬四千名來自一百四十五個國家和地區的買家前往參觀洽談,盛況空前。參觀的海外國家中,中國、印度和美國的人數最多,其次是臺灣、泰國、日本、菲律賓、澳大利亞、俄羅斯和韓國。

2017 年,香港國際鑽石、寶石及珍珠展定於 2 月 28 日至 3 月 4 日假亞洲國際博覽館舉行,專門展出鑽石、寶石及珍珠等珠寶原材料;而集中展示珠寶首飾成品的香港國際珠寶展則於 3 月 2 日至 6 日於香港會議展覽中心舉行。兩展展期中有三天是重疊舉行的,大會亦提供來往香港會議展覽中心及亞洲國際博覽館的穿梭巴士服務,方便買家充分把握不同的採購機遇。

香港國際珠寶展網址:http://www.hktdc.com/fair/hkjewellery-sc/

❷ 香港珠寶展可以買到便宜鑽石嗎?

參觀珠寶展必須持有名片,基本上只要是留有名字、個人名片,填寫個人資料就可以參觀,也可以事先網路上申請到現場換證。珠寶展的門禁相當森嚴,每一個館出入口都設有刷卡機制來管控參觀買家。雖然如此戒備,每一年還都是會發生盜竊案,其中又以鑽石被竊或掉包居多。

2015 年 3 月,阿湯哥在香港珠寶展廠商攤位前。

水滴形流蘇風格天然白鑽耳環。(圖片提供:駿邑國際珠寶公司)

Tip

香港國際機場——亞洲國際博覽館,下飛機可搭機場快線五分鐘左右就可以到達會場,相當方便。主要展出鑽石裸石、彩色寶石裸石、珍珠、半寶石成品等。

珠寶展鑽石廠商上百家，每家賣的價位都不太一樣。30 分、50 分與 1 克拉 GIA 鑽石競爭最激烈，比過三家就差不多可以下手。黃色彩鑽部分，2 克拉以下基本上也是刀刀見骨，可比的商家太多了。如果您在高級珠寶店或百貨專櫃買鑽石，在珠寶展應該可以挑到性價比高的鑽石。如果習慣在網路上買鑽石，那價格就相差幾千元到一、二萬元而已。只是要買一顆當婚戒，光機票住宿開銷都不夠，自己可以多盤算一下。

單顆鑽石基本上都打好了證書。（攝自香港珠寶展）

❸ 香港珠寶展買鑽石攻略

你到了會場應該會頭昏眼花，來自世界各地廠商都來參展，其中以印度、香港、以色列、美國廠商居多。裸石也會分等級，具體經營種類如下：專賣 1 克拉以上 GIA 圓明亮形白鑽與花式切割白鑽。1 克拉與 1 克拉以下裸鑽無證；專賣 GIA 彩色鑽石；專賣等級差的鑽石，灰色、咖啡色、黑鑽與鑽石成品。專賣配石 1 ～ 10 分。

❹ 在珠寶展一定要買有證書克拉鑽

鑑定書以 GIA 最通用，其次是 HRD、IGI 三種證書居多，

買家可以直接向廠商說出預算和需求。（攝自香港珠寶展）

也有 AGS 證書。剛開始通常店家會要你交換名片，問你的需求，現在展覽會場廠商通常都找會講中文、略懂鑽石的工讀生，有些廠商就以英文或廣東話

溝通。通常店家都會有一本公司現有鑽石報價單，買家可以翻閱上面資料尋找自己最「對裝」的鑽石。依據我的經驗，通常要比過三到四家，才能找到最低折扣，常常要花上半天或一天時間，來珠寶展就要不怕累。

你也可以把自己要求的顏色與等級、心理價位告訴廠商，請對方協助尋找。1克拉鑽石大概是廝殺最激烈的，因為價位太透明，幾乎都是肉搏戰來搶客，平均利潤1%～2%，這是多數消費者很難理解的。當然克拉數愈大，利潤空間也愈大。鑽石買賣通常都要現金，會場也可以刷卡，可是需要3%左右的手續費。買家都會想辦法給現金或者是銀行卡轉帳，交易完成記得索取收據與公司名片。同樣廠商並非每次都可以提供最優惠價位鑽石給您，因此每次去都得多問、多比較。

成堆的咖啡色鑽石、偏黃色鑽石，等著買家慢慢挑選。（攝自香港珠寶展）

有 GIA 證書的鑽石一字排開，等著客戶挑選。（攝自香港珠寶展）

❺ 買 1 克拉以下 30 ～ 50 分鑽石有證與無證攻略

現在許多新人結婚都會購買30～50分附GIA證書的鑽戒。在會場可以找到十幾、二十家以上賣1克拉以下鑽石。基本上有鑑定書已經省事多了，不需要每一顆挑出來檢查。但是部分有小黑點內含物在桌面上的，有時會打VVS2，這要避免。在切工上有些人相當講究，就是要3EX，也有些人可以接受very good切工。要注意每一顆都要有八心八箭效應，顏色不要偏咖啡色、綠色、牛奶色。有螢光較強者通常折扣可以多一點，追求完美者就是要無螢光。並非每一顆都要最高等級，生意做久了自然知道哪一種等級賣得最快，薄利多銷就好。

買無證書的小鑽石要避免買到合成鑽石。買鑽石需要花眼力挑選，一盒裡面可以挑出兩、三顆就算不錯，有時候得多跑幾家詢問。如果整合的等級

很一致，價位就很難談下來。一個上午可能就看一、兩家廠商的貨。買完記得要向對方索取名片與收據。回國後馬上送去鑑定，避免買到合成鑽石或優化處理鑽石。多數 30 ～ 50 分小鑽顏色都在 I 以下，H 色以上的小鑽石通常都會送 GIA、HRD 去做鑑定。如果能挑到 G、H 色鑽石出來，都算是漏網之魚。不過淨度也會差一些，在 SI ～ I 之間。

阿湯哥和程思老師在香港珠寶展合影。

阿湯哥在展會上聚精會神地找一顆 1 克拉黃色濃彩鑽石。

❻ 在珠寶展如何挑選無證鑽石？

這是展現每一個人挑鑽石基本功夫的時候。先把自己的需求（淨度、顏色與價位）告訴賣方，然後他會挑出幾盒鑽石讓你選擇。首先是看顏色，大家都知道要挑選白一點。將十幾顆鑽石放在卡紙上，依序排列，尖底朝上，每一盒中鑽石顏色至少都會差一到兩級。先將最白的四、五顆挑出來；第二步驟就是檢查這四五顆淨度，通常 VS 級的淨度就算不錯了。第三步驟就是挑選切工，當然有部分是大桌面的，閃光就會差一點。切工通常不會太標準，盡量挑有八心八箭比較容易銷售。

一盒當中通常最多只能挑到一、兩顆滿意，殺價就得看自己功力，銀貨兩訖，現金為王。買回去無證的鑽石，通常需要馬上去檢驗，避免買到合成鑽石或有優化處理的鑽石，交易收據與公司名片一定要好好保存。

輻照改色鑽石。（攝自香港珠寶展）

挑選無證鑽石必須要有經驗和耐心，心情要放鬆，因為自己是為客人把關，鑽石挑得美，客戶也會愈信任你。（攝自香港珠寶展）

❼ 在珠寶展如何挑選小配鑽？

許多設計師與工廠都會來挑選小配鑽。小配鑽最大的問題是很多小顆合成鑽石混在其中，尤其是印度商家。要解決這種問題，可以送去鑑定中心檢驗。因為小鑽利潤微薄，有些貨會摻一些合成小鑽或者是其他顏色等級較次的配鑽。真是你砍價錢、我就做手腳。

買小配鑽要有耐心，把鑽石攤開來挑，有些設計師會不耐煩。說實在的，挑鑽石是件苦差事，眼睛都會看到花掉。平均看一顆一分小鑽兩、三秒鐘，很在意的是淨度。因為淨度差，整體看起來就不閃。通常設計師會把今年需要用到的小配鑽分兩、三次補齊。一般消費者除非自己要鑲嵌的珠寶多，不然不會到會場上找配鑽。配鑽的顏色、大小、形狀、重量、尺寸等級相當多，有些工廠專做購物臺的商品，就是要白花的小鑽石（顏色約 G、H 等級，淨度在 SI 或 I 等級）。顏色偏黃是大家肉眼都會看出來的，所以在鑲嵌工廠一般配鑽就分 A、B、C 三等級，A 級適用在高級珠寶鑲嵌；B 級適用在鑄模臺珠寶鑲嵌；C 級適用在購物臺或是小拍賣行販賣。小鑽石注意不要帶咖啡色或偏奶白色（乳白色）。有些小鑽石印度切工腰圍特厚，火光稍差，售價便宜。

通常有很多鑲嵌工廠，印度廠商都會主動去供貨，採用按月結帳，用多少結多少。在深圳水貝的朋友說很多印度廠商都被倒貨，收不到帳款或者是永遠收不齊帳款。甚至有些惡性廠商大量進貨，然後拿配鑽去當鋪質押借錢，每次印度人來收款就還三分之一或二分之一，並且繼續再進貨，到了一定程度就惡性倒閉，印度人只好摸著鼻子自認倒楣。我覺得全世界最聰明的商人有猶太人和中國人。比較可悲的是一些中國工廠做壞聲譽，動一些歪腦筋，沒多久工廠就關門大吉了。

2015 年 3 月，參觀香港珠寶展看到許多廠商販售高溫高壓改色鑽石，其中以紅色、黃綠色為主。（攝自香港珠寶展）

❽ 在珠寶展買彩鑽的攻略

想買顆彩鑽犒賞自己或者幫客戶找彩鑽，來珠寶展就對了。二、三十家廠商，可比性很高。因為彩鑽沒有報價表，因此沒比過三～五家以前，千萬別急著下手。彩色鑽石以黃色居多，粉紅色與藍色、綠色居次。咖啡色與黑色通常用於配鑽（復古造型），當主石的人不多。

買彩鑽要注意別買到合成鑽石與 HPHT 鑽石，因此買 GIA 證書的彩鑽比較有保障。要注意的是，彩鑽都是以顏色為主，同樣是 Fancy 等級的顏色，也有可能因切割比例不同，形狀、淨度不一樣造成視覺效果顏色差異。就算是同一顆彩鑽，不同時間送去不同地點鑑定，同是 GIA 證書也不一定有相同鑑定等級結果。

通常買彩鑽選得最多的是雷地恩切工；其次是枕形、祖母綠形，水滴、橢圓、心形有很多人喜歡，挑選明亮圓形切工的彩鑽的人反倒最少。

彩鑽另一個要注意的是著重顏色，淨度除了黃色彩鑽外，SI ～ I 都可以接受，因此部分 GIA 證書上就缺少淨度一欄，比方紅鑽、粉紅色彩鑽、藍色彩鑽與綠鑽。黃色彩鑽在產量上還是比較多，對淨度要求也相對高。就我而言，至少要 VS 等級以上。粉紅色彩鑽除了淨度稍差外，切工比例與對稱都會差一點，原因就是捨不得損耗重量。因此上述這幾種顏色彩鑽很難切到 excellent，如果能到 very good 就算不錯了，通常也會出現 good 這個等級。粉紅色彩鑽通常會帶紫、橘，通常純色粉紅色彩鑽會比較貴。藍色彩鑽顏色多數會偏灰或帶綠，很少能達到 intense 或 vivid 等級，常見 deep 或 dark 等級。

看到中意的鑽石，可以先讓員工幫你拿出來挑選，也可事先詢問價錢，價差太多就不要挑了。（攝自香港珠寶展）

每一顆彩鑽背後都有一段動人的故事，感情有時候很難用錢來衡量。（圖片提供：駿邑珠寶）

展會上出現瞬間秒殺眾人的粉紅色彩鑽戒指、套鏈，讓人不捨得離開。（圖片提供：駿邑珠寶）

如此多鑽石好像不用花錢一樣，能否買到真正合你的心意又天然的鑽石，就看你的眼力了。（攝自香港珠寶展）

在珠寶展買鑽石最好和珠寶班的同學一起，或者有老師陪同，不然賣家憑你拿夾子看鑽石的姿勢就知道是否專業。（攝自香港珠寶展）

❾ 在珠寶展如何挑選供貨商？

通常鑽石供應商都有自己的優勢。有些主打黃色彩鑽，有些是粉紅、藍、綠 1 克拉與幾十分小鑽。有些印度商人主打咖啡色與灰色、黑色低品質鑽石。白鑽有人主打 2 克拉到 10 克拉大鑽，也有主打 1 克拉各種花式切割鑽石，另外也有主打 1 克拉以下無證書鑽石。賣 10 分以下配鑽的也有相當多廠商，總而言之，每種商品都有可能找三～五家供應商。供應商這次的價格你可能滿意，下次說不定就沒有競爭力。價格方面基本上都可以談，但是根據我的經驗，除非購買的數量相當大，不然問價九折的空間就很不錯。

❿ 消費者如何去珠寶展挑選鑽石？

一聽你講的專業術語就知道是不是消費者，例如我們在外面講鑽石重量不說 1 克拉多少，而是說一斤多少。為何這樣說？因為這樣避免周遭的人知道你身上有鑽石，轉移注意力。專業的進貨商到了展會先看 GIA 的庫存單，挑選自己滿意的鑽石，直接把鑽石調出來詳細觀察。折扣多的必定螢光強、切工稍微差一點，重量剛好克拉整。

等級完美的鑽石基本上折扣就會少一點，甚至無法有折扣。從消費者自己拿夾子看鑽石的姿勢，業者也可以知道你內行與否。要是自己沒經驗，也可以和有經驗的朋友、寶石班同學一起前往，若是有專家同行那是更好不過。買鑽石現買現賣就是賺差價，想賺大錢要等一段時間，但是放太久，比方十年以上資金又壓得太重，自己得

考慮資金槓桿平衡的問題。

結語

　　參觀珠寶展可以讓自己擴展視野，也是慢慢縮短走向收藏或開業這條路的距離。許多剛學完 GIA、HRD、IGI、FGA、GIC 等的同學都會去朝聖。在學校所學的是如何鑑定與 4C 分級，到現場要磨刀霍霍砍價錢。試試自己看鑽石 4C，不要偷看等級，是否和 GIA 等級一樣或接近，看看合成鑽石與改色鑽石特徵與內含物。當然流行款式與設計趨勢，以及知名設計師設計，其他翡翠與彩寶的批發價格，都是可以一起瞭解的。總之學珠寶，不管鑑定、設計，還是鑲嵌工廠與珠寶教學鑑定都需要經常造訪，無意中還可以遇到好久不見的朋友或同學，久別重逢也可以晚上小聚一番。當然也有可能遇到欠錢不還的債主或是借貨不歸還的店家，可以要債成功。

參觀珠寶展買鑽石，事先做功課必不可少。客戶讓你找的等級、價位，隨時用微信溝通，確定對方匯錢過來才能訂貨。如果遇到不懂行規的消費者，一會兒要、一會兒不要，就會有很多糾紛。

行家直接拿報價表和老闆談折扣，有的人對價錢很敏銳，同樣等級貨比三家都會有 3% ～ 5% 的差價。

Tip

參觀香港珠寶展最好三、四人同行結伴，一方面互相照顧，也可以分擔房費。一、兩個月前訂好機票與酒店，離展會日期愈近，房價與機票愈貴，說不定也訂不到機票與房間。通常在上環與灣仔附近酒店客房都在 700 ～ 2,000 港幣左右，大多不附早餐，房間內空間相當窄，和東京差不了多少。到香港吃美食是一定要的，海鮮、港式飲茶、粵菜，有當地朋友可以帶路更好。多數人到香港旅遊都發現消費變貴了，基本上簡單一餐每個人要 200 ～ 300 港幣。四、五天看展，每天走路走到腿快斷掉，晚上飯後可以去足部按摩，消除一天疲勞。

名牌珠寶店買鑽石

1. 蒂芙尼（Tiffanny&Co.）

1837年由查理斯・路易士・蒂芙尼（Charles Lewis Tiffanny）創立於紐約百老匯。蒂芙尼珠寶被束以白色緞帶的水藍色小盒子令無數女人魂牽夢縈。在漫長的歲月中，蒂芙尼這個珠寶世家早已成為地位與財富的象徵，但是創辦人之子路易士・康福特・蒂芙尼（Louis Comfort Tiffany）有句話說得好，「我們靠藝術賺錢，但藝術價值永存」。

位於高級百貨商場或者獨立專賣店，價位是全世界統一定價。多數年輕、有經濟實力的女孩都會追捧名牌鑽戒，首選即是蒂芙尼，因而成為眾多名牌珠寶的入門級品牌。這主要是受影星奧黛麗・赫本在電影《第凡內早餐》中佩戴過蒂芙尼鑽戒的影響。無數好萊塢明星也對蒂芙尼趨之若鶩，以《穿著 Prada 的惡魔》紅遍全球的影星安・海瑟薇（Anne Hathaway) 佩戴蒂芙尼的戒指和耳環，在黑色套裝的映襯下更加閃耀奪目。

蒂芙尼的鑽石飾品風格以花朵、星星、月亮造型為主，以繁多的小碎鑽搭配襯托主石的設計，就是要讓所有佩戴的人成為令人矚目的公主。1 克拉六爪鑲嵌設計的鑽戒是最經典的流行款式，價格約 5 萬～ 120 萬，外面很多家廠商模仿它的做工。許多買不起蒂芙尼的人也會去別處找，表明要六爪蒂芙尼經典款。另外，蒂芙尼賣得最好的一款就是鑽石主石旁邊圍一圈小碎鑽，連同戒腳也鑲滿小碎鑽。這款比較適合作結婚週年紀念的鑽戒，價格約 16 萬～ 130 萬。

梵克雅寶 Irène 耳環。（圖片提供：《中國寶石》雜誌）

另外，蒂芙尼有一款鑽石吊墜也炙手可熱，那就是鑰匙吊墜。一經推出就引起一大堆跟風的仿冒品，鑰匙吊墜頗受年輕的白領青睞。很多人買來自己戴或者當禮物送給別人。主要是很多鑰匙吊墜沒有鑲鑽，價格很親民，在 5 萬左右。鑲滿小碎鑽的鑰匙吊墜價格在 18 萬左右。

2. 卡地亞（Cartier）

　　1847 年由路易・卡地亞（Louis Cartier）創立於巴黎，1904 年成為英國王室的皇家珠寶供應商，使得卡地亞一躍成為上流社會的尊寵，歷經百年而不衰。如今，卡地亞珠寶依舊延續奔放不羈的創意，傳遞著品牌的高貴價值，令人心馳神往。

　　看到卡地亞就會想到它的「豹」系列作品。有位學生在一次謝師宴上，身上戴了一個豹胸針，由白鑽和黑鑽組成，兩個眼睛鑲嵌的祖母綠，炯炯有神。到現在我仍然記憶猶新。

　　卡地亞是所有成功人士與企業大老闆的首選品牌，年紀都在四、五十歲以上，在婚鑽上它主打公主方的鑽石，有 30 分、50 分與 1 克拉。採用夾鑲的方式，沒有爪子，俗稱「坦克」造型，屬於中性風的設計，男女都適用。當年我結婚前，還特地到臺南卡地亞專櫃詢問價錢，30 分 30 萬、50 分 50 萬，必須從臺北調撥。於是銷售人員勸我說買 30 分鑽戒也很好看，其實是我的打扮不像能買得起 50 分鑽戒的成功人士。現在回想起來，不由得莞爾一笑。很多年輕人可能和我當時一樣，對於這種名牌珠寶店敬而遠之，只能遠遠看，連進去的勇氣都沒有，更不要說拿起來佩戴了。聽到價錢，更是被嚇得暈過去，恐怕一年的薪水，不吃不喝也買不起。

　　卡地亞部分鑽戒會在戒圈打上「Cartier」的字樣，有很多人會以此炫富。它的經典款鑽戒是三色金三環鑲鑽戒指，價格一般約在 18 萬～ 23 萬元，也算是入門款鑽戒之一。

珍珠搭配白鑽手鏈。（圖片提供：《中國寶石》雜誌）

四爪鑲正方形切割白鑽戒指。（圖片提供：《中國寶石》雜誌）

3. 香奈兒（Chanel）

香奈兒高級珠寶的設計靈感源自 1932 年香奈兒（Gabrielle Bonheur "Coco" Chanel）女士首個高級珠寶系列的大膽理念，以及代表著品牌獨特內涵的標誌性主題。1988 年到 2007 年，Lorenz Baumer 設計了多個臻品珠寶與高級珠寶系列。此後，香奈兒高級珠寶成立了創意工作室。從香奈兒女士的宇宙汲取靈感，畫下最初繪稿，之後細化到為珠寶工坊準備的工藝製圖，創意工作室不斷精采演繹香奈兒高級珠寶的設計理念，將卓爾不群的奢華美學呈現在我們眼前。

看到香奈兒就讓我想到山茶花，在它的設計項目裡，除了雙 C 的造型外，最具代表性的圖騰就是山茶花造型。山茶花造型的飾品除了用鑽石之外，也會用到黑瑪瑙、蛋白石、K 金。比如山茶花胸針通常可以是碎鑽做花瓣造型，環繞中心的主鑽。以一個 18K 白金鑽石胸針為例，價格約為 95 萬，這一款胸針賣得特好，我好幾位朋友都有買。

香奈兒其實也是貴婦專享的品牌，根據幾年前一個在香奈兒做銷售的朋友講，香奈兒包包、珠寶多是男人用來買給女友的禮物，甚至遇到過某位老闆一個月內帶三個不同的女孩來購買。這也意味著很多女孩難以抵擋香奈兒的誘惑。

4. 蕭邦（Chopard）

1860 年，由路易於利斯·蕭邦（Louis-Ulysse Chopard）創立於瑞士。在珠寶創作的過程當中，寶石本身的細緻度和蕭邦無限的敬意，全都藉由一絲不苟的珠寶工匠來執行，從而孕育出卓爾不凡的傑作。

想到蕭邦，最令我印象深刻的就是會活動的鑽戒「Happy Diamonds」系列，鑽石可以在戒臺的框架內上下、前後滑動。Angelababy 曾佩戴 Happy Diamonds 圓形浮動鑽石鑲嵌白金戒指，襯托出她的清新氣質。這個品牌很適合十幾歲、二十幾歲的少女，做為成年禮或者大學畢業的紀念禮物。售價在 10 萬～ 20 萬之間，相當有誘惑力。這個設計到目前為止，也只有蕭邦在做，如果有別家做，大多就是仿冒品。有一款泰迪熊玫瑰金項鏈也賣得特別好，我的朋友曾買一組送給她的女兒，做為二十歲的生日禮物。

5. 戴比爾斯（De Beers）

　　戴比爾斯珠寶創立於 2001 年，由戴比爾斯集團及 LVMH 集團共同成立，戴比爾斯集團的專業知識和豐富經驗為戴比爾斯珠寶奠定了堅實的基礎，有實力雄厚的 LVMH 集團則憑藉超凡的時尚魅力以及奢侈品文化的深厚淵源為它提供堅強後盾。戴比爾斯鑽石珠寶是國際鑽石市場中最頂級的鑽石珠寶商。

　　戴比爾斯就等於鑽石，因為它的廣告太響亮了。戴比爾斯的款式沒有特別明顯的標誌，最難識別，意味著它的飾品都是實用型的，不是誇張的舞臺效果。唯一與眾不同的就是它的 8 Talisman Virtius 系列，即力量之泉、勇敢之神、恬淡之星、忠誠之盾、希望之星、智慧之盆、榮耀之光、愛之瑰寶系列作品，真的太有才華了。打破傳統的切磨鑽石，利用不同的原石配色，凸顯出與眾不同的個性。原礦特別多，運用的材料也就特別廣，因而才會有如此多不同主題的作品呈現出來。男女都可以佩戴，用來彰顯個人的品位，低調、內斂而質樸，連我自己看得都非常心動。

　　戴比爾斯 2015 年初在臺北的彩鑽展覽推出系列作品，明星代言人章子怡、舒淇、莫文蔚都是它的忠實粉絲和座上嘉賓。同年 4 月在臺北誠品信義店展出多款鑽石珠寶，其中最引人注目的是一顆 4.4 克拉 Fancy pink（中粉紅）心形鑽墜，要價六千多萬。一顆 3.69 克拉、枕形切割、Fancy vivid （豔黃彩）鑽戒，要價一億兩千多萬。一顆頂級祖母綠切割的鑽戒，3.06 克拉、Fancy vivid 黃橘鑽戒，兩邊鑲有兩顆三角形切割的配鑽要價一千四百多萬。其中臺灣的名主播侯佩岑最喜歡藍色彩鑽，她手上佩戴了一顆 2.6 克拉、梨形切割、Fancy vivid blue（豔藍彩）鑽戒，價值一億多，直呼過癮。可見彩鑽的魅力與明星多麼匹配，都是眾人矚目的焦點。

雷地恩形、豪華款白鑽戒指。（圖片提供：《中國寶石》雜誌）

CHAUMET-Joséphine（加冕－愛）系列「Aigrette－羽翼」白金戒指。（圖片提供：《中國寶石》雜誌）

6. 永恆印記（Forevermark）

永恆印記擁有一百二十多年歷史，全球鑽石權威 De Beers 的另一個品牌永恆印記完美地詮釋了「精選的藝術」，全世界僅有經過精心甄選、不足 1% 的天然美鑽才有資格被印上永恆印記。每一顆帶有永恆印記的鑽石從勘探至開採，每一步都得到悉心的呵護。

因《和瑪麗蓮的一週》獲得最佳女主角提名的蜜雪兒・威廉斯（Michelle Williams）曾佩戴永恆印記的鑽石項鏈。劉亦菲佩戴永恆印記的鑽石項鏈參加第十五屆上海電影節，貴氣逼人，秒殺眾多粉絲。

永恆印記主打產品是四爪鑲鑽戒，旁邊沒有配鑽。爪鑲最容易讓鑽石火光綻放。系列產品主攻婚鑽市場，算是實用型的款式，以不張揚、低調而簡約的風格為人喜愛。

這個品牌比較年輕，一直在各大媒體雜誌打廣告，要打入年輕族群的市場，而且找一些知名時尚藝人代言，如湯唯、劉亦菲等。永恆印記鑽石的售價在國際知名品牌中比較容易入手。

7. 格拉夫（Graff）

格拉夫由勞倫斯・格拉夫（Laurence Graff）於 1960 年創立，是一家不折不扣的「鑽石」公司，今天，格拉夫是南非最大的鑽石生產商之一，是世上絕美華麗珠寶的代名詞，象徵稀有、美麗、卓越，最重要的是其鑽石的純高品質及工藝的精湛絕倫。做為一家非凡的鑽石公司，格拉夫將產自世界各地礦場的鑽石原石加以精刻細琢，從而使其成為全球鑽石商中的佼佼者。在南非首都約翰尼斯堡的格拉夫鑽石切割工廠裡，一支三百多人組成的團隊把成千上萬克拉的鑽石原石加以切割和打磨。

這個品牌的鑽戒採用頂級的白鑽與彩鑽，以大克拉數的鑽石飾品投資與收藏為主，在許多國際拍賣會上都有它的蹤跡。作品主題以崇尚自然、回歸原始的設計為主，多數是以昆蟲或者花卉為主題，它的用鑽會經過特別精挑細選，具有濃重豪華的貴族氛圍。適合參加隆重場合的宴會，比如國宴、奧斯卡獎紅毯走秀，

或者是明星派對的場合。精湛的工藝搭配完美的主石，使得每一款鑽飾都是頂尖的藝術作品，具體價格請親自造訪各地的格拉夫專櫃。

8. 喬治·傑生（Georg Jensen）

由喬治·傑生於1904年創立於丹麥哥本哈根。以其純粹優雅的斯堪地那維亞設計風格征服了世界數百萬用戶，常常被譽為丹麥最著名的品牌之一。

喬治·傑生是以銀飾品起家，工藝是當下年輕人喜歡的簡約風，號稱平民中的貴族。很多作品都是黑瑪瑙、紫水晶、月光石搭配銀臺、吊墜的設計，價格多在1萬元左右，幾乎是踏入國際一線品牌的最低門檻。可以在飛機上或者在機場免稅店買到。我曾送一個喬治·傑生的小吊墜給我妹妹當生日禮物，她開心得痛哭流涕。近幾年它也開始加入鑽石的設計，其中最出色的就是Fusion系列鑲鑽戒指，採用18K金材質，鑲嵌小碎鑽，流動線條造型，可拆分，風格自然而別緻，價格在10萬～37萬之間。比較適合有個性的人佩戴，如藝術家、設計師、演員等。

9. 海瑞·溫斯頓（Harry Winston）

美國頂級珠寶品牌公司，擁有精湛的花式切工和鑲嵌工藝，買賣過六十枚以上歷史上最重要的寶石。1890年由雅各·溫斯頓（Jacob Winston）創立於紐約曼哈頓。品牌創始人溫斯頓一直與女星們保持著友好關係，好萊塢女星們以佩戴海瑞·溫斯頓為榮，安·海瑟薇、美國前第一夫人蜜雪兒·歐巴馬（Michelle Obama)都曾佩戴海瑞·溫斯頓的鑽飾。

大概十年前，曾在臺北晶華酒店大廳看到大批媒體準備採訪，後來才知道是舒淇為海瑞·溫斯頓做活動剪綵。從外觀就可以看出這家珠寶店非常尊貴高端，走進去的時候會有警衛幫你開門，若是預約貴賓，你來訪時，便不再接待其他客人，顯得非常尊榮高貴。

它的品牌給人的感覺是在金字塔的最頂端，專門是為皇室貴族打造的專屬珠寶品牌。如果你有自信可以走進它的珠寶店大門，也就是對自己打拚大半輩子取得的成績的肯定。這家品牌的特色就是大，白鑽在10～20克拉，顏色白又乾淨；

黃色彩鑽都是20～30克拉；粉紅彩鑽都是5～10克拉；藍色彩鑽都是3～5克拉；簡直每一顆都可以收進博物館，當年我這個窮教師只能偷瞄，不敢直視。

海瑞‧溫斯頓鑽飾的設計風格以花朵造型、雪花造型等較為常見，精緻的切工與完美的造型結合，營造出華麗繽紛的浪漫美感。另外，交叉環鑽戒、四排鑽戒設計也頗具創意，戴在手上給人富麗堂皇、至尊至貴的感受。

名牌鑽石平民風

印象中高不可攀，只有貴族富豪才能擁有的國際品牌鑽石，最近也吹起一股平民風，為的就是搶攻年輕族群婚鑽市場。

前文說過，我在臺南卡地亞專櫃問了一個基本款30分鑽石，公主方切割「坦克」造型戒，銷售員說要30萬，戴在我手上又嫌太小，於是乎我想換一顆50分鑽石。營業員看了一下我的穿著打扮相當平凡，便和我說：「其實你戴30分大小鑽石也很合適啊，公司目前剛好沒有這款50分鑽戒，需要從別家店調來給你試戴，可能要一週時間。50分鑽戒要50萬，您考慮一下」。50萬，當時等於我十個月的薪水，怎麼捨得花下去呢！這價錢都可以在銀樓買兩顆1克拉的鑽石了。

如今，卡地亞變得讓年輕人可以輕鬆購入，Solitaire 1895系列鑽石，主鑽0.18克拉，玫瑰金，約5萬元起；Love系列0.23克拉，約10萬元起；Destinee系列鑽石，主鑽0.4克拉，約28萬元起；Trinity Ruban系列鑽戒，主鑽0.5克拉，約32萬元起；0.5克拉鑽戒比起十幾年前少了14萬元左右（這裡沒有比較鑽石顏色與淨度等級）。

對於精打細算的年輕朋友，想讓女友永遠難忘又驚喜，可能要不吃不喝至少一年以上的積蓄（以每月薪水2萬來算），才能買到0.4克拉的結婚鑽戒，想求婚不成也難啊！（正確售價請參考全國各地卡地亞專櫃門市或卡地亞官方網站。）

以上所有名牌鑽石飾品款式均無提供照片，消費者可以自行上各大珠寶公司網站查詢。因為涉及圖片版權，再次向讀者致歉。

在拍賣行買鑽石

　　在拍賣會看鑽戒一般是讓工作人員將鑽戒放在托盤上給你看，或者是讓他佩戴在手上給你看。如果是戒指，戒圍太緊不要戴，以免戴上以後取不下來。手鏈、項鏈不要自己佩戴，一定要請工作人員幫你戴，戴上照完鏡子後，也請工作人員幫你取下來。這樣萬一掉下來碎掉或裂掉，就不關你的事，但如果是自己試戴，萬一有閃失，就得自己賠了。

　　其次是拿戒指、耳環盡量在托盤上，手拿起首飾距離托盤約在十公分以內，即使滑落掉在托盤裡也不會有損壞。這是觀賞珠寶應該注意的小細節，避免因手出汗或過於緊張，造成自己的財務損失。

　　每次拍賣會都會有一些基本資料。鑽石都有 GIA 證書，很多拍賣會不太喜歡拍 10 克拉以下的白鑽，因為 10 克拉以下都有報價表，而且競爭非常激烈，因而在拍賣的時候 10 克拉以下的白鑽出現頻率不高。通常 10 克拉以上的鑽石沒有報價表，它們會選用 D、I、F，淨度在 IF ～ VVS2 之間，有時候也有低一點的；顏色在 F、G、H、I，淨度到 VS。如果是在蘇富比或佳士得，全美的鑽石最多，顏色 D、I、F，淨度通常到 VVS2。

三環黑鑽項鏈，長 47.5 公分。（圖片提供：匡時拍賣公司 2014 秋拍）

1. 在拍賣行能不能買到性價比高的鑽石？

　　很多人會關注自己在拍賣會是否會買到性價比高的鑽石？要拍 10 克拉以上的圓鑽也好，花式鑽石也好，是非常容易的，你可以看最近三～五年的拍賣紀錄。

　　重量等級除以克拉數，大概可以知道 1 克拉多少錢。一般來講，有些來投標

的人不懂，價格拍得很高，而有些人是做足功課的，而這些做足功課的人遇到這些不理智的人，也是沒有辦法的。

如果各位朋友對於白鑽 10 克拉以上的價格不瞭解，可以參考本書，但是這個價格是平均值，在這個基礎上還要加 17% 左右的佣金，部分還要加稅金。

2. 拍賣行買彩鑽需要注意什麼？

另一個觀察重點就是彩鑽，其中紅、藍、黃三種顏色的彩鑽最受矚目。 黃色彩鑽在好的拍賣場主要是 Fancy Vivid 或 Fancy Intense 兩種顏色，淨度都在 VVS 以上。多數在 5 克拉以上，最大顆的主石可能達到 20 ～ 30 克拉或 40 ～ 50 克拉不等。

彩鑽要注意切工、形狀，切工、形狀不同，顏色深淺也會有差異。愈大克拉數對顏色要求沒那麼高，所以有些大克拉數的黃鑽顏色級別只到 Fancy。小克拉的黃鑽顏色要求就會再高一點，因而黃色彩鑽的顏色等級是要看大小來稍微做調整。

消費者對有興趣的標的物，可以做足功課，詢價。可以設定幾個目標，得標之後還要付 15% 左右的傭金給拍賣公司。你可以看書、上網或者跟專家請教。彩鑽近幾年如火如荼，看來大家對彩鑽有信心，愈來愈多人投入收藏。

總之，在拍賣行買鑽石除了買特別大、稀有外，小鑽石就不存在真假難懂問題。大鑽石因為沒有固定行情，如果買的老闆沒有事先研究，確實可以有機會賣到好價錢，相對來說，在國際拍賣會品質好又稀少的東西，價錢不可能便宜，千萬別想有撿漏的心態。

3. 香港保利拍賣

首先介紹一款 2015 年 3 月香港保利拍賣的拍品——十九世紀古董鑽石皇冠、項鏈。這款鉑金鑲嵌總重約 25 克拉鑽石的古董鑽石皇冠設計製作於十九世紀中期，鑽石星花配以捲葉和月桂葉設計襯托出優雅的貴族氣質。皇冠另可拆卸做為胸針、耳環、項鏈佩戴。鑽石星花優美的線條及風格多變的造型也是茜茜公主十分鍾愛的髮飾，並在十九世紀開始掀起了佩戴的熱潮。

古董鑽石皇冠、項鏈
鉑金鑲嵌總重約 25 克拉鑽石的古董鑽石皇冠設計製作
於十九世紀，鑽石星花配以捲葉和月桂葉設計。皇冠另
可拆卸做為胸針、戒指、耳環、項鏈佩戴，約 1880 年製。
拍賣預估價：2,792,040 ～ 35,412,480 元

彩黃色鑽石耳環
18K 金鑲嵌分別約 5.16 克拉及 5.18 克拉
方形切割彩黃色 VVS2 淨度鑽石，邊緣配
鑲黃色鑽石，頂部配鑲方形切割鑽石，附
GIA 證書。
拍賣預估價：4,515,600 ～ 7,387,140 元

　　茜茜公主本為伊莉莎白・亞美莉・歐根妮公爵
夫人（Elisabeth Amalie Eugenie），這位皇后以美
貌、魅力和浪漫的憂鬱氣質受到臣民的愛戴。她的
美麗無人不曉，堪稱洲王室第一美女。在當年，茜
茜公主絕對走潮流的尖端，她的非傳統理念也在喜
愛的珠寶款式中顯示出與眾不同的品味。據說，茜
茜公主是觀看了一場莫札特的《魔笛》之後，逐漸
愛上了星形飾物和珠寶。劇中，「深夜女王」這一
角色在臺上穿著帶有星星裝飾的長袍，同時佩戴著
同樣是星形的配飾。茜茜公主的丈夫約瑟夫皇帝，
為了博得紅顏一笑，在第一個結婚紀念日上送給令
茜茜公主著迷的星星形狀鑽石珠寶，也成為她常佩
戴在頭上的飾品。自此以後，星形造型的珠寶開始
走紅，人們瘋狂地模仿，她佩戴的那些星星頭飾也
成為奧地利珠寶設計的代表作，而最注重容貌的
她，也締造出一個大帝國形象代表的絕色佳人。

　　這次參加香港保利珠寶拍賣在臺北的預展，
看到許多珍稀的珠寶。其中又以7.24克拉內部無

鮮彩黃色鑽石
3.02 克拉心形鮮彩黃色 SI1 淨度鑽石，
附 GIA 證書。
拍賣預估價：5,539,560 ～ 8,207,580 元

10.17 克拉濃彩黃色鑽石戒指
鉑金鑲嵌方形切割濃彩黃色 IF 淨度鑽石，
兩側配鑲梯形切割鑽石，指環尺寸 6½，
附 GIA 證書。
拍賣預估價：9,028,020 ～ 13,133,400 元

鑽石項鏈
鉑金鑲嵌總重約 100 克拉圓形及梨形切割鑽石項鏈，
項鏈長約 40 公分。
拍賣預估價：23,595,600 ～ 32,827,140 元

瑕、淡彩藍色梨形切割彩鑽，兩旁搭配濃彩紫粉色鑽石的拍賣鑽戒最受矚目，這顆估價大概在5,000萬左右，相信最後應該有亮麗的成績。這幾年藍鑽與粉紅鑽都是富二代爭相競標的寶貝，這些企業二代都是身家好幾億，出手幾百、幾千萬都不眨眼。現場看見幾位貴婦佩戴，只見她們嘴角露出微笑，心中默想這寶貝就跟定我了。

另外，有一個粉紅色彩鑽套鏈，戒指重3.52克拉，整體來說估價大概是1,600～2,000萬，已經製作成套，很適合公司開幕或者是結婚週年佩戴。現在戴翡翠套鏈出去都嫌老氣，換換口味，這粉紅鑽相信朋友圈裡沒幾個人有，價錢也不容易比，賣幾張股票就可以買了。

淡彩藍色配濃紫粉紅色彩鑽戒指
鉑金鑲嵌 7.24 克拉梨形切割淡彩藍色內部無瑕鑽石，
兩側配鑲 0.57 克拉及 0.66 克拉心形切割濃彩紫粉紅
色彩鑽，邊緣配鑲圓形切割粉色及白色鑽石，指環尺
寸 5½，附 GIA 證書。
拍賣預估價：59,497,800 ～ 73,858,680 元

濃彩黃色內部無瑕鑽石戒指
18K 金鑲嵌 30.03 克拉濃彩黃色內部無瑕鑽石，兩側配鑲三
角形切割鑽石，指環尺寸 6。附 GIA 證書。
拍賣預估價：32,006,700 ～ 41,034,720 元

還有一條五彩繽紛色彩鑽手鏈，共有十七顆彩色鑽石，每一顆都有GIA證書，兩顆超過1克拉，其他的都在30～70分。很適合在婚禮或者是參加生日party佩戴。尤其夏天到了，手鏈是非常搶眼的，如果不知道送什麼給老婆做生日禮物，這條彩鑽手鏈是最合適的。估價大概在750萬～1,000萬之間。香港保利這次鑽石拍品價位從200萬～5,000萬都有，很符合社會名流人士投資收藏。相信敢出手都是眼光出眾的，通常嫌貴的永遠只能說「早知道我就下手買了」這句話。

（特別感謝香港保利拍賣公司提供精美照片與解說）

4. 私人訂製

　　私人訂製主要是一些珠寶設計師所成立的會所或者工作室，通常主要針對高端人士從事珠寶鑽石設計。這些都是透過朋友圈口耳相傳，對於鑲嵌品質要求特別高，不喜歡和別人撞款式，不在乎價錢高低，才能顯出他的身分與獨特品味。通常這些客人是高級白領、企業主管，還有一些是銀行或外企高管、有錢貴婦或者富二代，都是這些高端私人訂製的消費人群。

　　私人訂製的設計師在設計最初與你溝通，知道你想要的款式，把這個設計稿畫出來，從幾張設計稿中選出你滿意的；然後是製作初坯；再讓你看一下款式的初步造型；最後才製作出成品交到你手上。

　　通常會做高級訂製的客戶都非常吹毛求疵，所以設計師要很有耐心，反覆修改，也有設計師改了十次也沒讓客戶滿意。消費者選擇設計師必須事先充分地溝通，看看他之前的作品與風格，雙方寫明交付的定金與尾款怎麼付，通常就是定金三成，製作中交三成，尾款四成。如果消費者想撿便宜，千萬別去私人訂製。因為這裡的鑽石基本上沒什麼折扣，而且還會加上設計費和鑲嵌費用，價格高於有實體店的電商，但是比百貨公司有品牌的店鋪低。

　　另外，好多私人訂製的客戶是因為喜歡某個設計師的風格才會選擇訂製鑽戒。此外，還可以顯示自己對藝術的眼光和品味。

2 | 鑽石去哪兒賣？

賣給有需求的朋友

有些廠商在鑽石賣出一年後，會按照當初買的價格回購或者打折回購，也有的商家不回購，但是會給你利息，鑽石在消費者手中，一年後保證給多少利息。在典當行如果有 GIA 的回購，大概是四～六折，很少有超過六折的。值得注意的是，這樣的承諾要有銀行的擔保，不是一家公司說了算，一旦日子久了，遇到不景氣，那一家公司可以承受幾千萬元到好幾億元的資金外流嗎？但是有一點可以相信的是，這顆彩鑽在二～三年後可能比實際價格漲了幾倍，原來的價格已經買不到了。

我在此強調，任何投資都有風險，但鑽石比基金、股票好的是，鑽石一直在你的手上。只要不丟掉，它就是有價值的。如果你沒有別的管道，只能拿到珠寶店或典當行回收，通常不會超過報價的六成，基本是三成，這價錢想到就心疼。所以賣給親友是較好的途徑，如果你的鑽石有GIA證書，就可以按照當時的報價給親友一點折扣（約八～九折）。鑽石不像其他物品，不會受到歲月的改變而影響，只要清洗過，戒臺重新整理、電鍍，就是新的了。

鑽石項鏈。（圖片提供：匡時拍賣公司 2014 秋拍）

有位朋友收到30分的鑽戒生日禮物，但是和男朋友分手，回頭想賣掉。鑽戒是3.7萬元左右的價格買的，拿去典當行賣一般就是5,000～1萬元，很少會超過1.5萬元。經過我的建議，剛好她有朋友結婚，送給姐妹淘當結婚賀禮。因為這禮物價值非常高，也不用包紅包。50分的鑽戒回收在1.5萬～2萬元左右。1克拉鑽石的回收，沒有GIA證書的話，回收價大概是在5萬～10萬元之間，很少能超過10萬元。

珠寶店、銀樓回收

鑽石如果有GIA證書，珠寶店（在臺灣是銀樓）都會回收，只要等級不要太差，不要太黃。顏色在J以下，K、L、M的鑽石都不會有人收，淨度在I1、I2等級也不收，最好淨度在VVS、VS、SI等級，這些是他們比較喜歡的。所以在購買鑽石的時候應該知道這些潛規則。

瑞士精工製紅寶石配鑽戒指。（圖片提供：匡時拍賣公司 2014 秋拍）

淘寶、臉書朋友圈賣

自己放到淘寶去賣，或者在臉書朋友圈裡賣也是一種途徑。得將品牌保證書、鑑定書、當初購買的價錢、目前市場行情價寫清楚，讓朋友圈的人也能看懂，自然有人會想買。在朋友圈的朋友知道您急需用錢，有時候也會幫忙度過難關，損失就不會那麼大。

彩色鑽石手鏈
鉑金鑲嵌不同形狀切割的彩色鑽石，邊緣配鑲圓形鑽石，手鏈長約 18 公分。附 GIA 證書。
拍 賣 預 估 價：8,124,900 ～ 10,999,620 元。（圖片提供：保利拍賣公司）

拍賣行拍賣

拍賣公司依照拍賣售價規模分大小，小規模幾萬到一、二百萬，中型規模幾十萬到幾百萬，大型規模從幾十萬到上千萬，全球性拍賣公司從幾百萬到上億都有。有位學生在河南信陽開拍賣行，主要拍字畫與瓷器及文玩珠寶。如果是 1 克拉以下的鑽戒，大概只有小拍賣行才會收。

Nobuko Ishikawa 設計鑽石項鏈，長度：43 公分。（圖片提供：匡時拍賣公司 2014 秋拍）

中型拍賣行偶爾拍 5 克拉以下的白鑽。大型拍賣公司都是拍賣 10 克拉以上的白鑽與粉紅、藍、綠、黃色彩鑽。因為拍賣公司是靠抽成，拍賣價愈高，獲利愈高。由於白鑽 10 克拉以下都有報價表，因此搶標的人不多，只要有朋友做珠寶都可以買到。彩鑽就不一樣，價位還是一層面紗，許多人剛

「紐約大橋」鑽石手鐲。（圖片提供：匡時拍賣公司 2014 秋拍）

接觸，往往就任性搶標，因此送去拍賣行賣還是不錯的管道，獲利也高。

拍賣行每一家作業流程不一樣，收取圖錄費與保險費用與提成百分比都不太一樣。有些老賣家客戶還可以和拍賣公司談佣金，因為如果流拍，賣方與拍賣公司都沒好處，各讓一步就可以讓結果圓滿。我建議平常可以到任何管道回收各種顏色彩鑽，然後再送到拍賣行去競拍，預測這將是一個新的投資管道。至於大型拍賣公司會收什麼等級以上的鑽石，可以參考本書蘇富比與佳士得白鑽與彩鑽拍賣分析的內容。看看身邊有無這樣的大鑽，如果有的話就可以主動聯絡拍賣行各地辦公室。

賣到典當行（當鋪）

許多人有逛典當行的習慣，認為典當行可以買到便宜的鑽戒。第一，典當行鑽戒的來源是很多人的流當品，或者是珠寶店家倒閉成批收來的，因此，典當行的鑽石等級就沒那麼多可選性。第二，證書有的並不齊全。第三，典當行鑽戒品質通常都會低一些。第四，它是二手的，有的新婚男女不喜歡戴別人戴過的戒指，或來歷不清楚的戒指。

通常典當行收到好的鑽石也不會隨便便宜賣掉，比方說收到有 GIA 證書的鑽戒，通常以報價的四～五折來收，但是大概以七～八折來出售。中間會有30% ～ 40% 的利潤。如果有些鑽戒附的證書來自不知名的鑑定所，等級就不是那麼可靠，消費者最好先理解這種情境。

通常會去典當行選購的人，對鑽石 4C 並不是非常清楚，只在意價錢，因而你認為價格低的鑽戒，品質通常也相對低一些。但是在典當行買也有一些好處，如果說有典當行的朋友剛好收到好的鑽戒，或許可以撿到便宜。

透過典當行看人生百態

通常拿鑽戒去典當的人多是工薪階層，比如計程車司機、體力勞動者、路邊小販；KTV、舞廳、酒吧陪酒的小姐，收到客人送的禮物；做生意的人急需錢；逢年過節賭博缺錢，拿鑽戒抵押換錢；家庭主婦因孩子開學缺學費，籌措出國求學的費用；夫妻離婚拿鑽戒出來賣；有祖父母留下來的鑽戒；小孩偷父母的鑽戒拿去賣錢；在路邊撿到鑽戒拿去賣，甚至不知道真假。這是我目前擔任「臺北市政府動產質借處」鑽石諮詢老師最常聽到的市井小民百態。

3 | 如何經營一家鑽石店？

開鑽石專賣店，資金是最重要的考慮，也就是說沒錢無法辦事。鑽石買賣幾乎都是現金，錢沒到位，想開店恐怕很難，只能幫朋友在微信圈轉發資訊。開一家鑽石店的門檻不低，現在挑選婚鑽都喜歡到百貨商場或者是婚博會現場，不然就是在網路商店加實體店挑選。

從簡單男女對戒 10 ～ 30 分款，可以單顆小鑽 5 ～ 10 分，也可以是整排小鑽線戒。這些小款式基本上是成本最低的，每款售價 1.5 萬～ 3 萬元不等。許多家款式雷同，有些廠商自己設計開發，有些是在深圳水貝或者從珠寶展批發過來，加上自家商店品牌 logo。30 ～ 70 分鑽戒是最暢銷的，售價在 3.2 萬～ 9.5 萬元不等，要看旁邊搭配的小鑽重量，剛工作三～五年的結婚新人差不多都是這個預算以內。

1 克拉以上的結婚鑽戒，是家裡環境較好、收入所得高一點的，預算可以從 15 ～ 150 萬不等，就看鑽石等級與婚鑽的品牌。現在的消費者都變聰明了，想要有一點知名品牌，也想要有微商的價格，因此如果您的店租成本與人事成本過高，品牌剛成立不到一年、知名度低，都很難支撐下去。

微信圈（臉書、Line）

所需經費：平常跟朋友泡茶聊天、喝酒唱歌交際費。朋友就是一通電話就到，到對方家裡做客，吃住由對方包辦，去哪玩都不能忘記對方，逢年過節就會寄金華火腿、雲南普洱茶、天津麻花圈、北京的京八件、唐山的栗子、臺南麻豆文旦、臺中太陽餅與鳳梨酥、南投高山紅茶等土產給你。這些朋友在特殊日子總是會送媳婦、女兒鑽石飾品，知道你有門路，當然就會找來拿貨。

在朋友圈賣鑽石，首先，需要在朋友圈是個有信用的人，因為交易通常是買家必須先把錢給你；然後，你幫他下單去訂鑽石。訂製戒指成品需要再另外加錢。

完全靠朋友，可能一個月做不到兩、三筆訂單。畢竟朋友不會每個月結婚、過生日。有時候得加入各種社團，拓展自己人脈，只要第一年可以撐過去，就可以有每個月上萬元的進帳。

微商不一定要辭掉現有工作，可以白天上班、晚上或假日來操作。有可能是在家帶小孩的婦女，也可以是剛出社會工作的新人，也有剛退休的公務員。只要一部手機，每天轉發微信，日子久了，朋友有需求就會向你下單。與百貨商場與連鎖品牌鑽石店相比，價差少的上千元，多的可到 20 萬不等。所有鑽石都有 GIA 鑑定書，也可以上網查是否有作假。口碑愈做愈好，就會口耳相傳介紹客戶給你，這時候就是開花結果的日子。

微商的麻煩點就是無法看現貨，也沒辦法現場挑款式，對於臨時想買去送禮的人就無法等待七天製作與運送時間。有些朋友沒鑽石 4C 基礎，發現寄來的商品與想像有落差，這時候鑽石或鑽戒是無法退的。常常弄得雙方不愉快，甚至撕破臉。有人款式一改再改，鑽石沒有想像中閃亮，鑽石訂了又要換，戒圍不合要

Asulikeit 古董典藏系列古董馬爾他十字架金銀鑲鑽石胸針 1880 年，銀＋金，單價 10,680,012元。（圖片提供：Asulikeit 高級珠寶）

Asulikeit 古董典藏系列古董黃金鑲鑽石胸針 1930 年，可拆分胸針、戒指 54 號，俄國，單價 2,016,864 元。（圖片提供：Asulikeit 高級珠寶）

退，買了找你脫售等問題，都是做微商前需要知道的。由於都是快遞送貨，還會有貨品遺失的責任歸屬問題，只要微商做大了，剛剛說的問題都有機會遇到。

做微商不需要上過 GIA、HRD、IGI 等課程，只要看過我的書，有了基本 4C 鑽石分級概念，知道客戶預算，協助朋友挑選款式，這樣完成交貨就可以贏得朋友信任。切勿拿了錢就跑，一輩子的信譽就沒了，天天躲債主電話也很不好受。

電商平臺（淘寶網、微商）

電商平臺需要申請公司登記、申請網域帳號、架設網頁。網頁內容需要時常更換，不定期推出特價商品，最好有客服人員隨時回答客戶問題。通常一開始都是同學兩個人或者夫妻一起經營，主要開銷大概就是自己的人事成本。電商主要還是以結婚 K 金戒指、鑽石對戒、30 ～ 70 分鑽戒與 1 克拉鑽戒為主。初期成本大概要 200 萬～ 500 萬，主要以白鑽為主。經營的時間愈久，口碑愈好的時候，就可以增加黃色或其他顏色彩鑽。

通常在電商消費的客戶都會看店商的評價，上網的客戶通常都會比價錢，因此給消費者適當引導是很重要的。這裡可能要有不同的國際證書與國內證書，讓消費者去選購。再怎麼精明的消費者，對於不同切工等級、重量、螢光強弱、不同證書、不同款式也沒有那麼多耐心比較，講明白點就是要性價比高的。有時候就會超出他原本預算，或者將你一些庫存不容易銷售的款式推陳出新。經營電商平臺需要薄利多銷，無法一個月賣兩、三顆，有資金壓力，賣了貨又準備進貨，前兩、三年先別想分紅，等到獲利每個月有50萬以上，基本上就算是穩定了，可以準備開一家實體店。

電商加實體店

能達到這目標，恭喜你，應該做電商三～五年左右。有人在二年內，有人超過五年。你已經有好幾百個、甚至上千個客戶基礎，當然七、八成是只買一、兩

次。只有一、兩成客戶喜歡買各種鑽石產品自用或者送禮。這時候你的規模可能有六～八個客服人員。老闆主要是進貨，員工負責工廠加工聯繫與客戶回答問題及包裝出貨。有時候產品不能達到客戶滿意，還得改到對方滿意。

做電商最麻煩的事就是有七天鑑賞期，許多顧客沒任何理由就要退貨。遇到這樣的事，你要用平常心看待。一百個客戶遇到五個、十個都很正常。做電商多數都在比價錢，因此我建議一定要做品牌。也就是說你的產品要與眾不同，要有私人訂製這一塊，因此你自己或是員工必須要有人懂珠寶設計，唯獨珠寶訂製才能有較好的利潤。

當然並非只是實體店與網路行銷，也可以到全國各地參加珠寶展，或者與各地會所配合展覽。好多人都問我網路通訊這麼發達，電商互相砍價搶客戶，幾乎刀刀見骨，利潤低是大家共同的困擾，如何經營下去呢？品牌價值很重要，要珍惜每一個客戶的口碑，培養客戶，五年、十年後持續回頭買更大的商品。我的許多學生買鑽石產品，通常不會只買一個或一次，鑽石除了顏色可以選擇，還可以有不同的切割形狀。隨著年紀增長也會換鑽石大小，逐漸有投資概念之後，就會想買彩鑽投資收藏。通常做鑽石久了以後，慢慢也會投入彩寶等業務，因為珠寶店本來都會有這些產品。

蝴蝶型鑽石胸針 6.1×8.9cm。（圖片提供：匡時拍賣公司 2014 秋拍）

選擇辦公室要注意交通方便，最好是在捷運站附近，規模要看自己的營業額，初期只要 30 ～ 45 坪，方便客戶到現場取貨，挑選款式，增加對公司的信心。等到規模逐漸擴大，就可以擴展到 90 ～ 150 坪，可以有貴賓休息室，設計師可以與客戶溝通，也可以請一、兩位鑲嵌師傅在現場製作戒臺與改戒圈。能到這階段，算是闖出一些名號，可以考慮在其他城市招募加盟店，或者是培訓店長到自己故鄉開展店，並給予股份。

工作室型態

　　工作室形態的鑽石專賣店，大多數都是兼賣其他珠寶。隱身在大樓之中，除非有事先約定，否則無法接待。方便的是可以出差進貨、看展，工作累了也可以旅遊休假，可以一個人經營或者兩個人輪流看店。通常這方式經營最適合珠寶設計師，或者是收藏家。平常可以約朋友或客戶來工作室泡茶、喝咖啡，也可以在外面餐廳看貨。工作室大約一室二廳大小，約 20 ～ 30 坪，著重在屋內裝潢布置擺設，當然燈光設計也是相當重要。

　　珠寶設計師一定要有個人風格，服裝穿著與髮型等都可以看出你的風格。多數的學院畢業生展開人生的珠寶職業生涯，通常都是從創立工作室開始。有些人在大專院校任職，或者在某社區大學任課，假日也可以約學生在工作室裡聊天、喝下午茶。

　　學生都知道老師有很多作品與收藏，就會想請老師設計成品，或者直接購買成品。工作室經營相對而言沒經濟壓力，最大的賣點就是個人魅力，地點也不一定要選在市區繁華地段，反而偏遠有景觀的山區或郊外更能吸引朋友過去。

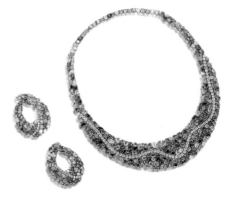

彩色鑽石項鍊及耳環套裝。（圖片提供：匡時拍賣公司 2014 秋拍）

　　通常工作室作品的價位會比電商來得高，設計師名氣是主要原因。在這裡不是批量生產，往往每件作品都不超過三、五件。說到這兒，是不是覺得自己也想成立一個工作室呢？

大品牌的連鎖鑽石店

　　名牌珠寶店門檻較高，有些時候光加盟金就要1,500萬～2,500萬。在百貨商場的鑽石專賣店，適合那些家裡有鉅款的，但自己對鑽石珠寶是門外漢，想給老婆或小孩開一家珠寶店的人。商場內開一家連鎖鑽石店，資金可能要上億。另外也要有一筆現金周轉，可以維持兩、三年營運。鑽石連鎖店通常透過總公司可以培訓員工、教授售貨技巧與鑽石專業知識，所有SOP作業流程寫得清清楚楚。定期做各種宣傳廣告，與明星代言廣告，母親節、情人節各種節日促銷廣告等。

　　前來的客戶大多事業有成，買來送給另一半或者是長輩送給晚輩的禮物。他們就是因為怕買到假的，而且鑽石珠寶那麼貴重，怎可能在網路上購買呢？有幾位朋友在百貨專櫃鑽石連鎖店上班，我問通常都是什麼樣的人來購買？他們說大多數都是貴婦、電子新貴、企業老總，有時是夜市攤販、公務員不等。通常這些消費者認的是品牌，看款式是不是很流行，有無哪些明星代言。總而言之，戴出去體面，可以在朋友間高調講在哪個百貨專櫃購買的。

　　百貨專櫃都會有業績壓力，每個月需要固定給櫃檯費或者抽成，如果業績不好，很可能就會被百貨公司請出去。不過請放心，能來百貨專櫃上班的櫃姐，都有兩、三把刷子。三、四十歲的專櫃小姐能說善道，口才棒得沒話說，只要你願意停下來多聽她解說，她就有把握將鑽石成交。因為他們就是靠提成獎金，懂得客人心態，將對方捧在手掌心，看對方穿著打扮與問幾句話，就可以知道是真的來買，還是來探聽價錢的。專櫃裡有兩、三位業務高手，老闆只要在店內數錢、喝茶就好。

　　我建議您剛開始可以做網路賣家，在臉書朋友圈賣，等做到一定程度之後，才有實力做電商和實體店鋪銷售。如果資金夠的朋友，可以直接加盟鑽石連鎖店，快速完成開店夢想。當然品牌種類一、二十種，你得分析、比較，瞭解每一種投資管道風險，將營運成本、人事成本、貨物成本、利潤、稅務問題等精算出來。景氣再差，還是得買鑽戒結婚，還是會有人送禮，一切都準備好了，就可以輕裝上陣了。

4 | Rapaport 國際鑽石報價表解讀

　　鑽石價格的報價方式非常統一與公開，全球的鑽石（白鑽或微黃色鑽石）交易幾乎都以 Rapaport Diamond Report 做為報價標準依據。Rapaport Diamond Report 是 1976 年由紐約鑽石商人馬丁・雷朋博（Martin Rapaport）成立的 Rapaport 公司發行的，並以他的姓氏命名。有人稱它為喇叭博，更方便記憶。

　　需要說明的是 Rapaport 價格指標單並非鑽石交易時的實際報價價格，而是鑽石價格參考報價，全球的鑽石商進行交易時，要視鑽石的實際品質狀況定奪，以表上的價格為依據上下增減來報價，此表以百位美元為單位，方便好用。

　　雷朋博根據GIA鑽石4C分級標準為依據，用表格的形式以重量為標準分開各個級距，再以顏色與淨度分別做為縱坐標與橫坐標，排列組合成各種等級價格指標，每週四深夜發布，亞洲地區每週五發布。它使得鑽石價格公開、透明，買賣雙方更有保障，市場也更規範，也是除了黃金之外，最有可靠行情報價的寶石。

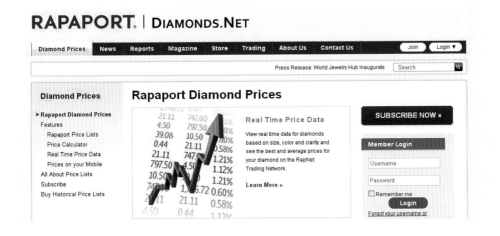

Rapaport 國際鑽石報價表（以圓鑽為例）

RAPAPORT DIAMOND REPORT

Tel: 877-987-3400 ◆ www.RAPAPORT.com ◆ info@RAPAPORT.com [R]

November 7, 2014 : Volume 37 No. 41: APPROXIMATE HIGH CASH ASKING PRICE INDICATIONS : Page 2
Round Brilliant Cut Diamonds per "Rapaport Specification A" in hundreds of US$ Per Carat.

We grade SI3 as a split SI2/I1 clarity. Price changes are in **Bold**, higher prices underlined, lower prices in italics.
Rapaport welcomes price information and comments. Please email us at prices@Diamonds.Net.

0.95-0.99 may trade at 5% to 10% premiums over 0.90   1.25 to 1.49 Ct. may trade at 5% to 10% premiums over 4/4 prices.

RAPAPORT : (.90 - .99 CT.) : 11/07/14 — ROUNDS — RAPAPORT : (1.00 - 1.49 CT.) : 11/07/14

	IF	VVS1	VVS2	VS1	VS2	SI1	SI2	SI3	I1	I2	I3		IF	VVS1	VVS2	VS1	VS2	SI1	SI2	SI3	I1	I2	I3	
D	148	116	100	86	77	70	62	48	38	22	15	D	257	185	162	129	113	87	74	60	47	27	17	D
E	115	100	92	78	73	65	59	45	37	21	14	E	179	157	127	113	100	84	70	58	45	26	16	E
F	100	92	82	73	69	63	55	43	36	20	14	F	150	127	113	103	90	81	68	56	44	25	15	F
G	91	82	73	69	64	59	52	41	34	19	13	G	121	111	101	89	84	77	65	54	43	24	14	G
H	83	72	67	63	60	55	49	38	32	18	13	H	99	93	86	80	76	70	62	51	41	23	14	H
I	69	61	58	55	52	50	44	34	30	17	12	I	83	79	73	71	68	65	58	47	37	22	13	I
J	53	50	49	47	46	44	39	31	26	16	11	J	71	66	64	62	60	57	54	42	32	20	13	J
K	43	41	40	38	37	35	32	26	23	15	10	K	59	57	55	54	53	50	46	37	30	18	12	K
L	38	37	35	34	32	30	27	23	20	14	9	L	51	49	48	47	46	44	40	34	28	17	11	L
M	35	33	32	30	29	27	24	21	17	12	8	M	43	41	39	38	36	34	31	27	25	16	11	M

W: 85.00 = 0.00% ⟨⟩⟨⟩⟨⟩   T: 46.15 = 0.00%   W: 121.80 = 0.00% ⟨⟩⟨⟩⟨⟩   T: 62.43 = 0.00%

1.70 to 1.99 may trade at 7% to 12% premiums over 6/4.   2.50+ may trade at 5% to 10% premium over 2 ct.

RAPAPORT : (1.50 - 1.99 CT.) : 11/07/14 — ROUNDS — RAPAPORT : (2.00 - 2.99 CT.) : 11/07/14

	IF	VVS1	VVS2	VS1	VS2	SI1	SI2	SI3	I1	I2	I3		IF	VVS1	VVS2	VS1	VS2	SI1	SI2	SI3	I1	I2	I3	
D	318	231	200	175	153	114	93	72	54	31	18	D	500	375	330	284	213	160	125	84	65	34	19	D
E	226	195	168	158	138	111	90	70	51	30	17	E	360	315	277	245	193	155	120	81	63	33	18	E
F	196	168	145	138	125	106	84	67	50	29	16	F	315	272	243	209	180	145	115	78	61	32	17	F
G	157	143	128	120	114	100	81	65	49	28	16	G	254	216	194	173	157	135	110	73	59	31	16	G
H	127	119	108	104	100	92	76	61	47	27	16	H	186	180	170	153	132	120	105	68	56	30	16	H
I	101	97	91	88	85	80	69	56	43	25	15	I	142	138	130	122	113	105	95	62	52	28	16	I
J	87	81	78	76	72	67	61	49	38	23	15	J	113	107	103	99	93	90	80	57	48	25	16	J
K	69	67	65	64	62	57	52	43	35	20	14	K	99	95	91	87	83	80	70	53	43	24	15	K
L	60	58	56	55	54	50	45	38	32	19	13	L	84	80	76	74	72	65	60	47	38	23	14	L
M	49	47	45	44	42	41	39	33	28	18	13	M	71	68	66	64	60	55	50	40	31	22	14	M

W: 158.16 = 0.00% ⟨⟩⟨⟩⟨⟩   T: 77.65 = 0.00%   W: 245.04 = 0.00% ⟨⟩⟨⟩⟨⟩   T: 109.98 = 0.00%

3.50+,4.5+ may trade at 5% to 10% premium over straight sizes

RAPAPORT : (3.00 - 3.99 CT.) : 11/07/14 — ROUNDS — RAPAPORT : (4.00 - 4.99 CT.) : 11/07/14

	IF	VVS1	VVS2	VS1	VS2	SI1	SI2	SI3	I1	I2	I3		IF	VVS1	VVS2	VS1	VS2	SI1	SI2	SI3	I1	I2	I3	
D	1004	665	568	464	360	235	165	97	78	40	21	D	1098	755	676	559	436	280	195	105	86	45	23	D
E	653	570	480	406	331	215	160	92	73	38	20	E	745	676	588	500	416	270	190	100	81	43	22	E
F	567	480	404	340	301	195	155	87	68	36	19	F	676	583	520	455	376	250	185	95	77	41	21	F
G	436	381	333	297	247	180	140	82	66	35	18	G	510	456	417	396	322	220	170	90	72	39	20	G
H	320	299	270	247	203	155	130	78	64	34	18	H	383	363	329	312	267	195	160	85	66	37	20	H
I	237	223	212	198	170	135	115	73	60	32	17	I	280	265	245	233	205	165	140	80	62	35	19	I
J	182	174	172	163	140	120	105	66	54	29	17	J	226	216	201	188	170	145	125	70	56	33	18	J
K	155	145	141	134	120	105	90	60	48	27	16	K	187	177	167	158	145	120	104	65	51	31	17	K
L	113	111	109	105	95	80	70	52	42	26	16	L	138	128	120	116	105	89	78	59	45	29	16	L
M	98	95	92	89	80	70	59	47	34	25	16	M	118	108	103	99	90	78	67	54	37	27	16	M

W: 425.04 = 0.00% ⟨⟩⟨⟩⟨⟩   T: 169.81 = 0.00%   W: 512.56 = 0.00% ⟨⟩⟨⟩⟨⟩   T: 201.96 = 0.00%

Prices for select excellent cut large 3-10ct+ sizes may trade at significant premiums to the Price List in speculative markets.

RAPAPORT : (5.00 - 5.99 CT.) : 11/07/14 — ROUNDS — RAPAPORT : (10.00 - 10.99 CT.) : 11/07/14

	IF	VVS1	VVS2	VS1	VS2	SI1	SI2	SI3	I1	I2	I3		IF	VVS1	VVS2	VS1	VS2	SI1	SI2	SI3	I1	I2	I3	
D	1490	1038	897	787	604	375	247	115	92	48	25	D	2401	1555	1352	1188	922	590	380	175	107	59	29	D
E	1022	897	803	718	554	345	240	110	87	46	23	E	1530	1352	1210	1064	841	545	370	165	102	57	27	E
F	877	803	715	643	480	320	229	105	82	44	23	F	1303	1196	1068	940	735	510	360	160	97	55	26	F
G	657	603	539	495	421	280	220	100	78	42	22	G	1034	955	857	782	643	460	345	155	92	52	25	G
H	515	468	430	391	332	245	194	90	73	40	21	H	883	764	691	624	524	385	310	136	87	51	24	H
I	383	353	338	307	280	215	169	85	68	38	20	I	603	573	534	480	427	330	265	121	83	48	23	I
J	287	269	253	243	235	185	149	75	63	36	19	J	451	431	412	396	359	280	230	112	80	46	22	J
K	226	211	196	183	175	149	121	70	58	33	18	K	333	318	309	297	267	223	185	102	75	43	21	K
L	163	153	144	137	130	113	87	65	48	31	17	L	245	235	225	213	194	170	125	90	65	40	20	L
M	136	131	126	122	115	102	76	60	40	29	17	M	211	201	191	183	170	140	115	80	55	36	19	M

W: 687.16 = 0.00% ⟨⟩⟨⟩⟨⟩   T: 260.85 = 0.00%   W: 1054.56 = 0.00% ⟨⟩⟨⟩⟨⟩   T: 398.20 = 0.00%

Rapaport Diamond Report 提供珠寶專業付費閱讀，收錄 0.01 克拉到 10.99 克拉，成色由 D 到 H，淨度由 IF 到 I3 的鑽石報價。比前一期上漲就用粗體字標示，下跌了則用粗斜體，方便觀察。以前是用紅色底，防止鑽石從業者傳真，但是影印不受影響。目前是用 PDF 檔傳送。報價表有四張，其中兩張是圓鑽報價表，另外兩張是花式切工報價表。

　　①**標題**──報價表名稱。中文翻譯為「雷朋博鑽石價格報告表」。下方有電話、網址可參考。

　　②**發行日期與期號**。特別聲名此表是價格指標單，並非實際售價。

　　當價格改變時以粗體呈現，上漲價會用粗體表示，跌價會用斜粗體表示。價格指標的資料是以每克拉百位美元為單位，實際估算時要乘上 100，轉換成美元／克拉為售價單位。

　　③**淨度**。分為 IF ～ I3 共十一個等級。（淨度 FL 並沒有在此報價表中出現。）

　　④**顏色**。分為 D ～ M 共十個等級。

　　⑤在這一區塊，重量較大的部分，價格會偏高 5 ～ 12%

　　⑥W（White）指數：成色在 D ～ H，淨度在 IF ～ VS2 這區塊的整體平均值。

　　⑦T（Total）指數：成色 D ～ M，淨度 IF ～ I3 大區塊總平均值，兩個指數同時以 77.65% ～ 0% 來表示價格浮動的高低比例。

　　這個價格指針單上的售價並非一直不變，Rapaport 公司會因全球經濟狀況、裸石市場供需情形等許多條件為依據，往上提升或往下調整報價表中的鑽石價格。DTC 鑽石推廣中心對於鑽石毛胚產銷供應的平衡作用，使得鑽石價格具備了基本穩定因素，加上 Rapaport 國際鑽石報價表，體現了鑽石價格的公開透明化。

鑽石價格演算

由於報價表所列報價基數是以美元為計價單位，並非真實售價，所以交易時要以報價表算出「整顆基礎交易價」，再乘以「售貨折扣」即為真實的鑽石價格

鑽石售價＝整顆基礎交易價 × 售貨折扣

1. 整顆基礎交易價

計算整顆基礎交易價時，先從報價表裡查出報價基數，由於報價基數是以每克拉 100 美元來計價，所以計算價格時先乘以 100，之後再乘以當地國貨幣兌美元的匯率，再乘以克拉重量就是「整顆基礎交易價」，因此形成以下簡單公式：

整顆基礎交易價＝報價基數 ×100× 美元匯率 × 鑽石重量

例如：我們計算一顆 5 克拉、D 色、IF 淨度的鑽石，其報價表上的基礎報價是 977，當時的美元兌臺幣的匯率是 31.8。

整顆基礎交易價＝ 977×100×31.8×5 ＝ 15,534,300 元

上述算出的 15,534,300 元整顆基礎交易價已經很貼近市場實際售價，但並不是真實售價，真實售價需要再乘以售貨折扣。

2. 售貨折扣

售貨折扣是各廠商在銷售時，依照鑽石形狀、所配的鑑定書、公司經營成本與銷售利潤率而設立的百分比。依照這個百分比乘以整顆基礎交易價便得出真實售價。售貨折扣根據報價表的售價上下增減調整的情形，在鑽石市場上通稱為報價表的加百分比或減百分比，比 Rapaport 的價格高稱為加百分比，反之則為減百分比。鑽石在銷售時通常為加百分比，由於不同的廠家情況和鑽石真實狀態的差異，通常酌加 10% ～ 60% 不等的售貨折扣為實際售價。

如果依照上面的例子，假如我們將售貨折扣定為往上加 50%，就需乘以150%。

真實售價＝整顆基礎交易價 × 售貨折扣＝ 15,534,300×1.5 ＝ 23,301,450 元

若是將售貨折扣往下減 10%，那就是乘以 90%，即

真實售價＝整顆基礎交易價 × 售貨折扣＝ 15,534,300×0.9 ＝ 13,980,870 元

因此鑽石克拉數大，折扣相差 5% ～ 10%，影響價錢也相當大。

Tip

影響放貨折扣的因素主要有鑽石本身品質（切工好壞、淨度高低、顏色深淺、螢光強弱、重量大小），市場需求的好壞，所附鑑定書種類（GIA 折扣最少，約 90% ～ 95%，HRD 80% ～ 90%，IGI 75% ～ 80%，EGL 折扣最多 60% ～ 75%），要注意顏色 D、淨度 IF 等級不打折，甚至加成數。重量 1 克拉的為 70% ～ 80%，1 克拉以下的折扣比 1 克拉以上還高，以 GIA 為例可到 65% ～ 75%。突然發現大礦，鑽石會供過於求，2012 年就曾下跌 10% ～ 15%。顏色外觀偏咖啡色（褐色）帶綠、帶乳白色（奶色）的，平均折扣 50% ～ 60%。國人選擇在龍年結婚的人特多，鑽石的價位也會上升；不宜嫁娶的年分，鑽石的價格就會下跌。

5 | 鑽石的投資

白鑽投資

1. 白鑽投資的心態

　　投資鑽石無法「今天買，明天賣就獲利」，不像黃金，按照市場掛牌買賣。鑽石雖然有回收管道，但是通常只有Rapaport報價的三～六成。舉例來說，今天你在市場上買一顆10萬元的鑽石，明天找廠商或典當行質押、回收，只能拿回3萬～6萬（要看鑽石所附的證書或是否為國際名牌，都會影響折扣成數）。這樣看來，投資鑽石不就是賠錢嗎？不是宣傳1克拉鑽石具有投資價值嗎？事實上，任何物品（尤其是珠寶）若是急著賣，基本上都不可能用原價回收。如果1克拉鑽石平均每一年有3%～5%的漲幅，但對於想獲利30%～50%的人是沒有吸引力的。

　　難道投資鑽石確實沒有獲利可言嗎？那也不一定，首先要瞭解所有選購鑽石的人之中有五、六成是結婚自用，甚至做為傳家寶，因而他們不會變賣或從中獲利。這些人對鑽石的需求是一直存在的，因而賣鑽石的商家肯定是在賺錢。

2. 投資 1 克拉鑽難以賺錢的原因

❶ 匯率

　　買鑽石是用美元計價，因此購買時就會受到匯率波動的影響，若是臺幣跌價就會虧本；如果臺幣漲價就會省錢。

❷ 時間

　　投資鑽石如果想在兩、三年內就賣出獲利，告訴你三個字：不可能！因為鑽

石的漲幅是穩定而緩慢的，不可能暴漲或暴跌，它不是民生用品，所以短時間內不可能漲 30% ～ 50% 以上。

❸ 購買折扣

買裸鑽或鑽戒，在微信朋友圈最便宜可以買到Rapaport報價的7.5～8.5折；如果在網路電商管道買，差不多八、九折；另外就是珠寶訂製，可能就報價的九折或不打折。除此之外，在百貨商場甚至品牌專櫃會比報價多10%～20%。另外，要是您到國際名牌珠寶購買，相同的鑽石品質，要花兩～三倍的價錢。所以當我們要售出鑽石時，假如按照當時的Rapaport報價加價，怎麼可能賺錢呢？

❹ 物價波動

如果三十年前去香港買一顆47萬臺幣的鑽石，放到現在報價為94～141萬。在北京三環內，三十年前47萬可以買一棟房子，而現在100萬上下只能買到一個停車位。

由以上得知，買鑽石首先是你自己喜歡，並不考慮拋售。如果你想因投資 1 克拉鑽戒而獲利，那真是想太多了。

3. 投資 1 克拉鑽哪種情況可能獲利？

例如，你本身就是商家，有銷售管道，或親朋好友可以把鑽石拿去寄賣，這種情況下就可能獲利。

十五年前，我的一位中學老師請我幫他找一顆鑽石，是他女兒要結婚用的鑽戒，顏色為 G，淨度等級為 VS1，當初價格為 25 萬。兩年前他說想把鑽戒賣了。我非常詫異，怎麼會有人想賣掉結婚鑽戒呢？是離婚還是經商失敗？我也不敢問。後來才得知，因為不常戴鑽戒，加上要買房子，才想賣掉，分擔房貸壓力。

當時購買的是 1.01 克拉的鑽石，並沒有八心八箭。現在所有人結婚挑選鑽戒都會選八心八箭，如果沒有八心八箭，基本上是賣不掉的。1.01 克拉要是重新切割成八心八箭，恐怕無法保重到 1 克拉。我幫他詢問了好多回收廠商，只願意用現在的報價再打五折回收。經過重新評估價格，雖然現在的掛牌價是上漲的，

但臺幣匯率是跌的，所以賣出的價格和當初購買時的價格差不多。差不多的價格其實就是賠錢了，因為你把錢放在銀行還有利息，而買鑽石雖說沒有實質賺到錢，但是賺到了佩戴鑽戒的喜悅，別人的豔羨與讚美。

　　老師有點捨不得賣，他有一個妹妹即將結婚，我建議就把這個鑽戒轉手給妹妹好了，不用額外再買禮物。如果他妹妹出去買，同樣品質肯定比這個價格高很多，而自己人買只要給個當初買的價錢就可以了。

4. 克拉鑽投資

1 克拉白鑽（圓鑽）投資（表格中的數據以每克拉百位美元為單位）

RAPAPORT 2014 年 11 月 7 日 1 ～ 1.49 克拉圓鑽報價

RAPAPORT：（1.00～1.49CT.） 11/07/2014											
	IF	VVS1	VVS2	VS1	VS2	SI1	SI2	SI3	I1	I2	I3
D	257	185	162	129	113	87	74	60	47	27	17
E	179	157	127	113	100	84	70	58	45	26	16
F	150	127	113	103	90	81	68	56	44	25	15
G	121	111	101	89	84	77	65	54	43	24	14
H	99	93	86	80	76	70	62	51	41	23	14
I	83	79	73	71	68	65	58	47	37	22	13
J	71	66	64	62	60	57	54	42	32	20	13
K	59	57	55	54	53	50	46	37	30	18	12
L	51	49	48	47	46	44	40	34	28	17	11
M	43	41	39	38	36	34	31	27	25	16	11

RAPAPORT 2010 年 9 月 3 日 1 ～ 1.49 克拉圓鑽報價

RAPAPORT：（1.00～1.49CT.） 09/03/2010											
	IF	VVS1	VVS2	VS1	VS2	SI1	SI2	SI3	I1	I2	I3
D	245	180	155	120	95	73	61	49	42	29	16
E	165	154	128	105	85	68	58	46	40	28	15
F	144	131	116	95	80	65	55	44	38	27	14
G	110	104	95	82	73	61	53	42	37	26	13
H	92	87	80	70	63	58	51	41	35	25	13
I	83	79	66	59	55	52	46	38	32	23	12
J	71	66	56	53	48	46	43	34	28	21	12
K	59	57	50	48	41	40	36	31	26	19	11
L	51	48	45	43	38	36	32	29	24	17	10
M	44	41	38	35	31	29	26	23	21	16	10

1 ～ 1.49 克拉圓鑽四年價差

	IF	VVS1	VVS2	VS1	VS2	SI1	SI2	SI3	I1	I2	I3
D	12	5	7	9	18	14	13	11	5	-2	1
E	14	3	-1	8	15	16	12	12	5	-2	1
F	6	-4	-3	8	10	16	13	12	6	-2	1
G	11	7	6	9	11	16	12	12	6	-2	1
H	7	6	6	10	13	12	11	10	6	-2	1
I	5	7	7	12	13	13	12	9	5	-1	1
J	7	6	8	9	12	11	11	8	4	-1	1
K	1	3	5	6	12	10	10	6	4	-1	1
L	0	1	3	4	8	8	8	5	4	0	1
M	-1	0	1	3	5	5	5	4	4	0	1

2010 年 9 月到 2014 年 11 月 Rapaport 報價 1 ～ 1.49 克拉圓鑽報價差異，我們製作出一個差價表，基本上由圖表可以看出漲幅在每克拉 1,000 美元以上的都是值得投資的鑽石。原本以為 D、IF 全美鑽石是漲幅最大的，後來發現漲幅最大的是 D、VS2 等級的鑽石，每克拉漲了 1,800 美元。每克拉漲幅超過 1,000 美元的是買鑽石之前最優先的參考，如圖中黃色底標示部分。

我將鑽石的漲幅分成四個投資區塊，分別是黃底標示的大於 1,001 美元的部分；綠色標底的為 501 ～ 1,000 美元之間的部分，屬於中間投資段；第三個是藍色標底的為 1 ～ 500 美元之間的部分；第四是紅色標底的為小於 0 美元，虧本狀態。

要注意的是 E、VVS2，F、VVS1，F、VVS2 都是高單價的鑽石，通常購買時都會認為未來漲幅會比較高，沒想到沒漲反跌，真令人意外。分析其原因，可能多數人寧可買顏色更白的，D、VS1，D、VS2。

許多投資者都不需要淨度那麼高的，只要 VS 或者 SI 就可以。現在看到這本書的讀者該偷笑了，因為你只需要花六百多元就可以得到這寶貴訊息。

淨度在 VS2、SI1、SI2 的漲幅最高，意味著並不是每一顆都要買到 VVS1、VVS2 和 VS1 淨度，漲幅沒預期的高，可能是總價太高的緣故。其實在 GIA 的分級裡，VVS 級與 VS 級不就是十倍放大鏡下是否容易觀察得到的差別。但是這兩個等級相差就好幾萬塊。許多人還是會精打細算。

從顏色來看，D ～ J 的顏色都有人選購，所以在顏色上就看你的預算來挑選。

除了剛才上面提到漲幅為負數的不能買之外，就我而言，不會投資淨度在 I 的等級，因為內含物太多了，我自己都看不過去。

5 克拉白鑽（圓鑽）投資（表格中的數據以每克拉百位美元為單位）

RAPAPORT：2009 年 11 月 6 日 5 克拉圓鑽報價表

RAPAPORT：（5.00 ～ 5.99CT.）11/06/2009										
	IF	VVS1	VVS2	VS1	VS2	SI1	SI2	SI3	I1	I2	I3
D	840	640	588	526	432	261	169	110	82	47	27
E	629	586	540	486	403	252	164	104	77	45	25
F	535	500	470	430	349	229	155	100	74	43	23
G	438	400	375	340	288	205	148	96	70	41	22
H	380	350	315	288	248	178	128	87	66	39	21
I	259	240	225	205	188	140	108	77	61	37	19
J	187	178	168	156	145	116	97	68	55	34	18
K	149	142	135	125	120	95	81	63	50	31	17
L	105	100	95	92	90	72	60	54	44	28	16
M	88	85	80	76	92	60	52	42	33	25	15

RAPAPORT：2014 年 11 月 7 日 5 克拉圓鑽報價表

RAPAPORT：（5.00 ～ 5.99CT.）11/07/2014										
	IF	VVS1	VVS2	VS1	VS2	SI1	SI2	SI3	I1	I2	I3
D	977	705	647	594	470	290	185	97	74	38	20
E	705	647	608	541	440	280	180	93	69	36	18
F	618	569	531	469	378	256	170	89	64	34	16
G	501	453	424	372	310	227	160	85	59	32	16
H	404	375	337	304	265	198	141	80	56	30	15
I	296	276	257	228	213	163	124	74	61	37	19
J	211	202	192	173	168	144	112	67	55	34	18
K	165	160	150	136	130	107	92	58	50	31	17
L	112	104	98	94	91	82	68	48	38	25	13
M	93	88	82	78	94	66	58	42	31	21	12

2009 年 11 月 6 日與 2014 年 11 月 7 日 5 克拉圓形切割白鑽報價比較。

	IF	VVS1	VVS2	VS1	VS2	SI1	SI2	SI3	I1	I2	I3
D	251	118	69	90	74	52	28	5	10	1	0
E	111	77	81	93	54	46	28	6	10	1	1
F	77	83	55	58	50	47	26	5	8	1	1
G	57	63	42	38	41	28	28	4	8	1	1
H	35	33	30	31	31	26	21	4	7	0	1
I	37	29	25	27	28	30	19	9	7	0	1
J	27	22	23	23	25	20	16	6	9	0	1
K	23	23	17	14	16	19	11	7	9	0	0
L	14	10	8	7		10	13	10	5	1	0
M	7	8	8	9	7	12	8	11	3	2	0

由以上表格我們可以分析出四種不同投資區域，其中以 A 區域獲利最高，B 區域良好，C 區域普通，D 區域差。A 和 B 區域都適合投資。

A. 最好（Excellent），用黃色底標示，差價為 5,000 美元以上／每克拉的鑽石等級

B. 良好（Very good），用綠色底標示，差價為 2,000 ～ 4,999 美元／每克拉

C. 普通（General），用藍色底標示，差價為 1,000 ～ 1,999 美元／每克拉

D. 差（Bad），用紅色底標示，差價為 0 ～ 900 美元／每克拉

以 D、IF 為例，該等級的鑽石增值價為 251×100×5×31.8 ＝ 3,990,900（以新臺幣兌美元 31.8 為匯率）

5 克拉白鑽 阿湯哥 A 級投資布局（適合資金雄厚的人）

	IF	VVS1	VVS2	VS1	VS2
D	251	118	69	90	74
E	111	77	81	93	54
F	77	83	55	58	50
G	57	63			

5 克拉白鑽 阿湯哥 B 級投資布局（適合精打細算的投資人，金融投資人士）

	IF	VVS1	VVS2	VS1	VS2	SI1
G			42	38	41	28
H	35	33	30	31	31	26
I	37	29	25	27	28	30
J	27	22	23	23	25	20

5 克拉白鑽 阿湯哥 C 級投資布局（有錢但不想花大錢的人）

	IF	VVS1	VVS2	VS1	VS2	SI1	SI2
K	23	23	17	14	16	19	11

　　5克拉投資因為金額高，若長期持有考慮物價波動、匯率變化，故建議適合中期三～五年獲利了結。其中D、IF和D、VVS1，E、IF每克拉都有1萬美元以上，是最大獲利的投資。

10 克拉白鑽投資

RAPAPORT　2009 年 11 月 6 日 10 克拉圓鑽報價

RAPAPORT：（10.00～10.99CT.）11/06/2009											
	IF	VVS1	VVS2	VS1	VS2	SI1	SI2	SI3	I1	I2	I3
D	1887	1360	1224	1040	820	516	349	171	103	61	30
E	1350	1215	1090	930	750	478	339	161	98	59	28
F	1150	1035	930	820	650	443	342	156	95	57	27
G	930	850	770	700	586	405	306	152	90	54	26
H	750	680	620	550	470	350	275	135	88	53	25
I	540	510	480	420	380	300	240	120	83	50	24
J	404	385	366	350	320	259	207	110	75	47	23
K	305	284	273	260	240	202	171	100	68	44	22
L	227	218	210	193	178	157	118	88	60	41	21
M	200	190	180	171	157	130	105	78	52	37	20

RAPAPORT　2014 年 11 月 7 日 10 克拉圓鑽報價

RAPAPORT：（10.00～10.99CT.）11/07/2014											
	IF	VVS1	VVS2	VS1	VS2	SI1	SI2	SI3	I1	I2	I3
D	2401	1555	1352	1188	922	590	380	175	107	59	29
E	1530	1352	1210	1064	841	545	370	165	102	57	27
F	1303	1196	1068	940	735	510	360	160	97	55	26
G	1034	955	857	782	643	460	345	155	92	52	25
H	833	764	691	624	524	385	310	136	87	51	24
I	603	573	534	480	427	330	265	121	83	48	23
J	451	431	412	396	359	280	230	112	80	46	22
K	333	318	309	297	267	223	185	102	75	43	21
L	245	235	225	213	194	170	125	90	65	40	20
M	211	201	191	183	170	140	115	80	55	36	19

2009 年 11 月 6 日與 2014 年 11 月 7 日 10 克拉圓形切割白鑽報價比較

	IF	VVS1	VVS2	VS1	VS2	SI1	SI2	SI3	I1	I2	I3
D	514	195	128	148	102	74	31	4	4	-2	-1
E	180	137	120	134	91	67	31	4	4	-2	-1
F	153	161	138	120	85	67	36	4	2	-2	-1
G	104	105	87	82	57	55	39	3	2	-1	-1
H	83	84	71	74	54	35	35	1	-1	-2	-1
I	63	63	54	60	47	30	25	1	0	-2	-1
J	47	46	46	46	39	21	23	2	-1	-1	-1
K	28	34	36	37	27	21	14	2	-1	-1	-1
L	18	17	15	20	16	16	7	2	5	-1	-1
M	11	11	11	12	13	10	10	2	3	-1	-1

　A. 最好（Excellent），用黃色底標示，差價為5,000美元以上／每克拉的鑽石等級

　B. 良好（Very good），用綠色底標示，差價為2,000～4,900美元／每克拉

　C. 普通（General），用藍色底標示，差價為1,000～1,900美元／每克拉

　D. 差（Bad），用紅色底標示，差價為＜900美元／每克拉

　E. 非常差（Very Bad），用橙色底標示不增反減的區域以 D、IF 為例，該等

級的鑽石增值價為：514x100x10x31.8 ＝ 16345200（以新臺幣兌美元 31.8 為匯率）

10 克拉白鑽 阿湯哥 A 級投資布局，獲利最高（適合資金雄厚的人）

	IF	VVS1	VVS2	VS1	VS2	SI1
D	514	195	128	148	102	74
E	180	137	120	134	91	67
F	153	161	138	120	85	67
G	104	105	87	82	57	55
I	63	63	54	60		

10 克拉白鑽 阿湯哥 B 級投資布局，獲利其次（圖中綠色部分）

	IF	VVS1	VVS2	VS1	VS2	SI1	SI2	SI3	I1	I2	I3
D	514	195	128	148	102	74	31	4	4	-2	-1
E	180	137	120	134	91	67	31	4	4	-2	-1
F	153	161	138	120	85	67	36	4	2	-2	-1
G	104	105	87	82	57	55	39	3	2	-2	-1
H	83	84	71	74	54	35	35	1	-1	-2	-1
I	63	63	54	60	47	30	25	1	0	-2	-1
J	47	46	46	46	39	21	23	2	5	-1	-1
K	28	34	36	37	27	21	14	2	7	-1	-1
L	18	17	15	20	16	16	7	2	5	-1	-1
M	11	11	11	12	13	10	10	2	3	-1	-1

10 克拉白鑽 阿湯哥 C 級投資布局，投資金額少、獲利也少

	IF	VVS1	VVS2	VS1	VS2	SI1	SI2
M	11	11	11	12	13	10	10

克拉鑽消費指南

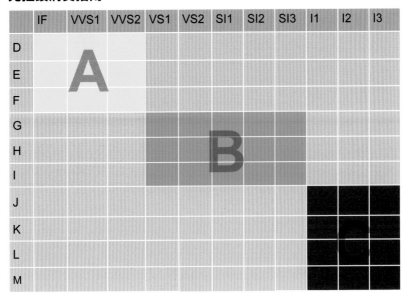

	IF	VVS1	VVS2	VS1	VS2	SI1	SI2	SI3	I1	I2	I3
D											
E			A								
F											
G											
H					B						
I											
J											
K										C	
L											
M											

A 區：顏色為 D、E、F，淨度為 IF、VVS1、VVS2

B 區：顏色為 G、H、I，淨度為 VS1、VS2、SI1、SI2

C 區：顏色為 J、K、L、M，淨度為 I1、I2、I3

Tip

10 克拉鑽石的基本售價都在 1,500 萬～6,000 萬之間，很多人當初買的時候沒有打折，甚至是加成買的，過幾年想賣掉賺錢也難。投資鑽石必須有管道賣，才有可能獲利。

一樣的資金，有人買房子、有人投資股票、基金、外匯，投資鑽石的好處是不會壞，不會變成一張廢紙，也不會叫你補差額。鑽石體積小、重量輕，平常可以佩戴、炫耀，出國攜帶方便，任何國家都承認。

如果有幾億資金可以投資的朋友，可以買 10 克拉鑽石五～十顆分散投資風險。如果身邊有幾十億，就投資 5 克拉。蘇富比、佳士得投資白鑽，大多要 10 克拉以上，因此買 10 克拉以上的鑽石不怕沒管道，但是顏色、淨度不能太差。

購買A區鑽石的職業人群：企業主、職業經理人、銀行高階主管、律師、設計師、建築師、醫師、法官、貴婦、明星或演員。

個性：積極投資型人群，追求完美，財大氣粗，追求高獲利，做表面功夫，常常要出入高級的會所。

預算：35 萬～ 75 萬。

投資前瞻性：高（因為品質高，比較稀有，多數有錢人都會選擇這個區塊，具備較高的增值潛力）。

備註：根據 Rapaport 1 克拉鑽石報價價差分析表，在 E、VVS2，F、VVS1，F、VVS2 這三個投資組合出現負成長，是所有選購的人必須避開的雷區。至於更精確的投資獲利點，請參閱這個表格，有詳細的獲利數據參考。

購買 B 區鑽石的職業人群：老師、公務員、白領階層、企業高階主管、SOHO 族。

個性：保守型投資人群，收入穩定，有一定的社會地位，有固定的社交圈，做任何事情都提前計畫，善於精打細算，也比較斤斤計較。

預算：15 萬～ 27 萬。

投資前瞻性：高（多數人都會挑選的區塊，性價比最高，一樣具備較高的增值潛力）。

購買 C 區鑽石的職業人群：藍領、學生、有錢但不想花大錢的人、貪小便宜的人。

個性：格局比較小，但又愛面子，對生活品質要求不高，只要有 1 克拉就好。

預算：5 萬～ 10 萬。

投資前瞻性：低（這一區域的鑽石不具備增值的條件，只能自用）。

以上預算都是 1 克拉裸鑽的價位，不包含鑲嵌，沒有品牌，以 2014 年 11 月 1 克拉白鑽的報價為參考資料。

很多人剛接觸鑽石，可能懵懵懂懂，什麼 4C 啊、淨度啊，為什麼價差那麼大？我該怎麼挑選結婚鑽戒？我老是被學生問這些問題，為了讓大家選購方便，我簡單將購買 1 克拉鑽石，依照職業與個性，還有預算，做了基本分析與推薦，為大家初次購買鑽石給予指導。

首先，必須按照你的預算去選擇，另外就是對品牌的認知，還是只認 GIA 鑑定書。如果你想要完全符合自己風格和審美理念的鑽戒，不想和別人撞款，又沒有預算限制，那就可以選擇高級私人訂製；如果你認品牌，沒有預算的限制，那就可以去百貨商場或者名牌珠寶專櫃，挑選你喜歡的款式就好；如果你的另一半對牌子有一點要求，但是預算又有限，我建議去電商加實體店的品牌鑽石購買，另外還有婚博會現場，有很多折扣優惠，也可以買到喜歡的品牌，挑選自己喜歡的款式。

如果您要求品質，需要有 GIA 證書，又在意價錢，要買到最便宜的鑽石，我建議去你信任的微商購買，會有幾個基本款式讓你挑選，唯一的小小遺憾就是戒圈內沒法打上品牌 logo。

我們在書中也一一推薦微商、電商、實體店、高級訂製的設計師、國內連鎖珠寶和國際名牌珠寶，就是為了盡量滿足您買鑽戒的要求。如果覺得這本書真的對您有幫助，可以利用微信、微博和我互動，那我及工作團隊的辛苦就值得了。

彩鑽投資

彩鑽投資主要以黃色彩鑽、綠色彩鑽、藍色彩鑽、粉紅彩鑽、紅色彩鑽為主。因為每種顏色的稀有程度不同，直接影響到價位。彩鑽的價錢會因為購買管道的不同而有差異，因此無法正確告訴大家合理的價位。

1. 黃色彩鑽投資

所有彩鑽當中，以黃色彩鑽數量最多。當然，它還是比黑色、咖啡色的鑽石產量少。當我們選購黃色彩鑽，2 克拉以下基本上只能算是自戴，就算漲價，也是有限。2 克拉以下是最熱銷的產品，尤其是以 Fancy intense yellow 與 Fancy yellow 最受歡迎。價位基本相當於白鑽 2 克拉、中上等級的價位，也不過 50 萬左右，許多人都買得起。

❶ 2 克拉以下（貴婦、時尚圈人士、藝術家、白領階層——自用型）

由於黃色彩鑽的量相對來說比較多，如果未來想脫手，我建議買淨度在 VS 等級以上的黃色彩鑽。如果是自用型，只想省錢，預算沒那麼高，就買 SI 等級

就好了。至於 I 等級，淨度太差了，會影響視覺效果。個人建議不如不買。

❷3～5 克拉（明星、社會菁英建築師、會計師、律師──自用兼投資收藏）

如果你是想做個小投資，想保值也要增值的話，我建議可以購買 3～5 克拉的黃色彩鑽。整顆從 200 萬～380 萬左右，相當於一輛賓士或 BMW 的進口車，豪華程度、等級配備不等。由於克拉數稍微大一些，因此每克拉的漲幅就可以感受得到。比如 1 克拉漲 2 萬，3 克拉就漲 6 萬。但是對於一些投資高風險的人，可能對這些漲幅不屑一顧。

如果你是想投資獲利翻好幾倍，投資黃色彩鑽前請慎重，因為它還是相對穩定的投資選擇，不是高回報率。

❸5～10 克拉（房地產開發商、企業高階主管、富二代──穩賺投資型）

如果你是想上拍賣場，至少要選擇 5 克拉以上的黃色彩鑽。這時候必須選擇 Fancy intense yellow、Fancy vivid yellow 的等級。在淨度方面，最好是 VVS 等級，因為很多人都在排隊送去拍賣。如果你是 VS 以下等級的，基本上就被人拋到後面去了。

Fancy yellow 水滴型黃鑽戒指。（圖片提供：每克拉美）

5 克拉等級以上的黃色彩鑽投資最好能放三～五年再出手，經濟效益會更高，基本在國內的許多拍賣場上都可以小試身手。

❹10 克拉以上（企業家、身家億萬的富豪──煉金術投資）

黃色彩鑽超過 10 克拉以上價格至少都要 1,500 萬，甚至一顆到達 2,000 萬都有。投資者要相當謹慎，因為這些黃色彩鑽是有機會上蘇富比和佳士得拍賣的。等級最

好在 Fancy intense yellow 和 Fancy vivid yellow，淨度等級在 IF 到 VVS。由於有錢人要買就買最好的，所以只有最高等級才能顯示他們的身價和地位。價錢方面，他們可沒有時間去比較。

　　10 克拉以上的黃色彩鑽很稀有，本來就沒有報價表，因而很難比得到價錢，所以賣家想賣多少就看買方對黃色彩鑽的知識、行情瞭解多少。這種大克拉黃色彩鑽的得標買家過三、五年後可能就會想脫手獲利，並不是一定要長期持有。通常也不缺出手的管道，只要鑽石品質好，就像地段好、戶型佳的豪宅別墅，總會有仲介來詢問要不要出售，就看你想不想賣，缺不缺錢。

雷地恩形切割淡藍色彩鑽裸石。（圖片提供：侏羅紀珠寶公司）

2. 藍色彩鑽投資

　　藍色彩鑽投資主要還是看顏色，顏色如果能達到 Fancy intense blue、Fancy vivid blue，是可遇不可求的。當然價位也會讓你吃驚到有點下不了手。藍色彩鑽的顏色也相當稀少，只要有 Light blue 或者是 Deep blue 都可以下手。至於它的淨度，無法像黃色彩鑽要求那麼嚴格。通常有 SI 就很不錯了。如果顏色等級高的話，甚至連淨度 I 等級的也都得考慮購買。

Fancy vivid blue 梨形豔彩藍色鑽裸石。（圖片提供：每克拉美）

❶ 1 克拉以下（基本入門款）

　　1 克拉以下，綠豆大小的體積，單價至少都上百萬，相當於一輛進口車的錢。如果不是非常識貨的人，還以為你戴了那麼小一塊玻璃就那麼開心。由於顏色是選購彩鑽最重要的因素，花上百萬買一顆，對上班族來說很心疼，又發愁如何轉手。

❷1 克拉（明星、社會菁英建築師、會計師、律師──自用兼投資收藏）

超漂亮的至少要1,000萬，顏色在中間等級的也要700萬，差一點等級也要接近500萬。這要不是對鑽石瞭解透徹，恐怕難以下手。一般會從鑽石供應商或者是在珠寶展上詢問價錢，並非看了馬上就下手，就像買房子會先看幾家，不同地段、戶型，看完後綜合考慮再下手。我在中國觀察四年有個感受，多數投資者都是比較理性謹慎的，到目前為止還沒遇到一個煤老闆或土豪，完全不假思索就出手。

彩鑽主要是這兩年透過國際媒體報導，大家才瞭解多一些。剛開始大家接觸白鑽多，然後才是黃鑽、等級較高的藍色彩鑽、粉紅色彩鑽、紅鑽。我曾經在十年前就接觸到藍色彩鑽，當時 1.5 克拉 Deep gray blue 的鑽石，商人給我價錢是 1 克拉 330 萬。當初這價錢幾乎等於我住的房子的價錢，這樣大的投資，不是上班族可以下得了手的，我沒有能力購買。沒想到藍色彩鑽現在價錢會漲成這樣，目前基本上是當初購買的兩倍價格。相對而言，鑽石的漲幅差不多一到兩倍，但是你不能天天戴鑽戒卻露宿街頭，基本的住房是必需品。

❸2～4 克拉（房地產開發商、企業高階主管、富二代──穩賺投資型）

基本上會投資 2～4 克拉藍色鑽石，都是財力雄厚的人。對於很多事物都有自己獨特的看法，也許只是分散投資風險而已。2～3 克拉的藍色彩鑽顏色到 Fancy blue 都很不容易，淨度就不用說要求到什麼程度了。況且鑽石商人一定會保留一些重量，因此，切工上也無法像白鑽那麼苛刻。

在市面上很難看到珠寶店陳列2～4克拉的藍色鑽石，往往是有需求的時候，珠寶店才從上游供應商調回來給你看。由於彩鑽的顏色相差一點點，價差就非常大，選購的時候必須眼見為憑。假設廠商傳照片給你，或看到某些拍賣圖錄，大多都沒有真實的顏色好看。就像在網上認識一個異性朋友，照片都用美顏相機處理過，真人往往讓你大吃一驚。

你問我 2～4 克拉的投資報酬率一年到底要多少，我也不好說。因為真的很難去比價，它不像彩色寶石那麼好估價。主要是彩色寶石的數量多，而藍色彩鑽

一年只生產那麼幾顆，數都可以數得出來。買得起的人大有人在，如果大家都有攀比的心態，再加上媒體、明星的宣傳行銷，基本上沒有下跌的可能性。

手頭上有幾顆藍色彩鑽，去哪兒都方便，幾乎就是移動的城堡，想去美國就去美國，想去澳大利亞就去澳大利亞，全世界公認，也不怕有買到假貨而無法變現的困擾。

近幾年，藍色彩鑽在中國的珠寶拍賣中也是常客，而且成績亮麗不俗。這說明多數人從玩文玩藝術品、瓷器、書畫，轉向時尚的鑽石珠寶。這個轉變就在近兩、三年才開始。就我的觀察，短期十年應該可以預期。

❹5 克拉以上（企業家、身家億萬的富豪──煉金術投資）

5克拉以上的藍色鑽石是蘇富比、佳士得拍賣的常客。由紫圖圖書發行的《2015珠寶拍賣年鑑》的封面，大家都在猜測會是什麼寶石能夠榮登寶座。答案是英國佳士得拍賣行在日內瓦成功拍出的世界上最大的豔彩藍色彩鑽，成交價達2,379萬美元，買主為美國頂級珠寶品牌海瑞·溫斯頓。

假如白雪公主現在對魔鏡問：魔鏡魔鏡，你能告訴世界上最貴的藍色寶石是什麼嗎？那毫無疑問就是「藍色彩鑽」。正因為如此，許多企業家大老闆給他的夫人、女友送什麼生日禮物，藍色彩鑽是炙手可熱的首選。最能表達對女人的疼惜和愛護，也能看出男人敏銳的投資思維。只要後方不亂，前線就可以運籌帷幄，游刃有餘。

這些大老闆錢多到沒地方放，不僅在國內，海外各地都有房地產。一顆藍鑽常常是無法滿足他的，能夠陪伴夫人、女友去名牌珠寶店選購或拍賣行競標的都是注重企業形象和熱愛家庭的好男人，成功競拍對於公司股票的指數有正面影響。

3. 粉紅色彩鑽投資

❶1 克拉以下

許多人的夢想就是能夠擁有一顆粉紅色彩鑽，即使只有很淡很淡的微粉，也

能滿足虛榮心。粉紅色彩鑽的稀有程度不輸給藍色彩鑽，粉紅色的浪漫溫馨俘獲多少女人的芳心。挑選粉紅色彩鑽的重點還是顏色，如果能夠達到 Fancy pink 就非常不容易了。

一般來說，粉紅色彩鑽通常都會帶一些伴色，例如橘粉紅或者是紫粉紅也都是相當受歡迎的顏色，但如果是帶棕紅色就會稍微影響到它的價位。

我建議買粉紅色彩鑽，雖然小於 1 克拉，但顏色至少要 Fancy pink，如果是 Light fancy pink，就要在製作上費點功夫。例如在周圍圈上一圈粉紅小鑽，除了視覺效果讓鑽石大一點外，也會讓顏色感覺深一點。

50 分左右的粉紅色彩鑽的價格大概 50 ～ 100 萬左右，相當於一部還不錯的國產車的價錢。因此會買的人一定先有車了，事業也有一點基礎。可能是單身貴族，拿到一筆豐厚的年終獎金，除了犒賞自己出國旅遊度假外，買一顆 50 分的粉紅色彩鑽鑽戒做為厚愛自己的禮物。

除此之外，也有一些人用浪漫的粉紅色彩鑽鑽戒做為結婚的信物，因為挑選白鑽已經太庸俗了。這些人大多數是藝術家、音樂家或者是服裝設計師、珠寶設計師等，因為他們追求與眾不同，始終走在時尚的最前端。

❷1 克拉

鑽石沒買到 1 克拉就會覺得有點遺憾。1 克拉的粉紅色彩鑽代表對自我一生的肯定。因為工作不再是像機器一樣重複枯燥無味的流程，而是富有創造性和凝聚了自我的智慧，因而更有價值，回報也應更豐厚。身上戴一顆 1 克拉的粉紅色彩鑽，等同開了一輛保時捷，這時如果你還在為選愛馬仕還是香奈兒糾結，就弱爆了。

1 克拉的粉紅色彩鑽可以上中國的拍賣，對於想投資的人來說就有銷售的管道。甚至有些珠寶公司在你買到兩、三年之後，會主動詢問想不想脫手，因此不存在銷售無門的問題。

1 克拉的粉色彩鑽還是可以詢問到價錢，有公認的行情價。買之前要多問幾家，至於粉紅色彩鑽的形狀，有些人愛水滴形，有些人愛心形，也有人愛馬眼形（橄欖形），這些切割形狀一般不存在設計的問題 ，因為幾乎可以和紅藍寶、

祖母綠做同款設計。

　　1 克拉的粉色彩鑽已經具備投資的條件，如果顏色能夠達到 Fancy pink 或 Intense pink ，那真是可遇不可求。1 克拉的粉紅色彩鑽價格在 300 萬～ 950 萬之間，價錢取決於顏色、形狀、切工、淨度等級的高低。這 1 克拉的粉紅色彩鑽基本就是一輛中上等配置的保時捷。男人不是玩古董，就是玩車；而女人哪個沒為漂亮包包和鑽石珠寶心動過呢？

　　結婚選白鑽已經不稀奇了，最好能夠用粉紅色彩鑽，足以秒殺所有來賓的目光，彰顯女神風采。

❸ 2 ～ 5 克拉

　　2 ～ 5 克拉的粉紅色彩鑽已經可以在拍賣會嶄露頭角，如果您問粉紅色彩鑽是否是奢侈品，肯定毫無疑問。2 ～ 5 克拉的粉色彩鑽價格在 940 萬～ 4,700 萬不等，可能很多人一輩子都賺不到一千萬。即使是有，你也捨不得豁出全部家當去換一顆鑽戒。

Fancy light pink 枕墊形粉紅色彩鑽。（圖片提供：每克拉美）

　　買家或許不在意將鑽戒脫手賣錢，如果有的話，就是計畫性的投資，通常就不是購買一、兩顆了，而是計畫性地每年撥出一些預算來投資。當然有些人會退而求其次買十顆 1 克拉的粉紅色彩鑽，因為 1 克拉的購買人群相對多一些。而如果有人想要買我的 2 ～ 5 克拉的粉紅彩鑽，沒有出到心理價位，一般是不會答應賣出的。

❹ 5 克拉以上（世界一千強企業家）

　　會買 5 克拉以上彩鑽的人通常是世界一千強的企業家，這時候不是比誰家的煤炭多、誰家的黃金多，而是誰家能夠在拍賣會上搶到前五～十

《2014 全球珠寶拍賣年鑑》封面。

名的珍寶。這些企業家多數都擁有私人飛機、遊艇,甚至買下某國的小島當島主,也是國際連鎖企業的總裁。

紫圖圖書發行的《2014 年全球珠寶年鑑》的封面就是一顆橢圓豔彩粉紅色彩鑽,59.6 克拉,堪稱大自然瑰寶——粉紅之星。在 2013 年 11 月日內瓦蘇富比拍賣公司以 76,325,000 瑞士法郎拍出。這價錢真是石破天驚,打破了歷年來所有粉紅色彩鑽的最高紀錄。當它落槌的那一刻,全場掌聲雷動,不絕於耳。直到今日,粉紅色彩鑽一直是國際巨星與企業主的最愛。

有些慈善家會在拍賣競標後,捐給博物館,讓世界各地的人都可以一覽它的風采,而不是收在自己的保險箱裡。這就是所謂的獨樂樂不如眾樂樂。

彩鑽創造鑽石的神話

繆承翰／文

這兩年來,不管業界專家或客人,紛紛抱怨鑽石價格太高了,或者有人不斷地預言價位即將崩跌。令人驚訝的是,鑽石報價至今仍抱持著漲多跌少的態勢繼續創新高,這究竟是怎麼回事呢?

粉紅色＋黃色彩鑽心型婚戒。(圖片提供:承翰珠寶)

❶ 彩鑽行情穩定上揚,近五十年不跌

記得翡翠老行家告訴我們許多故事,其中幾則是他們遇到戰亂時,多會把上好的翡翠毛料包裹好埋起來,待戰爭過後再挖出來賣,這通常是兼具保本又升值的好方法。猶記得一、二十年前股市大崩盤時,中、下檔的翡翠價格不斷地向下掉,唯有高檔翡翠還一直往上漲,原因無他,就是好的料真的太稀有了。好的翡翠從清朝中期以來,幾百年來除了少數戰亂饑荒時的拋售外,幾乎沒怎麼跌價過,翡翠這種區域性的寶石已經如此,而被譽為世界性寶石之王的鑽石,其中高級彩鑽保值效

果比起上品翡翠在理論與實際上是更不遑多讓。

鑽石是最佳的投資及避險標的之一，尤其是高檔稀有的彩鑽。稀有的彩鑽家族從二十世紀 60 年代初至今，除了在幾次股市崩盤時有微幅修正波外，幾乎沒經歷過什麼大的跌勢：原因無他，它們太美麗又太稀有了，這種世界性的寶石已深植於人心，幾乎沒有哪個地區的女人甚至於男人能抵擋得住它們無邊的魅力，加上世上傳頌著許多關於鑽石的動人故事，使得高檔彩鑽的價格更是易漲難跌。

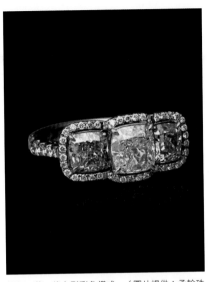

粉紅、黃、綠方型彩色鑽戒。（圖片提供：承翰珠寶）

1987 年 4 月 28 日，紐約的佳士得拍賣會，一顆名為 HANCOCK 的 0.95 克拉紫紅色彩鑽，GIA 的顏色評級是 Fancy purplish red、乾淨度為 I1，原本估價是 10 萬～ 15 萬美元，結果落槌價為 88 萬美元，換算每克拉單價竟高達 926,300 美元。當年以 13,500 美元買進這顆鑽石的賣家大概也沒想到會有這麼精采的報酬，一轉手就六十五倍，這個消息不僅創下了紀錄，也轟動了全世界，無形中也成為將彩鑽價位逐漸頂上高峰的推手之一。

❷60 年代，一杯咖啡換一顆粉紅色彩鑽

妙的是在二十世紀中期前，一般彩鑽普遍被認為不值錢、不具市場性。被譽為彩鑽界教父的 Eddy Elzas，曾有「一杯咖啡換一顆彩鑽」的故事：在二十世

祖母綠金黃色彩鑽鑽戒。（圖片提供：承翰珠寶）

紀 60 年代初，當時有顏色的鑽石被認為是毫無市場價值，賣不掉、不值錢的。有個上游盤商打開一盒裝滿黃色彩鑽的雪茄盒給 Eddy 看，當年約十九歲的 Eddy 一看到就深深為這些彩鑽所著迷。當他把這盒黃彩鑽給另一位鑽石商欣賞時，這位鑽石商不解為什麼 Eddy 會對這些不值錢又賣不掉的鑽石感到興奮不已，於是打開保險箱要送他一顆 1 克拉的粉紅色彩鑽，然而在 Eddy 堅持要付費的情況下，對方也堅持要送，最後折衷以一杯咖啡的代價成交。又陸續以 5 美元及 10 美元的價格購得約 1 克拉的黃鑽與藍色彩鑽。之後他就被同行稱為 Crazy Eddy，這也開始了 Mr. Elzas 著名的「Rainbow Collection」，無止境地以重金收藏別人不要的彩鑽。

　　彩鑽在這三、四十年來，由 1970 年至 2008 年漲了約三十～四十倍，但若以 1960 年代初起算，其漲幅則實難以估計。

❸ 千萬噸中只選得 1 克拉，顆顆皆珍寶

　　我們來看看為什麼彩鑽如此珍貴。專家估計，平均來說，所有鑽石原石只有 2% 達到彩鑽的標準。也就是大概需要 1,400 噸的鑽石礦土才能挖出 1 克拉的彩鑽，但是能做成已切磨的寶石比例就更低了，大約每 1 萬克拉切磨好的鑽石中，只有 1 克拉是彩鑽，而顏色濃烈的彩鑽平均在二萬五千顆鑽石中也只能找出一顆。各位可以自行去推敲挖出 1 克拉的彩鑽需要多少噸鑽石礦土、多少輛車去載，這些耗費的成本是極高的。

　　而彩鑽中絕大多數是褐色、黑色、黃色的晶體，若要找到最珍稀的紅色、藍色、粉紅色、紫色、橘色、綠色、變色龍（Chameleon Diamonds）天然彩鑽，更是難上加難了。頂級彩鑽為何珍貴，不是沒有道理的，再隨便舉個例子來說明好了：

白鑽 K 金吊墜。

無敵彩鑽套鏈。（圖片提供：承翰珠寶）

GIA 在 2002 年夏季刊的 G&G 雜誌中，有份專文列出歷年 GIA 的 GTL 所打出的紅鑽報告，其中正紅色只有四顆，紅色帶微紫的有十一顆，前述那顆 0.95 克拉的 Hancock，也是這十一顆紅色帶微紫非常非常稀有的彩鑽中的一顆。

由遠古至今，鑽石一共大約生產了 48 億克拉，目前天然鑽石每年生產約 1.5 億克拉，其中多數為工業級。在這麼巨大的數量中，數十年來 GIA 所打的天然紅色彩鑽也不過十五顆，可見其珍稀的程度了。

❹ 彩鑽顏色重要性遠大於其他 3C

由於彩鑽非常稀有，為了要保留重量，切工只要不太差都能接受。一般來說，乾淨度多在 SI ～ I 等級，而 GIA 的 GTL 及其他許多鑑定單位，通常對彩鑽鑑定書所採取的態度是可以不打乾淨度的，除非是很好的 VS 級或以上才會特別強調，所以我們對彩鑽的乾淨度不用要求太高。

再者，重量當然是大過 1 克拉比較好，顏色品質優者重量愈重，其克拉單價就會愈往上攀。而評估彩鑽重點就是顏色（Color），一般來說，任何顏色帶豔彩（Vivid）等級都是價值最高的，帶濃彩（Intense）次之，而帶暗灰、帶黑及褐色（Brown）都會大幅減低彩鑽的價值。

評估彩鑽的價值其實與評估有色寶石的方法非常相似，顏色愈鮮豔、愈濃郁者價值愈高，但若深到帶黑、帶暗又會減低其價值了；一般來說，帶暗、帶棕都會大幅減低其鮮豔度，但可加深其顏色的明顯度。只要把握上述這些簡單的原則，相信大致瞭解彩鑽的行情就不太難了。

由古至今，少有女性能抗拒這種閃閃發亮、動人無比的寶石。經濟學也告訴我們，在有限供給的狀況下，需求不斷升即會造成價格的上揚。最後，就以香奈兒女士的一句話做個結語吧：「我喜歡鑽石，因為它以最小的體積，代表著最大的價值。」

黃、粉紅彩鑽水滴造型胸針。
（圖片提供：承翰珠寶）

6 | 鑽石的拍賣

哪個級別的鑽石可以進入拍賣管道？

1. 拍賣行選擇的鑽石淨度級別 65% 以上都是 VVS2。
2. 由於大鑽顏色明顯，價值高的基本都是 D 色。
3. 拍場上高價值單品的偶然性非常大，所以存在很大的機遇。

2012 ～ 2016 年蘇富比與佳士得白鑽拍賣分析

我們分析了 2012 ～ 2016 年蘇富比與佳士得共五年的 10 克拉以上白鑽，提供給讀者未來投資收藏 10 克拉以上白鑽價錢參考。本分析因為在不同時間與不同的拍賣地點會有不一樣的匯率誤差，最後以臺幣做為報價結果。

由報表可以得知顏色從 D ～ Y 都有，淨度從 FL ～ I1。個人建議顏色可以在 D ～ K，淨度可以在 IF ～ VS2。由於 10 克拉以上沒有報價表，因此歷年來的拍賣紀錄就相當重要。你問我是否可以看出什麼準則或端倪，我只能說拍賣鑽石有太多的個人喜愛、經濟影響、品牌故事與設計師作品等因素。我們整體觀察 2012 ～ 2015 年基本上價位是逐年增加（實際上是 2011 ～ 2014 年的拍賣紀錄），到了 2016 年（實際上是 2015 年的拍賣紀錄）幾乎是下降的趨勢。這和大環境的經濟影響有很大關聯。

2012 年蘇富比和佳士得全球白鑽拍賣價格情況（部分）

Carat	Colour	Clarity	NTD	NTD/ct
44.09	D	IF	22,096,868,643	5,020,000
34.05	D	VVS1	147,103,044	4,320,000
20.22	D	IF	121,147,670	5,990,000
19.86	D	VVS1	91,873,459	4,620,000
15.02	D	IF	83,009,900	5,530,000
14.37	D	IF	58,268,507	4,050,000
11.85	D	VVS1	58,268,507	4,910,000
15.08	F	IF	42,252,374	2,800,000
18.18	D	VS2	40,259,633	2,210,000
31.89	J	VS2	40,259,633	1,260,000
15.58	E	VS1	38,934,977	2,490,000
10.69	D	VVS1	37,276,279	3,480,000
10.88	E	VS1	24,639,843	2,260,000
12.72	H	VVS2	19,181,170	1,500,000
10.08	H	VVS1	18,271,391	1,810,000
10.07	H	VVS1	17,534,150	1,740,000
20.48	L	VS2	14,646,897	710,000
22.03	K	VVS2	13,722,497	620,000
10.19	K	VS2	5,073,396	490,000
10.41	K	I1	1,912,914	180,000
12.69	J	VS2	11,448,050	900,000

2012 年 10 克拉以上白鑽分析

等級	總平均（萬臺幣／克拉）	分析（萬臺幣／克拉）	備註
D、IF	20ct 以上平均 550 萬	44ct，502 萬 20ct，599 萬	
	479 萬	15ct，553 萬 14ct，405 萬	

等級	總平均（萬臺幣／克拉）	分析（萬臺幣／克拉）	備註
D、VVS1	432 萬	34ct	
	433 萬	19ct，462 萬 11ct，491 萬 10ct，348 萬	3 顆
D、VS2	221 萬		
E、VS1	235 萬	15ct，250 萬 10ct，226 萬	2 顆
F、IF	278 萬		
H、VVS1	179 萬	178 萬 174 萬	2 顆
H、VVS2	151 萬		
J、VS2	122 萬	31ct	
K、VVS2	61 萬		
K、VS2	49 萬		
K、I1	18 萬		
L、VS2	70 萬	20.48ct	

2013 年蘇富比和佳士得全球白鑽拍賣價格情況（部分）

Carat	Colour	Clarity	NTD	NTD/ct
118.28	D	FL	888,010,035	7,500,000
101.73	D	FL	771,542,041	7,580,000
28.86	D	FL	202,976,736	7,030,000
26.24	D	VVS1	128,882,213	4,910,000
30.32	D	VVS1	128,878,634	4,250,000
32.65	F	VS2	104,613,873	3,200,000
23.43	D	VVS2	103,843,518	4,430,000
23.30	D	VVS2	94,710,507	4,060,000
17.74	D	IF	83,776,877	4,720,000
21.54	F	IF	78,508,448	3,640,000
18.28	D	VVS2	58,646,121	3,200,000

10.82	D	IF	58,182,520	5,370,000
13.10	D	VVS1	53,400,295	4,070,000
16.09	D	VVS2	45,794,319	2,840,000
10.50	D	VVS1	43,035,259	4,090,000
10.21	D	IF	37,669,824	3,680,000
10.45	D	VVS1	36,667,146	3,500,000
17.00	F	VS1	36,277,430	2,130,000
10.04	D	IF	35,863,744	3,570,000
10.54	D	VVS1	33,019,781	3,130,000
11.64	D	VS1	31,342,963	2,690,000
15.99	D	VS2	28,698,614	1,790,000
19.31	E	SI1	28,698,614	1,480,000
10.32	D	IF	27,380,010	2,650,000
10.56	D	VVS1	26,779,377	2,530,000
12.55	G	VS1	25,265,151	2,010,000
16.21	I	VS1	21,479,680	1,320,000
12.49	H	VVS1	19,785,042	1,580,000
23.19	K	VS2	18,936,292	810,000
12.45	H	IF	17,291,448	1,380,000
16.49	I	SI1	14,609,814	880,000
10.12	H	VS1	12,770,808	1,260,000
10.02	G	VVS1	12,631,130	1,260,000
10.24	E	VS2	12,311,859	1,200,000
10.03	H	VS2	11,200,347	1,110,000
17.03	W	VVS2	9,285,630	540,000
14.49	Y	VVS1	8,338,782	570,000
16.47	M	VS2	8,128,007	490,000
10.02	H	VS1	7,832,009	780,000
10.11	J	SI2	5,481,276	540,000
12.86	U	VVS2	5,085,720	390,000

2013 年 10 克拉以上白鑽分析

等級	總平均（萬臺幣／克拉）	分析（萬臺幣／克拉）	備註
D、FL	753 萬	118ct，749 萬 /ct 101ct，758 萬 /ct	12 顆都 100 克拉以上，內部與外部都無瑕疵
	702 萬	28ct，702 萬 /ct	1 顆
D、IF	400 萬	264 萬～ 470 萬	470 萬 /ct，行情算合理 264 萬～ 367 萬算撿漏
D、VVS1	457 萬	26ct，490 萬 /ct 30ct，424 萬 /ct	平均在 470 萬 /ct 左右
	344 萬	250 萬～ 410 萬	5 顆，同一年價差很大，與重量大小無異
D、VVS2	306 萬	320 萬 /ct，283 萬 /ct	2 顆，價差不大，約平均 306 萬 /ct
D、VS1	268 萬		1 顆
D、VS2	179 萬		D、VSI 價差為 94 萬 /ct，相當大
E、SI1	146 萬		
F、IF	362 萬	21ct，363 萬 /ct	
F、VS1	212 萬	17ct，212 萬 /ct	
F、VS2	320 萬	32ct，320 萬 /ct	
G、VS1	198 萬		
H、IF	137 萬		
H、VVS1	155 萬		
H、VS1	99 萬	122 萬 /ct，75 萬 /ct	
H、VS2	108 萬		
I、VS1	132 萬		
I、SI1	85 萬		
J、SI2	52 萬		
K、VS2	80 萬		
M、VS2	47 萬		

U、VVS2	38 萬			
W、VVS2	52 萬			
Y、VVS1	57 萬			

2014 年蘇富比和佳士得全球白鑽拍賣價格情況（部分）

Carat	Colour	Clarity	NTD	NTD/ct
26.14	D	VVS2	107,383,989	4,100,000
24.20	D	VS2	56,587,865	2,330,000
10.74	D	IF	49,750,350	4,630,000
19.24	F	IF	42,664,246	2,210,000
21.01	D	VVS2	41,289,576	1,960,000
10.06	D	IF	40,006,958	3,970,000
28.13	I	VS2	39,121,195	1,390,000
11.03	S	VVS1	36,270,413	3,280,000
10.02	D	IF	30,972,176	3,090,000
11.09	E	VVS2	29,909,261	2,690,000
10.38	D	VS1	29,497,929	2,840,000
11.54	G	IF	26,078,089	2,250,000
10.93	D	VVS2	25,657,599	2,340,000
13.28	D	VVS2	22,114,547	1,660,000
17.34	H	VS1	13,459,264	770,000
19.46	K	VS2	13,459,264	690,000
11.30	I	VS2	10,656,467	940,000
13.84	K	VVS2	8,296,646	590,000
10.038	E	SI1	8,164,605	810,000
10.10	I	SI	6,101,922	600,000
10.58	H	SI2	5,401,223	510,000
12.55	N	VS2	4,044,984	320,000
10.03	E	IF	1,786,289	170,000

2014 年 10 克拉以上白鑽分析

等級	總平均（萬臺幣／克拉）	分析（萬臺幣／克拉）	備註
D、IF	429 萬		3 顆，358 萬～ 523 萬
D、VVS	212 萬		3 顆，D，VVS2，193 萬～ 235 萬 /ct
D、VS	320 萬	20ct 以上，358 萬 /ct 20ct 以下，287 萬 /ct	3 顆，20ct 以上，306 萬～ 410 萬 /ct 20ct 以下，287 萬 /ct
E、VVS2	278 萬		1 顆，E，IF，平均 14 萬 /ct，不合理
F、IF	254 萬		1 顆
G、IF	254 萬		1 顆
H、VS1	127 萬		
H、SI2	47 萬		
I、VS2	141 萬		
I、SI	57 萬		
K、VVS2	57 萬		
K、VS2	66 萬		
N、VS2	28 萬		

2015 年蘇富比和佳士得全球白鑽拍賣價格情況（部分）

Carat	Colour	Clarity	NTD	NTD/ct
16.07	F	VVS1	476,362,260	29,640,000
89.23	D	VVS1	350,862,420	3,930,000
101.36	L	VS2	157,658,612	1,550,000
26.08	D	IF	156,658,200	6,000,000
26.20	D	IF	156,658,200	5,970,000
26.14	D	VS2	118,748,050	4,540,000
53.66	K	VS1	89,493,650	1,660,000

24.20	D	VS2	82,180,050	3,390,000
13.89	D	IF	78,575,160	5,650,000
10.74	D	IF	61,679,040	5,740,000
19.24	F	IF	55,015,250	2,850,000
23.89	H	VVS2	49,535,380	2,070,000
21.01	D	VVS2	47,179,250	2,240,000
28.13	I	VS2	44,240,750	1,570,000
11.03	S	VVS1	43,261,250	3,920,000
10.02	D	IF	39,533,640	3,940,000
11.09	E	VVS2	34,249,850	3,080,000
10.38	D	VS1	33,074,450	3,180,000
11.54	G	IF	32,151,840	2,780,000
13.28	D	VVS2	28,372,850	2,130,000
10.93	D	VVS2	25,943,895	2,370,000
17.34	H	VS1	24,454,850	1,410,000
10.03	E	IF	19,753,250	1,960,000
11.30	E	VS1	19,152,855	1,690,000
19.46	K	VS2	14,591,572	740,000
13.84	K	VVS2	9,174,650	660,000
12.55	N	VS2	4,473,050	350,000
10.04	W-X	VS1	2,973,225	290,000
23.76	D	IF	149,769	6,303

2015 年 10 克拉以上白鑽分析

等級	總平均（萬臺幣／克拉）	分析（萬臺幣／克拉）		備註
D、IF	546 萬	20ct 以上，589 萬～ 601 萬 /ct		2 顆
		10ct 以上，394 萬～ 574 萬 /ct		3 顆
D、VVS1	393 萬			
D、VVS2	225 萬	20ct 以上		
		10ct 以上，214 萬～ 237 萬 /ct		2 顆

等級	總平均（萬臺幣／克拉）	分析（萬臺幣／克拉）	備註
D、VS1	319 萬		
D、VS2	397 萬	20ct 以上，340 萬～ 454 萬 /ct	2 顆
E、IF	197 萬		
E、VVS2	309 萬		高出行情太多
E、VS1	169 萬		
F、IF	286 萬		
H、VVS2	207 萬		
H、VS1	141 萬		
I、VS2	157 萬		
K、VVS2	66 萬		
K、VS1	167 萬	50ct 以上	53ct
K、VS2	75 萬		
L、VS2	156 萬		
N、VS2	36 萬		101ct
G、IF	279 萬		
S、VVS1	392 萬		高出行情
W-X、VS1	30 萬		

2016 年蘇富比和佳士得全球白鑽拍賣價格情況（部分）

Carat	Colour	Clarity	NTD	NTD/ct
55.52	D	IF	275,990,450	4,970,000
50.48	D	IF	257,706,450	5,100,000
31.34	D	VVS2	136,388,468	4,350,000
38.27	D	VVS2	128,443,816	3,350,000
43.79	D	VSI	127,525,908	2,910,000

31.93	D	VSI	123,351,700	3,860,000
80.73	K	VS2	120,435,860	1,490,000
28.28	D	VVSI	108,028,276	3,810,000
25.49	D	VVSI	108,028,276	4,230,000
25.80	D	VVS2	96,807,250	3,750,000
36.55	F	IF	93,150,450	2,540,000
17.39	D	D	88,481,500	5,080,000
30.15	F	VVS2	81,978,680	2,710,000
27.49	D	SI1	70,687,250	2,570,000
26.44	D	VS2	64,886,600	2,450,000
24.34	D	VVSI	64,728,340	2,650,000
18.26	E	VVS2	62,851,250	3,440,000
10.08	D	IF	56,921,880	5,640,000
23.92	G	VVS2	51,260,500	2,140,000
17.05	F	VVS2	49,540,080	2,900,000
10.01	D	IF	49,540,080	4,940,000
12.15	D	VVS2	47,342,500	3,890,000
18.80	D	VVSI	45,737,140	2,430,000
11.13	D	VSI	41,938,900	3,760,000
11.40	D	VSI	37,384,250	3,270,000
25.50	I	VSI	32,315,880	1,260,000
18.83	D	VVSI	32,290,850	1,710,000
26.22	J	VVS2	30,839,520	1,170,000
13.28	D	VVS2	23,671,250	1,780,000
25.82	K	VS2	22,947,700	880,000

Carat	Colour	Clarity	NTD	NTD/ct
10.00	G	VVSI	21,981,360	2,190,000
13.72	G	VVS2	19,909,108	1,450,000
20.46	I	VSI	19,149,460	930,000
11.60	G	IF	17,859,550	1,530,000
15.78	I	VVS2	17,173,900	1,080,000
22.26	I	VSI	17,173,900	770,000
12.50	H	VVSI	14,971,396	1,190,000
12.15	E	SI1	14,823,100	1,220,000
22.31	L	VS2	14,591,572	650,000
25.05	S-T	VVS2	14,039,500	560,000
15.54	J	VVS2	13,831,924	890,000
11.65	I	VS2	12,864,100	1,100,000
14.16	I	VSI	12,692,452	890,000
15.95	J	VS2	12,312,628	770,000
10.87	I	VVSI	12,080,500	1,110,000
17.23	K	VSI	11,552,980	670,000
20.85	L	VS2	11,133,650	530,000
13.58	J	VVS2	9,958,250	730,000
11.09	I	VS2	9,432,296	850,000
10.40	H	VS2	9,142,000	870,000
10.04	H	VS2	8,894,212	880,000
10.04	G	VS2	6,805,180	670,000
15.22	K	VS2	6,615,268	430,000
10.05	J	VSI	6,045,532	600,000
15.74	S-Z	SI2	5,825,439	370,000
10.06	K	VSI	5,095,972	500,000

2016 年 10 克拉以上白鑽分析

等級	總平均（萬臺幣／克拉）	分析（萬臺幣／克拉）	備註
D、IF	504 萬 530 萬	50ct 以上，497 萬～510 萬 495 萬～565 萬	
D、VVS1	297 萬	20ct 以上，266 萬、382 萬、424 萬 10ct 以上，171 萬、243 萬	3 顆 2 顆
D、VVS2	343 萬	20ct 以上，336 萬、435 萬、357 萬 10ct 以上，390 萬、178 萬 30ct 以上，291 萬、386 萬	3 顆 2 顆 2 顆
D、VS1	346 萬	10ct 以上，377 萬、328 萬	2 顆
D、VS2	245 萬		
D、SI1	257 萬		
E、VVS2	344 萬		
E、SI1	122 萬		
F、IF	255 萬		
F、VVS2	290 萬		
G、IF	154 萬		
G、VVS1	220 萬		
G、VVS2	180 萬	214 萬～145 萬	2 顆
G、VS2	120 萬		
H、VVS1	89 萬	88 萬、89 萬	
H、VS2	68 萬		
I、VVS1	111 萬		
I、VVS2	109 萬		
I、VS1	97 萬	89 萬、77 萬、93 萬 20ct 以上，127 萬	3 顆
I、VS2	98 萬	110 萬、85 萬	
J、VVS2	93 萬	117 萬、89 萬、73 萬	
J、VS1	60 萬		
J、VS2	77 萬		

等級	總平均（萬臺幣／克拉）	分析	備註
K、VS1	94萬	80ct 以上，149萬 20ct 以上，89萬 10ct 以上，43萬	請參考克拉數單價
K、VS2	59萬	67萬、51萬	2P
L、VS2	59萬	65萬、53萬	2P
S-T、VVS2	56萬		
S-Z、SI2	37萬		

2012 ～ 2016 年 10 克拉以上白鑽價格對比

等級	2012 年	2013 年	2014 年	2015 年	2016 年
D、FL		725			
D、IF	515	400	429	546	517
D、VVS1	432	400	212	393	297
D、VVS2		306		226	343
D、VS1		268	320	319	346
D、VS2	221	179		397	245
E、SI1		146			
E、VVS2			278	309	344
E、VS1	235			169	
F、IF	278	363	254	286	255
F、VS1		212			
F、VS2		320			
G、VS1		198			
G、IF				279	154
H、IF		137			
H、VVS1	179	155			89
H、VVS2	151			207	
H、VS1		99	127	141	
H、VS2		108			68

H、SI2			47		
I、VS1		132			97
I、VS2			141	157	98
I、SI2		85	57		
J、VS2		52			77
J、VS2	122				60
K、VVS2	61		57	66	
K、VS2	49	80	66	75	59
K、I1	18				
L、VS2	70				59
M、VS2		47			
N、VS2			28	36	
U、VVS2		38			
W、VVS2		52			
Y、VVS1		57			

蘇富比、佳士得 2012 ～ 2016 年 10 克拉以上白鑽拍賣分析

顏色	淨度	平均單價（萬臺幣／克拉）
D	FL	725 萬 /ct
D	IF	400 ～ 546 萬 /ct
D	VVS	212 ～ 432 萬 /ct
E	VVS ～ VS	169 ～ 344 萬 /ct
F	VVS ～ VS	212 ～ 320 萬 /ct
G	VVS ～ VS	154 ～ 279 萬 /ct
H	VVS ～ VS	89 ～ 207 萬 /ct
I	VVS ～ VS	97 ～ 153 萬 /ct
J ～ K	VVS ～ VS	52 ～ 80 萬 /ct
L ～ Y	VVS ～ VS	28 ～ 71 萬 /ct

・10 克拉以上白鑽投資與收藏分析

我們最後分析得到 2012 ～ 2016 年蘇富比與佳士得 10 克拉以上白鑽拍賣價錢，做為您未來拍賣或者是收藏的參考數據。

D、IF 等級每克拉約 400 ～ 546 萬。D、VVS 等級每克拉約 212 ～ 429 萬。E、VVS ～ VS 等級每克拉約 169 ～ 344 萬。F、VVS ～ VS 等級每克拉約 212 ～ 320 萬。G、VVS ～ VS 等級每克拉約 154 ～ 279 萬。H、VVS ～ VS 等級每克拉約 89 ～ 207 萬。I、VVS ～ VS 等級每克拉約 97 ～ 153 萬。J ～ K、VVS ～ VS 等級每克拉約 52 ～ 80 萬。L ～ Y、VVS ～ VS 等級每克拉約 28 ～ 71 萬。

有了這些參考數據，如果去當鋪收購鑽石或者朋友拿鑽石來借款就有一個參考依據，若要是有一些保險系數，大家不妨以上面的價錢再打 60% ～ 70%，提供給大家參考。其實大多數人還是對白鑽比較有信心，只要有 GIA 證書不管天涯海角都有人懂貨。會買 10 克拉以上白鑽的投資客，基本上身家都有好幾億，一顆鑽石等於一輛超跑，跑車每年都在跌價，鑽石的話則是年年漲價，如果能在民間收到便宜的鑽石，再拿到拍賣場去拍，相信這是一種穩健的投資方法。鑽石的顏色與淨度等於房地產的地段，因此愈高等級的顏色與淨度還是投資報酬率高一點的。

2016年受到全世界不景氣影響，我們觀察多數的平均單價都下降了，也就意味著景氣不好，很多人缺錢把鑽石拿出來賣了，投資客也不是省油的燈，做足了功課，已經學會理智投標，畢竟現在資訊這麼發達，就算不是在拍賣場上，也可以找三～五家印度或者以色列鑽石公司比價，或者跑到香港珠寶展去挑挑鑽石，現場至少有五～十家廠商可以讓您比到價錢。

Tip

鑽石價格受到很多因素所影響，顏色與淨度是最主要的，其次是重量與切工比例，另外切割形狀也占有很大的因素。考量上述因素外，有無螢光反應、拋光與對稱情況也是考量因素之一。我個人建議選擇 I、VS 等級以上，在拍賣會場上會比較受到關注。

2012～2016 年蘇富比與佳士得彩色鑽石拍賣分析

1. 粉紅彩鑽分析

　　紅鑽石這幾年知名度愈來愈受到關注，幾乎是每一場拍賣會的焦點。2016年所拍出豔彩粉紅鑽石平均每克拉單價為 5,898 萬。在所有鑽石當中，就只有紅色彩鑽和藍色彩鑽能與粉紅鑽石相抗衡。由於粉紅鑽石太稀有了，因此在淨度上無法和白鑽或者是黃色彩鑽來相比較。通常彩鑽是以顏色鮮豔與飽和程度來決定其價位。當然淨度愈高，價值則翻倍成長。除此之外，對於粉紅色彩鑽的切工比例與拋光好壞，也是無法和白鑽相比較。因為太珍貴了，都會盡量保留重量。

　　粉紅色鑽石受到喜愛可以從拍賣數量看到一些風向球，從 2012 年八顆、2013 年十二顆、2014 年十五顆、2015 年十四顆、2016 年十九顆，就可以得知慢慢地增加成長。另外從平均單價來看，FVP 豔粉紅色彩鑽，2012 年 1 克拉 3,015 萬，到 2016 年每克拉 5,000～6,000 萬，足足翻漲了將近一倍，這是成長最明顯的。FIP 濃粉紅色彩鑽在 2013 年出現一顆巨無霸，有 59.6 克拉，平均 1 克拉 3,851 萬，套句流行的說法「真的嚇死寶寶了」。這顆濃粉紅色彩鑽也把整個彩鑽市場燒熱了，許多人恍然大悟，誰才是珠寶界的老大。

　　但要注意的是，2015 年與 2016 年 FIP 濃粉彩鑽的拍賣平均單價每克拉在二千多萬，這是值得再觀察的事。我們看到 2016 年拍出四顆 FPP 粉紅帶紫色彩鑽（通常粉紅帶紫色有加分效果，價位僅次於濃粉紅色彩鑽），平均價位每克拉約從 581～5,513 萬。8.24 克拉這顆 FPP 彩鑽拍出每克拉 5,513 萬，實在有些無法理解，正常單價應該落在每克拉 1,000 萬左右。1 克拉多的中彩粉紅彩鑽 FP 平均單價 274 萬。

　　超過 10 克拉以上的 FP 中彩粉紅彩鑽，每克拉在 1,600～1,700 萬左右。FLP 淡粉紅色彩鑽在 5 克拉以下，我們觀察 2014 年大概單價在每克拉 138～332 萬。5～9.99 克拉的價位每克拉平均在 109～397 萬。可以觀察出市場上 1～9 克拉的 FLP 淡粉紅色彩鑽價位差距不大。讀者要注意的是超過 10 克拉

的 FLP 淡粉紅色彩鑽，因為克拉數超過 10 克拉較為稀少，因此單價拉高到每克拉 811 ～ 1,060 萬，不容小看。

2012 年粉紅色彩鑽拍賣情況

Carat	Colour	NTD	NTD/ct
3.28	FVP	98,050,327	29,893,392
6.03	FP	32,012,253	5,308,831
3.09	FOP	22,785,627	7,373,989
5.00	FOP	18,704,619	3,740,924
3.56	FLP	9,378,727	2,634,474
3.15	FLP	9,378,727	2,977,374
1.24	LP	1,386,212	1,117,913
1.70	FBP	1,293,798	761,058

2013 年粉紅色彩鑽拍賣情況

Carat	Colour	NTD	NTD/ct
0.51	FV-P-P	9,866,838	19,346,742
3.09	LP	4,612,936	1,492,860
4.06	FLP	6,845,002	1,685,961
2.35	FO-P	8,540,572	3,634,286
2.54	LP	5,505,763	2,167,623
4.12	FO-P	14,456,865	3,508,948
5.63	FLP	12,648,374	2,246,603
12.85	FI-P-P	43,072,517	3,351,947
10.61	FLP	35,918,604	3,385,354
13.19	LP	42,558,058	3,226,540
8.28	FO-P	23,399,256	2,825,997
59.60	FIP	2,275,093,310	38,172,707

2014 年粉紅色彩鑽拍賣情況

Carat	Colour	NTD	NTD/ct
1.50	FIP	15,460,966	10,307,310
2.06	FVP	47,165,344	22,895,798
3.34	FLP	11,309,134	3,385,968
4.02	FLP	5,505,763	1,369,593
4.03	FLP	6,398,589	1,587,739
5.20	FLP	919,536	176,834

5.91	FLP	53,228,652	9,006,540
6.27	FLP	24,701,530	3,939,638
7.76	FLP	8,407,449	1,083,434
8.05	FLP	17,112,506	2,125,777
9.38	FLP	17,127,386	1,825,947
11.11	FLP	89,357,984	8,043,023
10.11	FLP	106,235,040	10,507,917
12.07	FP	193,995,731	16,072,554
5.23	FIP	176,974,391	33,838,316

2015 年粉紅色彩鑽拍賣情況

Carat	Colour	NTD	NTD/ct
76.51	FLP	294,274,450	3,846,222
12.07	FP	210,168,050	17,412,432
15.23	FOP	193,108,852	12,679,504
9.38	FIP	188,810,040	20,129,002
12.93	FOP	115,320,120	8,918,803
10.11	FLP	115,091,250	11,383,902
11.11	FLP	96,807,250	8,713,524
5.91	FLP	58,081,420	9,827,651
2.06	FP-P	51,097,250	24,804,490
6.27	FLP	27,230,640	4,343,005
3.43	FLP-P	12,467,040	3,634,706
5.20	FLP	10,033,684	1,929,555
7.76	FLP	9,268,260	1,194,363
4.03	FLP	7,053,720	1,750,303

2016 年粉紅色彩鑽拍賣情況

Carat	Colour	Clarity	NTD	NTD/ct
7.53	FIP	VS2	197,996,280	26,294,327
16.08	FVP	VVS2	937,871,250	58,325,326
8.72	FVP	VS2	483,546,500	55,452,580
8.24	FPP		454,292,100	55,132,536

Carat	Colour	Clarity	NTD	NTD/ct
5.18	FVP	VS2	327,185,650	63,163,253
8.88	FLP-B	VS2	20,997,120	2,364,541
5.06	FLP		15,091,680	2,982,545
6.24	FPP		76,281,320	12,224,571
7.47	FPP		78,523,250	10,511,814
11.41	FLP		61,088,360	5,353,932
1.87	FP	VS2	5,126,250	2,741,310
6.57	FPP		38,140,660	5,805,275
2.15	FLP	IF	4,613,625	2,145,872
5.07	FOP		16,459,040	3,246,359
4.49	FLP		6,330,400	1,409,889
6.83	FBP		5,934,750	868,924
3.66	FLO-P		492,120	134,459
3.39	VLP		2,373,900	700,265
1.01	FLO-P		459,810	

蘇富比、佳士得 2012 ～ 2016 年粉紅色彩鑽價格分析

顏色	重量（CT）	價格（萬臺幣／克拉）	平均價格（萬臺幣／克拉）	備註
FVP（豔彩粉紅）		1,960 萬～ 6,316 萬	3,273 萬	2016 年 3 顆，平均 5,898 萬 /ct
FIP（濃彩粉紅）		2,013 萬～ 3,817 萬	2,961 萬	59.6 克拉，3,873 萬 /ct 例外，拍賣價錢從每克拉 3,000 多萬降到 2,000 多萬
FP（中彩粉紅）		1,741 萬 274 萬	1,741 萬 274 萬	12.07 克拉，1,741 萬 /ct 1 克拉，274 萬 /ct
FPP（中彩粉紅帶紫）	2013 年 12.85ct 2.06ct 2016 年 8.24ct 7.47ct 6.24ct 6.57ct	335 萬（例外） 2,480 萬 5,513 萬 1,051 萬 1,222 萬 581 萬	581 萬～ 5,513 萬 /ct 平均 2,169 萬 /ct	2013 年，12.85 克拉，335 萬 /ct，特便宜 2016 年賣出 4 顆，合理價在 1,000 ～ 1,200 萬 /ct

FLP （淡彩粉紅）	1～4.99ct 5～9.99ct 10ct 以上 76ct	70 萬～363 萬 108 萬～982 萬 339 萬～1138 萬 384 萬	219 萬 368 萬 790 萬 384 萬	1. 數量最多 2.2014 年 得 標 者，有部分 2015 年又拿出來拍賣 3.2014 年、2015 年拍賣數量最多，2016 年數量下降 4.10 克拉以上平均單價為 790 萬 /ct，5～9.99 克 拉 平 均 368 萬 /ct，2～4.99 克拉平均單價 219 萬 /ct
FO-P （中彩橘粉紅色）	2～4.99ct 5～9.99ct 10ct 以上	351 萬～737 萬 283 萬～374 萬 892 萬～1268 萬	484 萬 329 萬 1080 萬	OP 比 LP 貴，比 IP 便宜
LP （淡粉紅色）	1～4.99ct 13.19ct	112 萬～217 萬	159 萬 223 萬	

粉紅色彩鑽約略的價位

等級	萬臺幣／克拉
Faint	27 萬～54 萬
Very light	81 萬～108 萬
Light	135 萬～162 萬
Fancy light	189 萬～216 萬
Fancy	243 萬～270 萬
Fancy intense、Fancy deep	270 萬～810 萬
Fancy vivid	810 萬～5,400 萬

實際價位依條件而定，本表僅為方便記憶做約略的區分。
參考樊成老師《鑽石鑑定全書》307 頁「彩色鑽石約略價位」。

Tip

粉紅色彩鑽因為特別稀少，除了最關鍵的顏色外，重量與淨度也是非常大的因素。因此每一顆粉紅鑽都是個別案例，不同國家地區喜愛程度也不太一樣，消費者在投資收藏前要先預設底價，若是遇到大企業家投標，志在必得，得標超過行情 3～5 倍也是有可能的事。

・ 粉紅色鑽石的投資與收藏概要

粉紅色鑽石的價錢因為顏色深淺與淨度好壞變化太大，基本上很難比出一個合理價位，意味著價格空間隨人喊。克拉數愈大，顏色愈濃豔，價位就會飛漲。粉紅色彩鑽無論如何都要 1 克拉起跳。FIP 與 FVP 價位實在高得令人望之流口水。FOP 與 FP 克拉數小的還是要盡快布局。FLP 小克拉數對有錢人來講興趣不大，但是超過 10 克拉以上，大家看在大顆的面子上還是會加把勁地搶購，還是有它的市場在。

2. 藍色彩鑽分析

這幾年藍色彩鑽拍賣的量少之又少，2012 年兩顆、2013 年六顆、2014 年三顆、2015 年三顆、2016 年五顆。2016 年一顆 12.03 克拉豔彩藍鑽賣了 15 億 8,790 萬，每克拉約 1 億 3,200 萬。這價錢可以在臺北信義區買十五棟上億豪宅，從此大家對藍色彩鑽開始產生尊崇敬意。

1 克拉的 FVB 豔彩藍鑽，每克拉從 1,204 ～ 1,565 萬；5 克拉的 FVB 每克拉約 3,640 ～ 4,301 萬；8 克拉的 FVB 每克拉 4,842 萬，這些基本上都是時價登錄，有憑有據。也就是推估 2 克拉的單價，每克拉會在 2,000 萬左右；3 克拉每克拉在 2,500 萬左右；4 克拉每克拉在 3,000 萬左右；5 ～ 8 克拉每克拉單價差距不大，但是超過 10 克拉以上，單價就迅速攀升。2014 ～ 2016 年間拍出三顆 10 克拉上的 FVB，價位從 2014 年每克拉 4,931 萬，2015 年每克拉 5,296 萬，到 2016 年每克拉 1 億 3,200 萬。說實在 2016 年景氣已經下滑，這價錢居然比 2015 年上漲一倍多，讓許多專家跌破眼鏡。證明了一點，有錢就是任性，身家幾百億的人大有人在。

值得注意的是 FVGB 豔藍帶灰彩鑽 1 克拉要 1,315 萬，超過 5 克拉，每克拉要 4,619 萬，比起 5 克拉 FVB 單價還貴。我們繼續觀察 FIB 濃藍色彩鑽。2 克拉多的 FIB 從每克拉 1,346 ～ 2,861 萬，平均每克拉單價在 2,123 萬。2013 年 1 克拉多的 FB 中彩藍色彩鑽每克拉約 926 萬，後面都沒出現 1 克拉多的 FB，相信未來每克拉將會超過 1,000 萬；1 克拉多 FGB 藍色帶灰彩鑽，每克

拉在 349 萬；1 克拉的 FLB 淡藍色彩鑽每克拉約 301 萬。

2012 年藍色彩鑽拍賣情況

Carat	Colour	NTD	NTD/ct
8.01	FVB	384,527,805	48,005,968
1.15	FGB	3,977,211	3,458,453

2013 年藍色彩鑽拍賣情況

Carat	Colour	NTD	NTD/ct
1.08	FVP	16,760,508	15,518,989
1.35	FB	12,388,202	9,176,446
3.04	FIB	62,646,652	20,607,451
1.16	FLB	3,461,423	2,983,986
5.04	FVB	181,858,425	36,083,021
5.51	FIB	148,473,499	26,946,188

2014 年藍色彩鑽拍賣情況

Carat	Colour	NTD	NTD/ct
1.06	FVB	12,648,374	11,932,428
5.50	FVB	234,500,666	42,636,485
13.22	FVB	646,300,832	48,888,111

2015 年藍色彩鑽拍賣情況

Carat	Colour	NTD	NTD/ct
13.22	FVB	700,179,250	52,963,635
5.50	FVGB	254,049,650	46,190,845
1.06	FVGB	13,943,400	13,154,151

2016 年藍色彩鑽拍賣情況

Carat	Colour	NTD	NTD/ct
12.03	FVB	1,587,900,100	131,995,021
2.11	FIB	60,366,720	28,609,820
2.13	FIB	46,095,240	21,640,958
2.14	FIB	28,803,320	13,459,495
0.84	FGB	3,165,200	3,768,095

2016 年藍色彩鑽拍賣情況

顏色	重量	價格（萬臺幣／克拉）	備註
FLB（淡彩藍色彩鑽）	1.16	298 萬	行情約 200 多萬 /ct
FGB（中彩藍帶灰彩鑽）	1.15 0.84	345 萬 377 萬	行情約 300 多萬 /ct
FGB（中彩藍帶灰彩鑽）	1.35	917 萬	行情約 900 ～ 1,000 萬 /ct
FIB（濃藍色彩鑽）	3.04 5.51 2.11 2.13 2.14	2,060 萬 2,735 萬 2,861 萬 2,164 萬 1,346 萬	2ct，行情平均約 2,000 萬 /ct 3ct，行情平均約 2,060 萬 /ct 5ct，行情平均約 2,735 萬 /ct
FVPB（豔藍帶紫色彩鑽）	1.08	1,550 萬	1ct，行情平均約 1,550 萬 /ct
FVGB（豔藍帶灰色彩鑽）	1.06 5.50	1,315 萬	1ct，行情平均約 1,315 萬 /ct 5ct，行情平均約 4,619 萬 /ct
FVB（豔彩藍色彩鑽）	1.06 5.50 5.04 8.01 13.22 12.03 13.22	4,619 萬	1ct，行情平均約 1,193 萬 /ct 5ct，行情平均約 3,955 萬 /ct 8ct，行情平均約 4,801 萬 /ct 12ct，行情平均約 13,199 萬 /ct，高出行情太多 13ct，行情平均約 5,092 萬 /ct

·藍色彩鑽投資與收藏概要

藍色彩鑽相當稀少，大小最好 1 克拉以上。顏色至少有 FLB。如果經濟許可直接從 1 克拉，顏色 FB 或 FIB、FVB 下手。如果價位是上面分析 60% ～ 70% 就可以嘗試下手。2 克拉以上的藍色彩鑽每克拉就上千萬，基本上要看到 3 ～ 5 克拉都相當不簡單了。如果是大企業主，買幾顆 FVB 來玩玩，相信戴出去一定可以讓許多人眼睛充血，未來想賣多少錢您說了算。

3. 黃色彩鑽分析

黃色彩鑽是最多人入手也是市占率最高的彩鑽。許多人已經擁有不少白鑽之後，就會開始入手黃色彩鑽。黃色招財，因此吸引有發財夢的朋友購買。黃色彩鑽在珠寶店都可以找到，通常大小大概在 1 ～ 5 克拉。有的只有 30 ～ 50 分，主要是年輕族群選購。我們來看看 2012 ～ 2016 年這五年的黃色彩鑽拍賣變化，只針對顏色分類，不對淨度做評估。首先看到 FVY 豔黃色彩鑽部分，從 1 ～ 4.99 克拉，每克拉單價從 71 ～ 119 萬，五年總平均每克拉在 88 萬。5 ～ 9.9 克拉部分從每克拉 109 ～ 304 萬，總平均每克拉在 173 萬。10 克拉以上從每克拉 216 ～ 473 萬，平均每克拉在 347 萬。10 克拉以上有的是幾十克拉，甚至上百克拉，因此正常 10 ～ 20 克拉大小的 FVY 彩鑽價位應該落在每克拉 200 ～ 250 萬。

1 ～ 4.9 克拉，FIY 濃黃彩部分，每克拉從 52 ～ 67 萬，平均每克拉在 63 萬。5 ～ 9.9 克拉，每克拉從 48 ～ 89 萬，平均每克拉 70 萬。10 克拉以上每克拉從 48 ～ 98 萬，平均每克拉 69 萬。比較訝異的是五年來 FIY 濃黃色彩鑽的克拉大小平均單價並沒有很大的差異 63 ～ 70 萬，但在 2016 年 1 ～ 4.9 克拉每克拉平均在 52 萬，5 ～ 9.9 克拉每克拉平均 89 萬，10 克拉以上每克拉平均 98 萬比較合乎最近的行情。

FY 中彩黃色彩鑽部分，1 ～ 4.9 克拉從 19 ～ 32 萬，平均在 27 萬。5 ～ 9.9 克拉，每克拉在 43 ～ 52 萬，平均在 46 萬。10 克拉以上每克拉 57 ～ 86 萬，平均在 77 萬。這樣的結果與市面流通的價錢相差不遠，很有參考價值。

2012 年黃色彩鑽拍賣情況

Carat	Colour	NTD	NTD/ct
23.02	FVY	55,433,689	2,408,066
32.91	FY	25,190,796	765,445
15.92	FY	19,610,065	1,231,788
21.73	FIY	17,606,480	810,238
18.44	FIY	16,819,700	912,131
7.29	FVY	14,029,335	1,924,463
14.74	FIY	12,139,519	823,577
8.17	FVY	10,893,330	1,333,333
11.88	FY	9,378,727	789,455
12.48	FIY	9,028,566	723,443
9.38	FIY	7,536,755	803,492
5.20	FVY	7,171,336	1,379,103
8.41	FIY	6,123,301	728,098
3.30	FVY	3,622,634	1,097,768
5.36	FIY	3,445,199	642,761
6.42	FY	3,090,328	481,360
7.62	FY	3,061,321	401,748
7.38	FY	2,874,845	389,545
2.07	FVY	1,743,978	842,502
3.04	FVY	1,528,071	502,655
4.62	FY	1,478,626	320,049
2.47	FVY	1,201,384	486,390

2013 年黃色彩鑽拍賣情況

Carat	Colour	NTD	NTD/ct
20.80	FVY	141,796,513	6,817,140
74.53	FY	85,042,138	1,141,046
17.66	FVY	32,290,555	1,828,457
5.03	FVY	24,105,983	4,792,442

37.52	FY	21,610,778	575,980
6.16	FVY	21,576,638	3,502,701
7.03	FVY	19,344,572	2,751,717
26.99	FY	17,558,919	650,571
18.18	FY	13,987,614	769,396
20.03	FY	12,668,387	632,471
12.00	FIY	9,731,666	810,972
7.37	FVY	8,190,788	1,111,369
13.87	FIY	6,229,866	449,161
7.39	FY	5,059,350	684,621
7.02	FIY	5,042,727	718,337
7.82	FIY	4,799,083	613,694
4.25	FIY	4,692,942	1,104,222
6.12	FIY	4,692,942	766,821
2.63	FVY	4,518,050	1,717,890
9.01	FY	4,518,050	501,448
3.67	FIY	4,255,806	1,159,620
5.62	FIY	4,083,692	726,636
3.40	FIY	3,353,397	986,293
6.31	FY	3,022,589	479,016
5.49	FY	2,871,148	522,978
5.08	FIY	2,871,148	565,187
4.15	FIY	2,794,500	673,373
10.30	LY	2,790,083	270,882
3.08	FIY	2,186,153	709,790
4.08	FIY	1,548,526	379,541
5.01	FY	1,536,076	306,602
2.19	FVY	1,093,077	499,122
1.51	FVY	655,846	434,335

2014 年黃色彩鑽拍賣情況

Carat	Colour	NTD	NTD/ct
3.04	FVY	12,808,480	4,213,316
6.84	FVY	11,283,894	1,649,692
16.57	FIY	9,915,270	598,387
12.00	FIY	8,830,317	735,860
7.35	FVY	8,151,091	1,108,992
6.60	FVY	8,107,014	1,228,336
12.81	FY	7,737,829	604,046
5.02	FIY	7,291,416	1,452,473
15.15	FLY	5,505,763	363,417
4.37	FIY	5,366,376	1,228,004
6.80	FY	4,844,242	712,389
8.42	FIY	4,670,198	554,655
5.99	FVY	3,974,019	663,442
7.00	FY	3,444,634	492,091
4.76	FIY	3,263,337	685,575
6.06	FIY	3,263,337	538,504
6.32	FY	3,082,041	487,665
4.84	FIY	2,938,416	607,111
7.25	FY	2,719,448	375,096
12.08	FIY	2,538,151	210,112
6.01	FY	2,356,855	392,155
6.15	FY	2,175,558	353,749
5.00	FIY	2,071,960	414,392
3.56	FIY	1,953,058	548,612
2.49	FIY	1,421,176	570,753
2.11	FIY	1,051,520	498,351
4.20	FY	930,028	221,435

1.72	FY	558,017	324,428
7.25	FIY	461,294	63,627
5.39	FIY	372,011	69,019
1.87	FY	207,257	110,833

2015 年黃色彩鑽拍賣情況

Carat	Colour	NTD	NTD/ct
100.09	FVY	473,457,650	4,730,319
3.04	FVY	13,876,250	4,564,556
21.04	FIY	11,974,920	569,150
16.60	FLY	11,173,156	673,082
16.57	FIY	10,741,850	648,271
12.00	FOP	9,566,450	797,204
7.35	FVY	8,894,212	1,210,097
6.60	FVY	8,782,850	1,330,735
12.81	FLY	8,530,080	665,892
5.02	FIY	8,037,960	1,601,187
15.15	FLY	6,069,480	400,626
4.37	FIY	5,855,620	1,339,959
6.80	FIY	5,285,884	777,336
8.42	FIY	5,095,972	605,222
10.14	FLY	5,095,972	502,561
7.25	FDY	5,085,240	701,412
5.99	FVY	4,336,324	723,927
5.39	FIY	4,101,000	760,853
8.96	FLY	3,956,500	441,574
7.11	FY	3,758,675	528,646
11.12	FY	3,660,795	329,208
4.76	FIY	3,560,850	748,078
6.06	FIY	3,560,850	587,599

Carat	Colour	NTD	NTD/ct
4.84	FIY	3,183,375	657,722
3.02	FVY	2,967,375	982,575
7.25	FLY	2,967,375	409,293
6.15	FIY	2,373,900	386,000
3.00	FIY	2,306,813	768,938
5.00	FIY	2,244,688	448,938
3.56	FIY	2,153,025	604,782
10.02	FY	1,804,440	180,084
2.49	FIY	1,202,400	482,892
2.11	FVY	1,147,385	543,784
4.20	FLY	1,025,250	244,107

2016 年黃色彩鑽拍賣情況

Carat	Colour	NTD	NTD/ct
91.81	FVY	140,688,850	1,532,391
41.65	FVY	115,648,200	2,776,667
75.56	FVY	114,232,068	1,511,806
53.17	FY	55,178,500	1,037,775
17.05	FVY	46,199,750	2,709,663
45.88	FY	41,666,160	908,155
37.31	FY	29,548,250	791,966
28.02	FIY	27,125,764	968,086
19.30	FIY	25,401,700	1,316,150
11.10	FVY	24,934,080	2,246,314
34.12	FY	22,947,700	672,559
29.68	FLY	15,214,900	512,631
6.52	FVY	15,091,680	2,314,675
14.26	FIY	11,688,700	819,684
13.32	FIY	10,793,332	810,310

8.88	FIY	10,662,600	1,200,743
6.47	FIY	10,513,300	1,624,930
10.29	FY	9,678,360	940,560
14.49	FY	9,274,036	640,030
12.22	FY	9,052,472	740,791
16.19	FLY	8,694,120	537,006
5.00	FVY	8,554,300	1,710,860
3.21	FVY	8,292,824	2,583,434
9.07	FIY	7,944,652	875,926
5.16	FVY	7,689,375	1,490,189
10.72	FIY	7,689,375	717,292
10.02	FIY	7,501,524	748,655
16.10	FY	6,995,092	434,478
3.53	FVOY	6,330,400	1,793,314
5.86	FIY	5,475,796	934,436
10.76	FLY	4,945,625	459,631
6.75	FIY	4,693,438	695,324
15.08	FDY	4,336,324	287,555
6.51	FIY	3,956,500	607,757
8.41	FY	3,956,500	470,452
9.03	FY	3,956,500	438,151
3.03	FVY	3,588,375	1,184,282
3.59	FG-Y	3,588,375	999,547
3.42	FIY	3,507,000	1,025,439
5.15	FIY	3,363,025	653,015
3.45	FVY	3,363,025	974,790
6.03	FIY	3,244,330	538,032
7.92	FY	3,165,200	399,646
5.01	FY	2,967,375	592,290

Carat	Colour	NTD	NTD/ct
5.63	FY	2,769,550	491,927
4.05	FIY	2,571,725	634,994
4.55	FIY	2,571,725	565,214
5.81	FY	2,563,125	441,157
2.09	FVY	2,306,813	1,103,738
10.51	FY	1,930,772	183,708
2.04	FVY	1,899,120	930,941
4.44	FY	1,899,120	427,730
5.12	FY	1,753,500	342,480
5.05	FY	1,582,600	313,386
2.70	FVY	1,503,470	556,841
3.04	FY	1,503,000	494,408
7.63	FLBY	1,332,825	174,682
4.05	FY	1,202,400	296,889
4.00	FIY	1,186,950	296,738
3.04	FIY	1,147,385	377,429
3.05	FY	1,107,820	363,220
4.05	FY	1,102,200	272,148
2.61	FVY	1,028,690	394,134
2.21	FIY	989,125	447,568
3.14	FY	734,625	233,957
2.31	FIY	633,040	274,043
2.10	FLY	435,215	207,245
1.58	FY	300,600	190,253

蘇富比、佳士得 2012 ～ 2016 年黃色彩鑽價格分析

FVY（豔彩黃鑽）	1 ～ 4.99 克拉	5 ～ 9.99 克拉	10 克拉以上
2012	71	152	242
2013	86	304	456
2014	422（？）	114	
2015	76	109	100.09ct，473 萬 /ct
2016	119	184	216
總平均	88	173	347

FIY（濃彩黃鑽）	1 ～ 4.99 克拉	5 ～ 9.99 克拉	10 克拉以上
2012		71	81
2013	67	67	57
2014	67	48	48
2015	65	74	61
2016	52	89	98
總平均	63	70	69

FY（中彩黃鑽）	1 ～ 4.99 克拉	5 ～ 9.99 克拉	10 克拉以上
2012	29	43	86
2013		48	86
2014	19	43	87
2015		52	25（？）
2016	32	44	77
總平均	27	46	77

？表示價格偏離行情，不列入計算。

2012 ～ 2016 年黃色彩鑽總平均單價

	1 ～ 4.99 克拉（萬臺幣／克拉）	5 ～ 9.99 克拉（萬臺幣／克拉）	10 克拉以上（萬臺幣／克拉）
FVY（豔黃色彩鑽）	88	173	347
FIY（濃黃色彩鑽）	63	70	69
FY（中黃色彩鑽）	27	46	77

‧ 黃色彩鑽投資與收藏指南

　　看這個分析報告，基本上 FY 在投資與收藏價錢，這五年來變化差異不大。若是 LY 淺黃色彩鑽除非克拉數大（超過 10 克拉），小克拉數購買與投資並沒有很大意義。真正價位有明顯變化的是 FVY 部分。基本上不管克拉數大小，大多是逐年明顯成長的概念，也就是閉著眼睛買都會漲。FIY 在 10 克拉以上平均單價每年有明顯的增加，如果要選擇大克拉數的黃色彩鑽也可以關注 10 克拉以上的 FIY。我們分析黃色彩鑽大多沒考慮淨度，若是淨度 IF 則加 20%，淨度 VVS 則加 10%，淨度 VS 等級則相同，淨度 SI 等級則減 10%，淨度 I 等級則減 20% ～ 25%。

　　以上分析是蘇富比與佳士得拍賣價錢，當然很多人有管道到鑽石批發商或者是通貨商購買鑽石，我建議上面五年平均統計報價 75% ～ 80%，可以考慮入手。如果對這分析價錢想知道離市場價錢有多大距離，可以三、六、九月到香港珠寶展，請五～十家鑽石商人向你報價就可以明瞭。

Tip

因為黃色彩鑽拍賣的數量太多，再加上考慮到不同等級的淨度，我們只能按照顏色與重量來區分，沒有辦法按照顏色和淨度來區分。重量為 1 ～ 4.99 克拉、5 ～ 9.99 克拉、10 克拉以上的鑽石區分。去比價的時候，先給自己看上的鑽石按照重量、顏色定性區分，再比價，這樣比較科學。

7 | 鑽石鑑定去哪兒進修？

　　我有幸於 2014 年初到上海拜會了 GIA、HRD、IGI 等機構，與主要授課老師進行意見交流。常有學員與粉絲問我想學鑽石鑑定該去哪裡學好？我通常先問以下問題：您學完之後想做什麼？是想做教學鑑定，還是去珠寶店上班，抑或是自己創業？其中牽涉到學習時間長短、學費高低、學習內容難易程度等問題。

GIA 美國寶石學院

　　基本上時間與學費可能是最大考慮。如果經濟許可，當然學 GIA 鑽石分級鑑定，因為它在珠寶業比較有名氣。我的大學同學目前就在 GIA 任職。

　　至於是在美國學 GIA，還是在國內學？這要看你的經濟條件與語言能力。每年從世界各地 GIA 畢業的學生相當多，因此 GIA 畢業證書不代表就業保證。據我瞭解，許多報名 GIA 課程的學員都是珠寶業第二代或富二代，家族有雄厚的財力支持。這些人未來都會從事高級珠寶會所訂製、珠寶連鎖店的工作。如果家裡不允許開業，這樣的人會進入國內外珠寶拍賣行上班或成立工作室。也有少數人到 GIA 學習只是想多瞭解鑽石分級知識，對於未來尚無規劃，或許是不想因為買鑽石而吃虧上當；或希望和朋友聊天時，有鑽石的專業背景而已。

　　臺灣也有許多 GIA 畢業的校友，開起珠寶鑑定所與教學機構，只要辦理營業登記就可以。店家或消費者願意將鑽石與寶石送來鑑定，就可以營運。GIA 校友會每年都會辦研討會，邀請世界專家演講珠寶相關專題，也會舉辦各種寶石考察之旅，以及年會與春酒等聯誼活動，不外乎加強校友之間的珠寶交流，也可以增加專業知識。

美國寶石學院（GIA）是一所成立於 1931 年，集教學、研究與鑑定的非營利科研及教學機構，GIA 所開創的著名 4C 鑽石評估和國際鑽石分級系統，至今深受全球專業珠寶家、資深鑽石買家的認同和尊重。GIA 的宗旨是透過教育、研究、鑑定服務及儀器發展，確保珠寶業達到誠信、學術、科學及專業水準，從而獲得大眾信賴。GIA 被認同為世界寶石及鑽石鑑定中最受信賴的名字，為世界珠寶業界推崇。

GIA 的臺灣分校是 GIA 第三個海外分校，提供大部分校本部的課程選擇，完全一致的課程內容，主要以中文授課。GIA 臺灣分校為 GIA 遍布世界各地的專業學府之一，以教育為主要營運項目，延用 GIA 累積超過八十年的教學經驗，透過專業講師的指導、理論與實務兼併，為臺灣珠寶業者、寶石愛好者提供最完整的課程、設備及師資陣容。培訓方式為函授、面授、實習班。

網站：http://www.giataiwan.com.tw/

電話：02-2771-9391

臺灣的 GIA 課程培訓方式有全日班、週六班、夜間班與函授班課程。有關於上課時間與開課日期及學費相關內容請參考以下：

網站：http://www.giataiwan.com.tw/About/

地址：臺北市松山區南京東路三段 270 號 3 樓

電話：（02）2771-9391

中國方面，GIA 鑽石證書課程（國際合作課程）的分部主要設在北京和上海。北京國檢珠寶培訓中心是 GIA 上課地點；GIA 也在 2011 年首次於中國與上海交通大學開展全日制教育合作，成果顯著。課程培訓內容主要包括 GIA 鑽石分級體系、分級儀器使用、淨度分級特徵的觀察與製圖、顏色分級、彩色鑽石與花式切工鑽石的分級等。完成系列鑽石課程後將獲得國際認可的「GIA 鑽石畢業文憑」（Graduate Diamond Diploma）。

北京分部電話：+86-10-88187375、88187255/7355/7353/7253

上海分部電話：+86-21-52585880、+86-21-52585800

我眾多珠寶商圈的朋友，很多來自 GIA 系統，幾乎所有從事珠寶行業的人都聽過 GIA 美國寶石學院與 GIA 鑽石鑑定書，名氣響叮噹。很多銀樓業者

也會在招牌上寫 GIA 鑽石鑑定師，無外乎要給消費者營造出專業形象，賣起 GIA 鑽石肯定如虎添翼。我有兩位朋友在 GIA 當教師，相信這是一個高尚且專業的職業，可以培育更多珠寶業的生力軍。

HRD 鑽石分級課程

HRD 的鑽石證書在歐洲與香港有很大的占有率，全世界證書占有率與知名度僅次於 GIA 證書。假如您想拿一張歐洲有名氣的鑑定執照，我推薦 HRD 鑑定課程。

高級鑽石分級師課程是 HRD 珠寶學院的經典課程之一，HRD 安特衛普教育機構提供培訓課程所需的設備及鑽石樣本，以實物教學。參加培訓者可在培訓過程中學習理論與實踐相結合的鑽石知識。主講教師來自 HRD 寶石學院，課程用英語教授並附中文同聲翻譯，學員參加嚴格、系統的培訓，通過鑽石分級課程理論和實踐考試後，將獲得 HRD 安特衛普教育頒發的「註冊鑽石分級師資格證」。此證書在世界範圍內獲得認可，在國際珠寶界亦享有盛譽。

鑽石內部構造圖。

目前 HRD 在中國的唯一官方培訓機構設在廣州，一個班的總人數控制在十五～二十人，全年開課，人滿即可開班。培訓結束後進行理論與實踐考試，理論考試主要為選擇題，實踐考試則為鑽石分級及鑑別，

黃光下鑽石比色。

考試合格的學員將獲得「HRD 認證高級鑽石分級師證書」。

該培訓細緻入微，涉及實際鑽石樣

白光下鑽石比色。

鑽石切磨。

本檢測及貿易的各方面，使學員對鑽石充分理解，亦能緊扣國際、國內鑽石市場，是培養實戰型知識人才的基地，性價比極高。此外，獲得 HRD 證書的培訓者還可以參加 HRD 畢業生俱樂部，與寶石家、著名珠寶商、鑽石專業人在俱樂部進行交流和會面。

IGI 鑽石課程

IGI 除了有寶石課程外，還有鑽石分級與鑽石原石等課程。優點是上課時間較短，且注重實際鑑定操作，對於想拿到國際證照，又不想放棄現有工作者是一大福音，我有幾位好友都是到上海 IGI 進修。IGI 不論設備、師資、環境都相當不錯，就在上海鑽交所旁。愈來愈多人選擇到那裡進修，主要考慮學費與修課時間。

IGI 不斷致力於提高整個珠寶行業的專業水準，目前已在十個不同國家或地區建立了寶石學校，為業內人士和珠寶愛好者提供專業課程。IGI 堅持小班教學，不同課程都有人數上限，每位學員都能夠與導師進行充分交流。課程一般在一個月內，著重實踐操作的能力，適合無法長期離開工作崗位，又希望在短期內提高鑑定水準的人士。

數十年來，從 IGI 的寶石學校走出了眾多聞名世界的珠寶大師。目前 IGI 上海分部是 IGI 在中國唯一的官方機構，為各位學員提供精鑽鑑定師、彩色寶石鑑定師和鑽石原石鑑定師課程。修完所有三門課程並通過考核的學員將獲得由 IGI 比利時總部簽發的研究寶石學家證書（IGI, G.G.），該證書是世界上接受程度最廣泛的行業資格認證之一。

除了針對個人的課程，IGI 也開設講座和訂製課程，客戶包括各國政府機構和國際著名珠寶品牌。從 2008 年開始，IGI 上海分部在中國開展「零售支援計畫」，為眾多珠寶品牌培養了大批專業的銷售精英和珠寶管理人才，有效提高當地珠寶行業的整體水準。

網站：http://www.igiworldwide.com
上海分部電話：+86-21-38760730

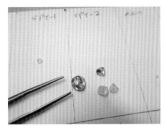

IGI 鑽石原石課程、鑽石原石標本。　鑽石原石分類。　各種不同結晶型態的鑽石原石。

鑽石表面三角形的生長紋。　鑽石原石在紫外螢光燈下的螢光反應，有強烈的黃綠螢光和藍紫螢光。　IGI 在安特衛普的鑑定檯。

IGI 在曼谷的鑑定室。　學員練習看鑽石的結晶與分類。　精鑽鑑定課程。

珠寶設計課程繪圖。　珠寶設計課程。

（以上圖片均為 IGI 提供）

FGA 英國皇家寶石學院 DGA 鑽石課程

英國寶石協會和寶石檢測實驗室（Fellowship of Gemological Association and Gem Testing Laboratory of GreatBritain）成立於 1908 年，1931 年成為獨立機構，是世界上歷史最久的寶石協會，目前坐落在倫敦市靠近海頓公園的一座建築中，有教育辦公室和輔導中心、會員資格辦公室、寶石檢測實驗室以及寶石儀器公司。

通過學習鑽石鑑定分級課程可獲得鑽石學證書，成為英國寶石協會會員後可以使用 DGA 稱號。寶石檢測實驗室是世界上最早成立的專門鑑定珠寶的機構，目前 FGA 與 GIA 畢業生都在珠寶業舉足輕重。

1990 年協會與寶石檢測實驗室合併，成為英國寶石協會和寶石檢測實驗室（GAGTL），2001 年起以 Gem-A 標示取代了原來的縮寫。這個機構致力於推動寶石學研究，是幫助學員通過考試、獲取證書的教育體系。

英國寶石協會於 1913 年頒發了首份寶石學證書，1921 年開設了寶石學函授課程，1990 年開設了獨立的鑽石學課程。目前，英國寶石協會在全球共設有五十多個聯合教學中心（ATC），其中設在中國的有中國地質大學武漢珠寶學院開設 FGA 和 DGA 課程、中國地質大學（北京）珠寶學院開設 FGA 課程、桂林理工大學開設 FGA 課程、上海同濟大學開設 FGA 課程、廣州中山大學開設 FGA 課程、北京中國工美總公司高德珠寶研究所開設 DGA 課程。

以上各聯合教學中心均使用由陳鐘惠老師翻譯、中國地質大學出版社出版的英國寶石協會教程中譯本，全程用漢語教學。參加英方每年兩次（一月和六月）全球統一考試，目前考試由英國寶石協會委託英國駐中國大使館派專人監考。閱卷人員有專門的漢語閱卷者，當然你也可以用英文作答。每次考試後成績合格者由英方頒發證書。在考試中成績特別突出者或獲得當次考試全球最高分者，經閱卷人員討論通過會給予一定獎勵和一封成就函。凡申請成為會員並每年繳納會費者，可在自己姓名後面加上 FGA 或 DGA 頭銜，可收到英國寶石協會提供每年四期的《寶石學雜誌》（*The Journal of Gemmology*）和《珠寶快訊》（*Gem &JewelleryNews*）。

在臺北、臺中、高雄以及新加坡、香港都設有用漢語教學和考試的若干聯合教學中心。在臺北，吳照明老師是最早將 FGA 與 DGA 課程引進來教授學員的老師。

Tip

英國寶石協會的 FGA 課程分為基礎課程和證書課程兩部分，只有通過基礎課程考試的考生才有資格參加考試，獲取 FGA 證書。但經英方認可，凡獲得武漢珠寶學院頒發的 GIC 證書者可免試基礎課程，直接參加證書課程考試。學習 FGA 課程之前要仔細考慮，很多朋友都中途而廢，也有許多人考了兩、三次都沒通過。我很佩服有些學員請假或離職，專心準備考試，甚至挺著九個月的大肚子來應考。早年我有幸受邀在臺灣當 FGA 的監考老師，知道參加這個考試必須有很強的理論基礎，需熟記的光譜、折光率、比重、光學特性、致色原因、鑽石的分類等，對超過四十歲以上的朋友是嚴峻的腦力考驗；而且證書課程要寫申論題，如果沒有全盤融入，恐怕難以通過考試。

以上 FGA 相關資料參考網站：http://baike.baidu.com/link?url=3TQcj7kZPabzOycHJ9KnB8r3ifUFsXYd7nsQZTdYkK0geKQHQFj1Gil_1KZvkZUwM4gkunwzJDwnO7llhLKBEa

FGA 每年培育無數的珠寶與鑽石鑑定師，論嚴格與課程內容深度，想挑戰自己實力者可以報名。畢業的這些精英都投入珠寶行業，與 GIA 畢業生不相上下。課程主要介紹鑽石成因、開採、回收、原石分級、加工到鑽石挑選、鑽石 4C、優化處

ASULIKEIT 古董典藏系列古董鉑金鑲鑽石藍寶石手鐲 Deco、1930 年、鑽石 25ct、藍寶 Pt，單價 4,032,165 元。（圖片提供：ASULIKEIT 高級珠寶）

理、合成鑽石製造與鑑定、仿冒品的區分。課程將近四個月，每週上課兩次，實習一次。在沒比色石輔助下，只能靠記憶色石顏色做比色。瑕疵分級是用十倍放大鏡。

考試分理論與鑑定兩部分，理論是申論題，鑑定考十三顆鑽石。目前臺灣吳照明老師有教 DGA 課程。請參考以下聯絡方式：

網站：http://fga-dga-gem.com/index_down.php?sele=hstyle&hstyle=5

臺北教室：臺北市大安區忠孝東路四段 101 巷 16 號 3 樓之 2

電話：（02）2731-4174

高雄教室：高雄市左營區先峰路 369 號

電話：0935083063 陳淑娟老師

除此之外，苑執中博士也在臺灣寶石研究院（TGI）教 DGA 鑽石文憑課程。

地址：臺北市中山北路一段 92 號 6 樓

電話：（02）2521-1365

ASULIKEIT 古董典藏系列古董鉑金鑽石耳墜 Art Deco、鑽石 1pc-1.69、F VS1，單價 3,529,006 元。（圖片提供：ASULIKEIT 高級珠寶）

社區大學

大家若是對以上介紹課程學費感到心有餘力不足，我介紹大家到社區大學去學習。例如吳明勳老師在臺北中正、松山與崇光社區大學任教；林書弘老師在臺北文山、萬華社區大學任教；中國文化大學推廣教育也有寶石鑑定師先修班等。

8 | 進修行

HRD 鑽石的分級課程

HRD Antwerp 在北京、廣州、武漢、瀋陽、深圳、上海都有開課，詳細資訊請參考以下資訊。

鑽石課程

認證鑽石分級

HRD Antwerp 認證鑽石分級師課程提供理論與實踐相結合的培訓，透過此課程，學生將學會用顯微鏡合放大鏡進行鑽石 4C 分級。

通過培訓，學生將會了解大多數的鑽石仿製品、合成鑽石，以及顏色、淨度處理的鑽石，認識並掌握一定的鑑別方法。

完成課程學習後，學生將參加理論與實踐方面的考試，通過考試的學生將獲得全世界認可的 HRD Antwerp「認證鑽石分級師」證書（CDG）。

課程時間	中國：二週（十三天，休息一天） 安特衛普：三週
學員要求	年滿十八歲
目標群體	鑽石交易商、珠寶商、設計師 鑽石專家、評估者及分析師 鑽石行業的銷售經理、買手和求職者
學生數量	十五～二十人

課程簡介	第一週 ・鑽石性質的基本介紹及 4C 概述；正確清潔鑽石 ・鑽石的光學理論；HRD 鑽石顯微鏡的應用 ・鑽石有利和不利的觀察方向；系統地檢查每顆鑽石 ・鑽石的秤重原則 ・鑽石內部特徵和外部特徵的區別；畫圖所需的對應標記與符號 ・鑽石的顏色分級 ・鑽石淨度處理的鑑別 ・鑽石內含物大小、位置、對比度和影像數的測量 第二週 ・鑽石淨度分級，以及顯微鏡的應用 ・鑽石十倍放大鏡的應用 ・鑽石切工分級與評估 ・切工比例、對稱、拋光參數的評估 ・十倍放大鏡下鑽石評級 ・鑽石仿製品、處理品與天然鑽石的鑑別特徵 ・異形鑽基本概念 ・鑽石實踐訓練鞏固：運用顯微鏡的分級技巧；顏色與淨度分級；十倍放大鏡的運用；鑽石仿製品和處理鑽石的鑑別
上課時間	每天 9：00 ～ 16：30（12：00 ～ 13：00 午餐）
考試方式	理論考試：選擇題 實踐考試：鑽石鑑定與分級（九顆石頭）
證書／文憑	HRD Antwerp 認證鑽石分級師證書
配套資料	鑽石教科書＋鑽石工具包

HRD Antwerp 官方網站：http://www.hrdantwerp.com

HRD Antwerp Education 網站：http://www.hrdantwerp.com/en/education/

HRD Antwerp 總部聯繫方式：

Email：education@hrdantwerp.com

電話：+32-3-2220701

HRD Antwerp 上海辦事處聯繫方式：

地址：上海市浦東新區世紀大道 1701 號 A805b

電話：+86-21-5098-8966

IGI 精鑽鑑定師課程

課程內容

4C：克拉重量、顏色、淨度及切工。

鑽石的淨度分級：精準定位各種淨度特徵、注重顯微鏡在高淨度級別時的正確使用。

鑽石的顏色、螢光分級：類比國際標準顏色分級環境，鑽石樣本覆蓋各色級。

彩色鑽石簡介。

圓形明亮式鑽石切工、討論理解鑽石切工和鑽石光芒在理論和商業應用領域的關聯。

鑽石切工發展史解析、常見花式切工評級、深入理解異形鑽的特色和市場潛力。

結合業界最前沿的科技革新，對仿製品、優化處理鑽石和合成鑽石進行辨別鑑定。

國際鑽石定價體系，掌握國際鑽石報價規則。

全程呈現鑽石行業產業鏈。

穩定並熟練掌握各類鑽石的鑑定評級技巧，完成實踐考核可獲得 IGI 精鑽鑑定師證書。

課程特色

模擬 IGI 實驗室環境，國際珠寶教育領域認可為實踐性操作最強的寶石學課程。

全面嚴格的鑽石切工體系，國際領先的花式切工評級體系。

緊密切合世界鑽石市場對鑽石切工要求與日俱增的趨勢。

對中國市場研究歷時數年，融入國內市場情況。

全程 IGI 資深導師，始終堅持 IGI 標準的小班授課模式，確保與學員的深入溝通。

教授鑽石鑑定的同時，更有對全球鑽石產業鏈的梳理分析。

課程諮詢

IGI 課程報名聯繫人：姜老師
IGI 官方網址：www.igiworldwide.com
IGI 中國分部上課地點：上海市浦東新區世紀大道 1600 號陸家嘴廣場 1505 室
IGI 中國分部聯繫電話：+86-21-38760730
Email：shanghai@igiworldwide.com

IGI 精鑽鑑定師證書的樣本。

兩岸寶石的進修機構

名稱	專業及課程設置	報名及聯繫方式	著名教師 （師資力量）
美和科技大學珠寶系	金銀珠寶飾品加工、珠寶鑑定、珠寶設計等專業課程	地址：屏東縣內埔鄉美和村屏光路 23 號 電話：（08）779-9821 轉 6503 網址：http://c019.meiho.edu.tw/bin/home.php	曾煜詅 凌許雅芬 彭國禎 陳淑娟 王進登 吳政龍等
大漢科技大學珠寶系	寶石鑑定、寶石研磨、寶石鑲嵌加工、珠寶設計、寶石攝影、珠寶經營與管理、珠寶鑑價、蠟雕與脫蠟鑄造技術等	地址：花蓮縣新城鄉大漢村樹人街 1 號 電話：（03）821-0888 信箱：web_master@ms01.dahan.edu.tw 網址：http://www.dahan.edu.tw/releaseRedirect.do?unitID=184&pageID=4214	蔡印來 賴錦文 鐘文浩 陳嬿如 黃怡禎 李森進 林盛火 林嵩山 沈清全 林嵩暉等
中國地質大學（武漢）珠寶學院	寶石鑑定、商貿類課程： GIC 寶石基礎課程 GIC 寶石證書課程 GIC 翡翠鑑定師課程 FGA 寶石證書課程（英國） GIC 珠寶首飾評估課程 GIC 翡翠商貿課程 首飾工藝類課程： GIC 首飾設計師（手繪）課程 GIC 電腦首飾設計師課程 GIC 首飾製作工藝師課程 GIC 寶石琢型設計及加工課程	報到：中國地質大學（武漢）珠寶學院學苑珠寶學校辦公室（珠寶樓 304 室） 地址：武漢市洪山區 磨路 388 號中國地質大學（武漢）珠寶學院 電話：+86-27-67883751 67883749 信箱：gic@cug.edu.cn 網址：http://zbxy.cug.edu.cn/	寶石系： 楊明星 袁心強 包德清 尹作為 首飾系： 張榮紅 盧筱等
中國地質大學（北京）珠寶學院	英國 FGA 基礎課程及證書課程、寶石鑑定課程等	地址：北京市海澱區學院路 29 號 電話：+86-10-82322227 網址：http://www.cugb.edu.cn	余曉豔 白峰 李耿等
北京北大寶石鑑定中心	珠寶鑑定師（GAC）基礎班培訓 礦物學、岩石學、礦床學專業碩士研究生課程進修班（礦產資源管理方向、珠寶學方向） 珠寶玉石鑑定培訓班（興趣班）	地址：北京大學新地學樓（逸夫二樓）3711 室 電話：+86-10-62752997、13910312026 唐老師 信箱：pkugem@163.com 網址：北大珠寶教育培訓網 http://www.pkugem.com/	歐陽秋眉 崔文元 王時麟 于方

同濟大學寶石學教育中心	寶石學概論、寶玉石鑑定與評價、寶玉石資源、珠寶鑑賞、中國玉石學等課程 英國寶石協會會員（FGA）資格證書班、同濟珠寶鑑定證書班、TGEC寶玉石鑑定師資格證書	地址：上海市閘北區中山北路727號（靠近共和新路）博怡樓703 電話：+86-21-65982357 網址：http://jpkc.tongji.edu.cn/jpkc/tjgec/homepage/all-index.html	廖宗廷 亓利劍 周征宇等
南京大學繼續教育學院	珠寶鑑定及營銷培訓班 珠寶玉石首飾高級研修班	地址：江蘇省南京市漢口路22號（南京大學南園教學樓二樓） 網址：http://ces.nju.edu.cn/	
北京城市學院	（珠寶首飾工藝及鑑定）首飾設計	地址：北京市海淀區北四環中路269號 網址：http://dep.bcu.edu.cn/xdzyxb/	肖啟云
FGA課程（臺灣）		臺北教室 地址：臺北市大安區忠孝東路四段101巷16號3樓之2 電話：（02）2731-4174。 高雄教室 地址：高雄市左營區先峰路369號 電話：0935083063 陳淑娟老師 網址：http://fga-dga-gem.com/index_down.php?sele=hstyle&hstyle=5	吳照明
FGA課程（臺灣）		地址：臺北市中山北路一段92號6樓 電話：（02）2521-1365	范執中
FGA課程（中國）	珠寶首飾類培訓：翡翠鑑定與商貿課程、珠寶玉石鑑賞培訓班，首飾設計與加工製作培訓班，珠寶鑑定師資格證書（GCC）培訓班，HRD高級鑽石分級師證書課程，和田玉的鑑賞與收藏培訓班，貴重有色寶石的鑑別和評價	電話：+86-13810974486 網址：http://www.gem-y.net / www.pxzb.net	許寧
北京工業大學耿丹學院	產品設計專業	地址：北京市順義區牛欄山鎮牛富路牛山段3號 電話：+86-10-60411788 網址：http://www.gengdan.cn/	林子杰 張偉
石家莊經濟學院寶石與材料工藝學院	產品設計（珠寶首飾方向） 首飾工藝學、寶石鑲嵌工藝、寶石加工工藝等 寶石及材料工藝學 珠寶首飾基礎、寶石鑑定技術、有色寶石學、鑽石學、寶石工藝學、首飾工藝學等	地址：河北省石家莊市槐安東路136號 電話：+86-311-87208114 網址：http://www2.sjzue.edu.cn/sjyzs/index.asp	

四川文化產業職業學院文博藝術系	珠寶首飾工藝及鑑定專業 鑽石鑑定與分級、寶石學、寶石鑑定儀器、寶石鑑定、珠寶市場行銷學	地址：成都市華陽鎮錦江路四段 399 號 電話：+86-28-85769208、85766716、85769752 網址：http://wbxg.scvcci.cn	
廣州番禺職業技術學院珠寶學院	珠寶首飾工藝及鑑定專業、珠寶鑑定與行銷專業、首飾設計專業	地址：廣東省廣州市番禺區市良路 1342 號珠寶學院 電話：+86-20-34832885 網址：http://zb.gzpyp.edu.cn	
華南理工大學廣州學院	寶石及材料工藝學專業 寶石學、寶石鑑定原理與方法、寶石琢形設計與加工、首飾鑑賞等	地址：華南理工大學廣州學院 電話：+86-20-66609166 網址：http://www.gcu.edu.cn/	趙令湖 張漢凱
深圳技師學院	飾設計與製作 珠寶鑑定與營銷	地址：深圳市福田區福強路 1007 號（招生就業處） 電話：+86-755-83757355、755-83757353 網址：http://www.ssti.net.cn/main/	
桂林理工大學地球科學學院	寶石及材料工藝學 寶石學、寶石工藝學、首飾工藝學、珠寶市場及行銷等	地址：桂林理工大學材料科學與工程學院 電話：+86-773-5896672 網址：http://zj.glut.edu.cn/zsw/detail.aspx? articleid=2058	馮佐海 付偉
昆明理工大學材料科學與工程學院	寶石及材料工藝學專業 珠寶鑑定、玉器設計與雕琢工藝技術、首飾設計及加工工藝技術、珠寶市場行銷	地址：雲南省昆明市學府路昆明理工大學教學主樓 8 樓 電話：+86-871-5109952 信箱：clxyxsb@163.com 網址：http://clxy.kmust.edu.cn/index.do	祖恩東 鄒妤
瑞麗國際珠寶翡翠學校（中國地質大學網絡教育瑞麗學習中心）	珠寶玉石鑑定與設計 珠寶玉石鑑定與營銷 珠寶玉石鑑定與加工	地址：雲南省瑞麗市姐告邊境貿易區國門大道 76 號（姐告大橋下 100 公尺） 電話：+86-692-4660661 信箱：4667858@qq.com Ｑ Ｑ：1571382654 網址：www.zbfcxx.net	彭覺（緬甸） 王朝陽
新疆職業大學傳媒與設計學院	寶玉石鑑定與加工技術	地址：烏魯木齊北京北路 1075 號 電話：+86-991-37661112 網址：http://www.xjvu.edu.cn/cmsj/view.aspx?id=142	阿西卡 張文弢

阿湯哥短期彩寶進修班

　　這兩年時間，我受邀到各大學珠寶學院、電視與雜誌媒體、各地珠寶學會、

金融機構單位、各地珠寶會所等進行演講與教學，畢竟不是每一個對珠寶有興趣的朋友都有時間去學四年珠寶鑑定與花半年時間考鑑定師資格，有些人只想瞭解如何買寶石才不會買到假的？怎樣才能買到性價比高的寶石？如何提升自己的寶石鑑賞能力？瞭解選購寶石的誤區、寶石流行趨勢與選購注意事項、珠寶投資專案與管道、珠寶投資風險、提升收藏鑑賞能力。

金融機構也想透過寶石投資理財講座來替 VIP 客戶做更多理財規劃；珠寶會所想透過珠寶流行趨勢與投資演講來經營並回饋客戶群；珠寶雜誌與學會是要讓讀者與會員瞭解更多珠寶新知識與消費資訊。

有鑑於此，我會針對不同族群提供每場二～三小時演講，或者二～五天的短期珠寶、翡翠研習營。希望透過面對面溝通，向更多珠寶愛好者提供更全面的幫助。對於想進入珠寶行業與想收藏投資珠寶的學員，每兩個月舉辦一期八天泰國曼谷尖僑紋彩色寶石經營研習班。透過教室學習與珠寶市場經驗交流，幫助他們在短時間內對珠寶領域有全面的瞭解。

以下介紹泰國曼谷彩寶經營研習班。

許多人學完珠寶鑑定課程，對珠寶種類與珠寶價錢還沒有完全瞭解，對於未來工作與創業更是迷茫。許多年輕學子缺乏資金，想創業卻不知所措，也有許多人退休後與朋友合夥或自己創業，不知如何開始，這是學校鑑定老師沒有辦法教導的，也缺乏這樣的學習管道，因而珠寶行業投資創業對很多人來說都是摸索之路。沒錯，讀萬卷書不如行萬里路，只有勇敢踏出第一步，才能夠往珠寶開店買賣逐步靠近。

課程安排主要讓學員在一週內分辨五十～八十種貴重與常見寶石，瞭解寶石品質好壞、如何挑選；各種寶石市場銷路分析；不同寶石切割形態與等級；批發市場行情分析；寶石優化處理種類與實務教學；看懂 GRS、GIA 彩色寶石鑑定證書內容；寶石的切割與研磨過程；寶石加熱處理方式等。

這幾天會看將近上萬顆寶石，學習寶石買賣術語，買賣雙方進行殺價心理戰，學員之間學習經驗互動交流，寶石選購後交流與優缺點點評。在短短七、八天時間內，學員們耳濡目染，打通寶石任督二脈，是最直接也最快的方式。

有關於各種教學演講與潘家園淘寶半日遊、泰國彩寶經營研習班的時間與

消息請私信或關注微博 @ 阿湯哥寶石（http://weibo.com/u/1858394662）或加
微信：tl371203421（阿湯哥的寶石派），臉書粉絲團：阿湯哥的寶石派。

阿湯哥斯里蘭卡彩寶遊學掠影

在拉特納普勒寶石城，我與學員、當地礦工在藍寶石礦
區合影。

挑選藍月光石時都要襯上黑底，才能看到藍暈，而且
主要形狀是蛋面。

斯里蘭卡出產大量的粉色剛玉，挑選時先放在手指上，
看看顏色與大小適合不適合。

買賣雙方經過一番討價還價，最後終於握手成交，雙
方皆大歡喜。

經過一整天就只淘出這麼多原礦，今天總算沒有白做
工。

鑽石切磨內含有月光石的白色黏土礦，一桶一桶挖出
來的情形。

你知道這一堆都是寶嗎？這一地全是淘選出來的月光石
原礦。

月光石篩選平臺。

水泵將豎井裡的地下水抽出來，方便井下礦工挖泥巴的
作業，最後再以人力用轆轤將泥巴礦捲到井上做淘選。

已經挑選出來的月光石原礦，準備賣給買家。

月光石礦區全景，後面是豎井，接著是淘洗和篩選的平
臺，然後出來成堆的月光石原礦，人工細挑。

兩位礦工正在豎井下拚命地工作，可以看到他們的腿
有一半是在地下水裡。

致謝

吳舜田女兒吳嘉蓉 代致謝

　　我在父親與繆承翰老師的《實用鑽石分級學》第三版時就參與了訂正與校稿的協助，當時覺得出一本書真的是很不容易的一件事情，內文的編寫、內容的深淺斟酌、照片或圖片的搭配，幾乎都是一審再審、一改再改的，不論是第三版或是再第四版的過程，有好幾次要定案之前都已經檢查過了，父親還是會不放心的半夜起來確認再確認，不難想像任何一本書都是這些作者的心血，而他們都希望呈現最健全完善的內容到讀者面前。

　　延續與傳承父親的鑑定及教學工作已經六年多了，回想起原本有自己喜愛的工作、自由的個性，卻被父親勸說來協助他的理想，當時差點引發家庭革命，接觸了之後，才了解到原來他放心不下的是他寶石上的經驗與知識無法繼續傳遞，也深刻了解這是一份偉大的分享，因此在湯惠民老師特地南下與父親說明想寫一本《行家這樣買鑽石》的目的之後，原本已經退休想好好休養的父親經過幾次與台北的繆承翰老師溝通，終於成就了這一本三位作者一同合寫的全方位鑽石書籍。

　　由於三位作者皆位於不同的城市，湯老師經常帶團出國研究寶石，繆老師在北，父親在南，都是透過電話、手機通訊軟體來溝通進行內容的編修。有次因篇幅關係需要刪減大量的內容，對於嘔心瀝血寫出來的作者們來說，很難下得了手，感謝三位老師願意讓我來決定做部分較艱深的專業車工內容移除，目的也是讓整本書的內容更容易被讀者吸收。

　　感謝陳家鶴先生、大陸瓦房店金剛石股份有限公司的鞏玉龍董事長、李榮總經理及叢者軍礦長所提供的有關大陸鑽石礦的資訊，也謝謝以色列鑽石推廣中心（Israel Diamond Institute）的經理 Mr. Efraim Raviv 及公關主任 Mr. David Bar-Haim 及公關 Mr. Burton Halpern 提供的照片，使得本書內容更加精采。

感謝母親無私的奉獻，盡心盡力地照顧父親，並總是支持父親與我在延續教學上的推廣，讓父親減免病痛的不適影響精神上的思緒，也因此這篇致謝由我來揣摩父親的意思將其寫出來。

因為網路資訊的發達，上網查資料已經成為現代人的一個習慣，卻不知道網路上許多都不是正確的資料，帶著錯誤的觀念在選購而不自覺。最後更要感謝購買此書的讀者，願意購買書籍回家慢慢閱讀，相信這本由三位老師協同合寫的鑽石專業書籍，可以讓你在選購前做一個安心且正確的準備與選擇。

繆承翰 致謝

三十年前的某一天，老友吳舜田兄大老遠從高雄跑來臺北找我。他很慎重地對我說：「老繆！教書教了這麼久，實在找不到一本完整的中文鑽石教材書，作為我們教學的方針，反正大家經驗也夠了，不妨我們自己來編一本《實用鑽石分級學》吧。」老吳負責顏色和瑕疵分級，老繆負責車工和重量分級，兩人共同負責所有的寶石照相，原則是把我們的經驗傳承下去。

剛開始我還以為吳舜田只是說說玩笑而已，並不介意，因為當年實在太忙，所以並沒有很刻意去做這件事。沒想到這老吳小子居然認真起來，每天催稿，逼得我日夜顛倒。再加上當年的珠寶界雜誌社社長邱惟鐘的鼓勵和鍾邦雄的編輯，這本書漸漸的成形、茁壯，流傳至今。

寫了一輩子寶石學文章和研究報告，酸甜苦辣，這是一本我最值得記憶的書。今天我最感謝的就是吳舜田兄、邱惟鐘兄，以及鍾邦玄兄，沒有他們的指導和鼓勵，真的很難完成這本書。

三十年後的今天，我更要感謝湯惠民先生，承蒙他三年來的努力撮合，才有《行家這樣買鑽石》這本新書順利完成出版，再次發揚光大！

湯惠民 致謝：永懷師恩

　　《行家這樣買鑽石》這本書能夠順利完成繁體版出版，在三年前筆者先有寫這本書的構想，想寫一本有關鑽石分級與鑑定、彩鑽分類、鑽石的選購、鑽石設計作品、鑽石的投資、鑽石的拍賣等。經過一年的收集資料與編寫終於在 2015 年初完成簡體版在大陸發行。2016 年我們加入了臺灣廠商與產品，並增加了 2015 ～ 2016 年的拍賣資料，2017 年終於在臺灣與大家見面。能與吳舜田老師及繆承翰老師一起寫書一方面是喜悅，另一方面也是責任。《實用鑽石分級學》是吳舜田與繆承翰兩位老師嘔心瀝血的鉅作，是我學生時代學鑽石分級鑑定最具權威的一本教科書（目前已到第四版）。能得到兩位大老級的鼎力相助，相信讓這本書內容更加豐富與可看性。

　　特別感謝幾位摯友：中華民國寶石協會榮譽理事長林嵩山、中華民國寶石協會理事長馬永康、中華民國珠寶鑑定協會理事長林嵩暉、臺灣創意珠寶設計師協會理事長王月要、臺灣珠寶工業同業公會榮譽理事長黃滈權、臺北市銀樓業職業工會理事長吳美瑱、GIA 臺灣美國寶石研究研究院校友會理事長徐志賓、GIA 臺灣美國寶石研究研究院校友會榮譽理事長徐秉承、珠寶世界雜誌社社長邱惟鐘、臺灣珠寶鑲嵌裁判長助理教授張淵程、雅特蘭珠寶有限公司首席設計師施進條、千代珠寶有限公司總經理吳世堡、都會珠寶鑑定所鑑定師朱倖誼、VIVA TV 珠寶達人歡歡等在封面溫馨推薦。同時感謝侏儸紀珠寶有限公司、HEARTS ON FIRE 提供精美的封面照片。

　　在同濟大學珠寶中心 (TGI) 主任周征宇博士的引薦下，我認識了上海鑽交所的顏副總裁與幾位高層領導，詳細參觀上海鑽交所的各部門與交易過程。透過劉英明先生在鑽交所內拜會阿斯特瑞雅鑽石公司負責人羅悅先生與鑽石小鳥公司，參觀他們在鑽交所的交易作業情況。另外，感謝國檢宣傳推廣部孟曉均主任提供中國國際珠寶展（北京）上海國際珠寶首飾展覽會圖文、2014/2015 年中國珠寶首飾設計與製作大賽獲獎作品。感謝《珠寶世界》提供臺北與高雄國際珠寶展照片。

　　我在上海特地拜會 GIA、HRD、IGI 等鑽石教學中心，發現中國學生對於鑽石知識的需求日增，幾乎都是班班客滿，甚至都要兩、三期後才能排到課。為了瞭解鑽石的整體行銷，我特地參觀了上海鑽石小鳥總部，由董事長徐瀟親自接待，並瞭解品牌創業由來，設計、行銷、體驗店各部門。為了瞭解鑽石拍賣這一環節，特別參觀香港保利在臺北的預展，感謝香港保利拍賣公司與何文浩先生對本書支持；同時也感謝北京匡時拍賣公司 Ryan Luo 提供解說與精美鑽石圖片，感謝蘇富比與佳士得拍賣公司提供鑽石拍賣的資料，特此致謝。

　　感謝苑執中博士提供合成鑽石的方法與鑽石未來的評估文章，並且讓我有幸參觀位於河南鄭州碩達鑽石有限公司和河南鄭州臺鑽科技有限公司，瞭解鑽石切磨與合成鑽石的繁複過程。感謝國檢宣傳推廣部孟曉均主任、上海寶玉石行業協會副祕書長郭林雪兩位熱心的領導，以及孟主任的助理楊曉漪、范筠對於本書所做的聯繫工作，讓許多細節迎刃而解。鑽石設計師林曉同、蔣喆、鄭志影、李雪瑩、Joanne Chang 等優秀的設計師，給所有讀者新的設計饗宴。另有 HRD 為我們提供的鑽石設計比賽得獎作品，真是精采可期。

　　感謝《中國寶石》孫莉主編與陳蔚華老師、鑽石小鳥（許曉雪、何林、黃陽、小末、張之境）、阿斯特瑞雅鑽石公司、Asulikeit 高級珠寶公司、老鳳祥、Enzo、駿邑珠寶公司、Bestforu、侏羅紀珠寶公司、每克拉美珠寶、佐卡伊鑽石、曼卡龍珠寶公司、深圳諾瓦寶石貿易有限公司、王進登金工教室、程思老師、FGA 吳照明老師、許寧老師、于方教授、三和金馬、東華美鑽、六順齋桂總、Stellaenzo、韓相宜、吳嘉蓉、吳宜鴻、侯桂輝、李兆豐、Jasmine 馮、李淑婷、劉英明、時慧、蔡國南、單嶸、劉又雯、士玲、賴詠宜、葉淑芬、吳君、喬玉、關鴻雁、林妙龍、瀟月、匡時拍賣公司 Nancy、蘇菲亞鑽石有限公司、今生金飾珠寶公司、點睛品、承翰珠寶、香港保利拍賣公司、《中國寶石》雜誌、Asulikeit 高級珠寶、每克拉美、鑽石小鳥等提供精采的照片。另外，Sora 對於古董鑽石珠寶做解說；盧威任對於星座、五行與鑽石的關係為文一併致謝。

再次感謝時報文化出版公司李采洪總編、邱憶伶主編、麥可欣與陳劭頤編輯、葉蘭芳企畫、我我設計葉馥儀等工作團隊成員，沒有你們夜以繼日地幕後工作，無法將最美的視覺效果呈現給眾多讀者。

　　感謝上帝引領，我知道自己能力有限，只有靠主得勝。今天能夠寫出這本書我得感謝我的授業恩師譚立平教授，他在 2016 年 6 月已經離開人間，千言萬語無法表達我對老師的感恩與懷念。希望他在天上也能看到我這本書。感謝臺灣最權威的吳照明老師，讓我在臺灣大學地質系期間學習到鑽石分級的課程與功力。感謝爸媽與老婆、兒子的體諒，因為海峽兩岸到處跑沒有多多陪伴。還有許許多多幫助、鼓勵、提攜我與成千上萬的粉絲，沒有提到您名字的朋友，阿湯哥在此一併致謝。

　　最後祝福大家　平安幸福

 敬上

參考書籍、期刊與網站

英文書籍

1. Andreson,B.W.（1974）Gem Testing
2. Bruton, Eric （1978）Diamond
3. Balfour, IanFamous Diamond
4. Canes, Jules J.（1964）Basic Notes on Diamond Polishing
5. C.S.O. The Central Selling Organization
6. Diamond Promotion Service Notable Diamond of the World
7. Gubelin, E.（1983）Internal World of Gemstone
8. Gemological Institute of America （1977）Diamond Dictionary
9. Gemological Institute of America （1986）Diamond Course
10. Gemological Institute of America （1982）Internaitonal Gemoogical Symposium Proceeding
11. HRD Institute of Gemmology HRD Diamond Course
12. Krashes, Laurence S.（1988）Harry Winston
13. Liddicoat, Richard T.（1989）Handbook of Gem Identification
14. Maillard, Robert （1980）Diamond
15. Shinsoshoku Co., Ltd.（1988）The Best of Diamond
16. Theisen, Paget （1980）Diamond Grading ABC
17. Vleeschdrager, E.（1986）Hardness 10 Diamond
18. Watermeyer, Basil （1980）Diamond Cutting

中文書籍

1. 吳舜田和繆承翰《實用鑽石分級學》
2. 連國焰《鑽石投資購買指南》江西科學技術出版社 紫圖圖書出品
3. 高嘉興《彩色鑽石》寶之藝文化事業有限公司出版
4. 樊成《鑽石鑑定全書》布克文化
5. 湯惠民《行家這樣買寶石》江西科學技術出版社 紫圖圖書出品
6. 張曉暉《鑽石分級與行銷》中國地質大學出版社
7. 張瑜生 （1987）4C 鑽石評價
8. 黃尹青《鑽石，最華麗的相遇》皇冠叢書
9. 嚴雋發、王進益 （1988）如何閱讀鑽石鑑定證書
10. 保利香港拍賣圖錄 2015 年 4 月 7 日
11. 2013 ～ 2015 年《全球珠寶拍賣年鑑》紫圖《名牌志》編輯部
12. 《2013 年高級珠寶年鑑》紫圖《名牌志》編輯部
13. 《2015 年奢侈品年鑑》紫圖《名牌志》編輯部
14. 《經典名牌大圖鑑》紫圖《名牌志》編輯部
15. GIA《鑽石與鑽石分級》手冊
16. IGI 國際寶石學院鑽石手冊
17. 上海鑽石交易所手冊

參考英文雜誌

1. Antwerp Faces HRD
2. Diamond Internationa,l Diamond Research and Publishing Ltd
3. Diamond World Review, IntemaitOnalDimond Publication Ltd
4. Gem& Gemo1ogy, Gemologica1 Institute of America
5. Gemmology, 日本全國寶石協會
6. INDIAQUA, De Beers Industrial DiamondDevision
7. Journal of GemmologyGemmological Association of Great Britian
8. Jewellery News Asia, Jewellery News Asia Ltd.
9. JCK Chilton Company
10. New York DiamondS, 1nternational Diamond Publication,Ltd.
11. Rapaport Diamond Report
12. Scientific America
13. 寶石學會志日本寶石學會

中文期刊

《中國寶石》雜誌第 96、97、98、99 期

參考網站

1. 阿瑞斯特郎公司：http://www.asteriadiamonds.com/
2. 十大名鑽：http://www.360doc.com/content/14/0227/17/13437387_356207977.shtml
3. De Beers 戴比爾斯：http://www.debeers.com.cn/
4. Harry Winsto 海瑞‧溫斯頓：http://www.harrywinston.cn/
5. Cartier 卡地亞：http://www.cartier.com/
6. Tiffanny 蒂芙尼：http://www.Tiffanny.cn/
7. Graff 格拉夫：http://www.graffdiamonds.com/zh-hant/
8. 金伯利：http://www.kimderlite.com/
9. 周大福：http://www.ctf.com.cn/zh-hans
10. 周生生：http://cn.chowsangsang.com/sc/Home
11. 鑽石小鳥：http://www.zbird.com
12. 謝瑞麟 TSL：http://www.tslj.com/zh-cn/home.aspx
13. 彩鑽顏色成因：http://news.52shehua.com
包括佐卡伊、曼卡龍等公司，以及鑽石十大知名品牌、彩鑽與產地等網站。

Best Buy 系列 008

行家這樣買鑽石

作　　　者 ── 吳舜田、繆承翰、湯惠民
主　　　編 ── 邱憶伶
責 任 編 輯 ── 麥可欣、陳劭頤
責 任 企 畫 ── 葉蘭芳
美 術 設 計 ── 我我設計 wowo.design@gmail.com
董 事 長
總 經 理 ── 趙政岷
總 編 輯 ── 李采洪
出 版 者 ── 時報文化出版企業股份有限公司
　　　　　　　一○八○三臺北市和平西路三段二四○號三樓
　　　　　　　發 行 專 線 ──（○二）二三○六六八四二
　　　　　　　讀者服務專線 ── ○八○○二三一七○五・（○二）二三○四七一○三
　　　　　　　讀者服務傳真 ──（○二）二三○四六八五八
　　　　　　　郵撥 ── 一九三四四七二四 時報文化出版公司
　　　　　　　信箱 ── 臺北郵政七九～九九信箱
時 報 悅 讀 網 ── http://www.readingtimes.com.tw
電 子 郵 件 信 箱 ── newstudy@readingtimes.com.tw
時報出版愛讀者粉絲團 ── http://www.facebook.com/readingtimes.2
法 律 顧 問 ── 理律法律事務所 陳長文律師、李念祖律師
印　　　刷 ── 詠豐印刷有限公司
初 版 一 刷 ── 二○一七年一月二十日
定　　　價 ── 新臺幣六八○元
（缺頁或破損的書，請寄回更換）

時報文化出版公司成立於一九七五年。
一九九九年股票上櫃公開發行；二○○八年脫離中時集團非屬旺中，
以「尊重智慧與創意的文化事業」為信念。

國家圖書館出版品預行編目資料

行家這樣買鑽石 / 吳舜田,繆承翰,湯惠明作.
-- 初版 .-- 臺北市：時報文化, 2017.01
　面；　公分 .--（Best Buy；8）
ISBN 978-957-13-6877-1(平裝)
1. 鑽石 2. 寶石鑑定

357.81　　　　　　　　　105024645

ISBN　978-957-13-6877-1
Printed in Taiwan

吳 照 明
寶 石 教 學
 鑑 定 中 心

Gem-A英國寶石國際證照班
翡翠 彩寶 鑽石 鑑賞班

專業高階 精密儀器鑑定

F.T.I.R.
紅外光譜儀
UV-VISIBLE-NIR
紫外可見近紅外光譜儀
ED-XRF
X光螢光分析儀
RAMAN
拉曼光譜儀

電話:+886 2731-4174
地址:台北市大安區忠孝東路四段
101巷16號3樓之2

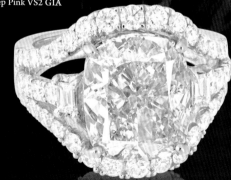
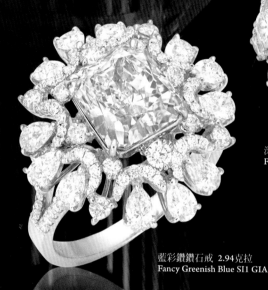

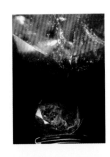